Messungen an elektrischen Maschinen

Apparate, Instrumente, Methoden, Schaltungen

von

Rudolf Krause

Vierte, gänzlich umgearbeitete Auflage

von

Georg Jahn
Ingenieur

Mit 256 Textfiguren und einer Tafel

Springer-Verlag Berlin Heidelberg GmbH

1920

Additional material to this book can be downloaded from http://extras.springer.com

ISBN 978-3-662-23294-1 ISBN 978-3-662-25327-4 (eBook)
DOI 10.1007/978-3-662-25327-4

Ursprünglich erschienen bei Julius Springer in Berlin 1920.
Softcover reprint of the hardcover 4th edition 1920

Vorwort zur dritten Auflage.

Auch bei dieser dritten Auflage der „Messungen an elektrischen Maschinen“ war der Grundgedanke, Studierenden im Laboratorium und jüngeren Ingenieuren ein Hilfsmittel für die Schaltungen und Messungen auf dem Prüffeld und bei Abnahme-Versuchen zu geben. Es konnten deshalb die Grundgesetze und Erzeugungsarten des elektrischen Stromes als bekannt vorausgesetzt werden und es wurde, um den Umfang des Buches handlich zu erhalten, nur das zum Verständnis der Meßmethoden unbedingt Notwendige über die Vorgänge in elektrischen Maschinen und ihre Wirkungsweise gesagt.

Eine durchgreifende Umarbeitung erfuhr der erste Abschnitt, weil sich inzwischen wesentliche Verbesserungen und Neukonstruktionen auf dem Gebiet der elektrischen Meßinstrumente ereignet haben. Es sei auch hier den Firmen, die dem Verfasser Unterlagen über ihre Instrumente gaben und Druckstöcke für Abbildungen hergeliehen haben, bestens gedankt.

In den übrigen Abschnitten sind weniger Änderungen nötig gewesen, denn die meisten Meßmethoden sind heute so gut durchgebildet, daß sie wie z. B. die Leerlaufsarbeiten, kaum noch Verbesserungen erfordern. Andere Messungen wieder, wie die zur Bestimmung des Wirkungsgrades und der Belastungsfähigkeit, bleiben im Prinzip immer dieselben, es ändern sich höchstens die Apparate zur Aufnahme und da sind namentlich die Wirbelstrombremsen noch verbessert, die heute auch für Maschinen bis zu 30 PS anwendbar sind. Der Abschnitt über die Aufnahme von periodischen Vorgängen ist erweitert durch Einfügung des Oszillographen. Eine erschöpfende Behandlung sämtlicher Maschinenmessungen sollte allerdings das kleine Buch nicht geben, wohl aber nach Möglichkeit mehrere Methoden für ein- und denselben Endzweck, damit man bei vorkommenden Fällen Auswahl hat und die Methode nach der Art der Maschine wählen kann.

Eine Erweiterung erfuhr auch die Zahl der Abbildungen, die von 178 in der zweiten Auflage auf 207 in der dritten Auflage zugenommen hat.

Hellerau bei Dresden, Januar 1916.

Rudolf Krause.

Vorwort zur vierten Auflage.

Bei der Neuausgabe des vorliegenden Buches behielt ich den Grundgedanken bei, der den verstorbenen Verfasser ehedem geleitet hatte (s. Vorwort zur dritten Auflage). Ich war mir der schwierigen Aufgabe, das so große Gebiet auf beschränktem, vorgeschriebenem Umfange behandeln zu müssen, wohl bewußt. Die Abschnitte des Werkchens wurden fast durchgehends umgearbeitet, insbesondere legte ich dabei Wert auch auf eine übersichtliche Einteilung des Stoffes.

Bezüglich einiger Abschnitte möchte ich noch das Folgende erwähnen. Den Teil „Elektrische Meßinstrumente“ gedachte ich ursprünglich wegzulassen, behielt ihn aber mit Rücksicht darauf, daß das Buch in erster Linie für Studierende und jüngere Ingenieure bestimmt ist. Gerade für letztere dürfte es erwünscht sein in einer Einführung in die Prüffeldtechnik nicht nur die Messungen, sondern auch die zu der Ausführung derselben verwendeten Hilfsmittel, Instrumente usw. behandelt zu finden.

An die Stelle des 7. Abschnittes der dritten Auflage sind in vollkommen neuer Gestalt die Abschnitte 7÷13 getreten, welche nunmehr in breiterer Form die Messungen an elektrischen Maschinen selbst erläutern. Von der Behandlung einiger Maschinengattungen (Wechselstromkommutatormotoren usw.) mußte mit Rücksicht auf den begrenzten Umfang des Buches abgesehen werden. Aus dem gleichen Grunde konnte zu meinem Bedauern ein Kapitel über Transformatoren nicht eingefügt werden. Nötig erschien es mir, einen Abschnitt über Einankerumformer zu bringen, da gerade diese von den mittleren technischen Lehranstalten etwas stiefmütterlich behandelt werden, sowie einen Abriß über Theorie und experimentelle Untersuchung der Kommutierung von Gleichstrommaschinen. Im Vergleich mit der früheren Auflage ist ferner das Kreisdiagramm des Drehstrommotors nach Heyland durch das Ossannadiagramm ersetzt, das in der angegebenen, in der Praxis viel gebräuchlichen Form den Vorzug großer Einfachheit hat.

Für die freundliche Überlassung von Druckstöcken möchte ich den Firmen an dieser Stelle meinen verbindlichsten Dank aussprechen.

Berlin, Januar 1920.

Georg Jahn.

Inhalt.

Zweiter Abschnitt.

Messung der elektrischen Leistung.

Dritter Abschnitt.

Widerstandsbestimmung, Messung von Leitfähigkeiten und Temperaturkoeffizienten.

Vierter Abschnitt.

Widerstandsmessungen an elektrischen Maschinen. Prüfung der Isolierung.

Fünfter Abschnitt.

Messung von Umlaufs-, Wellen-, Wechsel- und Schlupfzahlen.

Sechster Abschnitt.

Magnetische Messungen. Bestimmung des Streuungskoeffizienten und der Feldverteilung, sowie der Wellenform von Wechselströmen.

Siebenter Abschnitt.

Belastungsarten und Parallelschalten elektrischer Maschinen.

Achter Abschnitt.

Aufnahme charakteristischer Kurven.

Neunter Abschnitt.

Bestimmung des Wirkungsgrades, Messung und Trennung der Verluste elektrischer Maschinen.

Zehnter Abschnitt.

Indirekte Methoden zur Bestimmung der Belastungsfähigkeit elektrischer Maschinen.

Elfter Abschnitt.

Messungen an Einankerumformern.

Zwölfter Abschnitt.

Bestimmung der Temperaturerhöhung von Maschinen.

Dreizehnter Abschnitt.

Experimentelle Untersuchung der Kommutierung von Gleichstrommaschinen.

Vierzehnter Abschnitt.

Schlußbemerkungen: Vornahme von Messungen und Protokollführung.

Einleitung.

Die Messungen an elektrischen Maschinen haben im allgemeinen die folgenden beiden Zwecke: erstens, festzustellen, ob die Maschine in der vom Besteller gewünschten Weise arbeitet, zweitens wie sie arbeitet. Die Messungen zu dem erstgenannten Zweck sind meist einfacherer Art, während die Untersuchung der Frage, wie die Maschinen arbeiten, schwierigere, im gewöhnlichen Betrieb nicht vorkommende Schaltungen, Einrichtungen und Messungen verlangt. Ob die Maschinen in der gewünschten Weise arbeiten, erkennt man durch Belastungsproben, bei denen durch Dauerversuche namentlich die Erwärmung und bei Kommutator-Maschinen das Verhalten der Bürsten bezüglich der Funkenbildung beobachtet wird. Häufig bestimmt man hierbei noch den Wirkungsgrad. Auch die Prüfung der Isolierung, die zwar zum Teil schon vor dem Zusammenbau der Maschine in der Fabrik erfolgt, ist hierher zu rechnen. Die Frage, ob die Maschine in der gewünschten Weise arbeitet, geht sowohl ihren Käufer als auch ihren Hersteller an, die andere Frage, wie die Maschine arbeitet, beschäftigt nur ihren Hersteller. Damit gute leistungsfähige Maschinen gebaut werden können, muß der Berechner und Entwerfer derselben die Art und die Verteilung der in ihnen auftretenden Verluste genau kennen, ferner die magnetischen Verhältnisse und ihre elektrische Leitfähigkeit. Die Messungen zu dem zweiten Zweck ermitteln daher die Widerstände der Anker- und Magnetwickelung, die Verluste durch Wirbelströme, Ummagnetisierung und Reibung und ihre Verteilung in der Maschine, den Aufwand für die Magnetisierung sowie die Streuungsverhältnisse. Zur zweckmäßigen Erledigung der erwähnten Messungen ist die Kenntnis des Wesens und der Wirkungsweise der zu verwendenden Instrumente und Apparate notwendig. Es soll deshalb zunächst eine Besprechung von Meßinstrumenten erfolgen.

Erster Abschnitt.

Elektrische Meßinstrumente.

Allgemeine Angaben.

Einteilung. Zur Messung der elektrischen Größen: Ampere, Volt und Watt sowie auch der Phasenverschiebung und Stromwechselzahl werden die Wirkungen der dynamischen und statischen Elektrizität benutzt, also:

a) Die Ablenkung einer im Felde eines kräftigen Dauermagneten drehbar gelagerten Spule bei Stromdurchgang — elektromagnetische Drehspulinstrumente;

b) die Anziehung eines beweglichen Eisenkörpers von einer festen stromdurchflossenen Spule bzw. die Abstoßung eines festen und eines beweglichen Eisenkörpers, wenn beide von einer stromdurchflossenen Spule gleichpolig magnetisiert werden — elektromagnetische Weicheiseninstrumente;

c) die Anziehung bzw. Abstoßung zweier stromdurchflossener Spulen, von denen die eine fest, die andere beweglich angeordnet ist — elektrodynamische Instrumente, Elektrodynamometer (kurz Dynamometer genannt);

d) die Ausdehnung (Längenänderung), die ein stromdurchflossener Draht infolge der Wärmewirkung des Stromes erfährt — Hitzdrahtinstrumente;

e) die Ablenkung, welche eine Kupfer- oder Aluminiumscheibe infolge der in ihr induzierten Wirbelströme in einem Drehfeld erleidet — Induktions-, Ferraris- oder Drehfeldmeßgeräte;

f) die Kraftwirkung zwischen elektrisch geladenen Körpern — elektrostatische Instrumente oder Elektrometer (nur für Spannungsmessungen).

Instrumente, welche auf der chemischen Wirkung des Stromes in einem Elektrolyten beruhen, kommen für Maschinenmessungen nicht in

Frage. Die Ausführungen beschränken sich ferner auf Instrumente, welche für Meßzwecke Verwendung finden. Schalttafelinstrumente usw. sind außer Betracht gelassen.

Hinsichtlich der Verwendung für Gleich- oder Wechselstrommessungen gilt folgende Einteilung:

a) Nur für Gleichstrom verwendbar sind die Drehspulinstrumente;

b) für Gleich- und Wechselstrom geeignet sind Weicheiseninstrumente, Dynamometer, Hitzdrahtinstrumente und Elektrometer;

c) nur für Wechselstrom benutzbar sind die Induktionsinstrumente.

Mechanische Eigenschaften. Von der Güte der Ausführung eines Instruments sowie von den Umständen, unter denen es gebraucht wird, hängt die Meßgenauigkeit ab.

Bei allen angeführten Instrumenten wird die zu messende Größe durch den Winkelausschlag eines beweglichen Systems bestimmt. Die Achse desselben trägt zwei feinpolierte Stahlspitzen, die meist in Halbedelsteinen gelagert sind. Um nur eine verschwindend geringe Reibung zu erzielen und um die Lagerung in dauernd gutem Zustande zu erhalten, muß das Systemgewicht möglichst klein sein. Schon ganz geringe Beschädigungen der Lagerung bewirken eine Vergrößerung der Reibung (rufen sogenannte Spitzenreibung hervor). Um Beschädigungen der Lagerung beim Transport zu vermeiden, haben viele Instrumente eine Feststellvorrichtung für das bewegliche System.

Ein Maß für die Güte des Instrumentes in mechanischer Hinsicht bildet der Gütefaktor; dieser ist der Quotient:

$$\frac{\text{Drehmoment in cmg für 90 Winkelgrade Ausschlag}}{\text{Systemgewicht in g}}.$$

Je größer derselbe ist, je größer also das durch denselben dargestellte Drehmoment für 1 g Systemgewicht ist, um so weniger störend wirken die auch bei bester Ausführung vorhandenen geringen Hemmungen der Achse infolge der Reibung. Größe des Gütefaktors: Für Präzisionsinstrumente Mittelwert 0,10; bei Gleichstrom-Drehspulinstrumenten lassen sich Werte bis 0,20 erreichen.

Wird dem durch Stromwirkung erzeugten Drehmoment von Federn Gleichgewicht gehalten, so müssen letztere frei von elastischer Nachwirkung sein. Diese ist daran erkenntlich, daß der Zeiger nicht sofort, sondern erst allmählich im untersten Teil der Skala auf Null zurückgeht, wenn der Strom abgeschaltet wird.

Ablesung des Winkelausschlages. Die Bestimmung desselben geschieht bei den hier behandelten Instrumenten mit Hilfe eines Zeigers, der über einer Skala sich bewegt. Diese besitzt entweder eine gleichmäßige (z. B. bei Drehspuleninstrumenten) oder eine ungleichmäßige Teilung (z. B. bei Hitzdrahtinstrumenten). Die Herstellung letzterer geschieht auf empirischem Wege durch Eichung. Um Ablesefehler zu vermeiden, erfolgt die Ausführung von Skala und Zeiger nach folgenden Gesichtspunkten:

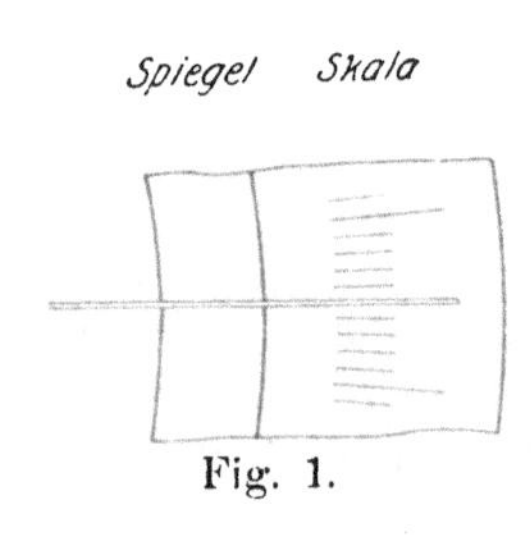

Fig. 1.

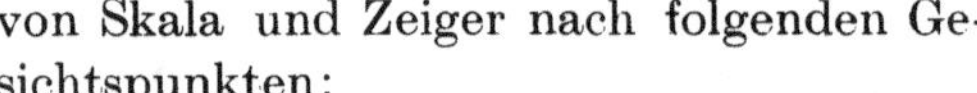

a) Die Teilstriche der Skala dürfen nicht zu dick sein.

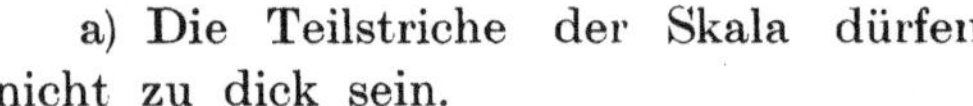

b) Dasselbe muß bei der Zeigerspitze der Fall sein. Deshalb wird meist eine der Fig. 1 entsprechende Ausführung gewählt. Die senkrecht zur Skala stehende Zeigerfläche ist breit. Sieht das Auge bei der Ablesung nichts von dieser Fläche, so erhält man richtige Ablesewerte.

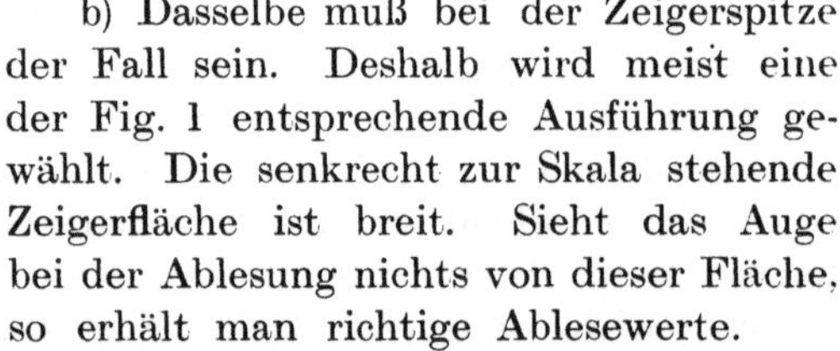

c) Besser wird die Parallaxe vermieden durch Anbringung eines mit der Skala parallel laufenden Spiegels (Fig. 1). Die Ablesung ist dann richtig, wenn Zeiger und Spiegelbild sich decken.

Seltener als die „Zeigerablesung“ kommt bei technischen Messungen die „Spiegelablesung“ zur Anwendung (vgl. Fig. 123). Mit dem beweglichen System des Instrumentes G ist ein kleiner Spiegel fest verbunden. Deckt sich mit dem Fadenkreuz im Fernrohr F, dessen Achse senkrecht zur Ruhelage des Spiegels G steht, irgendein Punkt a der Skala S, so ist der Winkel FGa gleich dem doppelten Ablenkungswinkel des Systems (subjektive Methode). Es kann auch die Ablenkung eines Lichtstrahles, der durch einen an Stelle von F befindlichen Spalt auf den Spiegel fällt, gemessen werden (objektive Methode).

Dämpfung. Zwecks bequemer Ablesung soll die Einstellung des Zeigers aperiodisch erfolgen, d. h. der Zeiger soll ohne lange hin- und herzuschwingen sogleich auf den dem Strome entsprechenden Ausschlag einspielen. Eine ganz vollkommene Dämpfung gibt es allerdings nicht, daher ist der Ausdruck „aperiodisch“ nur mit Beschränkung zutreffend.

Im Gegensatz dazu besitzen „ballistische“ Galvanometer allgemein ein möglichst gering gedämpft schwingendes System; die einfache Schwingungsdauer T, also die Zeit, welche zwischen zwei Umkehrpunkten liegt, ist verhältnismäßig groß. Man benutzt sie hauptsächlich zur Messung von Elektrizitätsmengen, die in so kurzer Zeit durch das Instrument fließen, daß das bewegliche System sich erst zu bewegen beginnt, wenn die Elektrizitätsmenge bereits abgeflossen ist.

Auch für die Haltbarkeit der Lager ist eine gute Dämpfung von Bedeutung.

Als Dämpfung verwendet man:

a) Magnetische Dämpfung. Die Bewegungsenergie des Systems wird durch Wirbelströme (also durch Stromwärme), welche durch ein kräftiges Magnetfeld in einer zusammenhängenden Metallmasse des beweglichen Systems induziert werden, rasch aufgezehrt. Bei Gleichstrominstrumenten mit Dauermagneten wird das Hauptfeld als Dämpfungsfeld benutzt, als Strombahn für die Wirbelströme der Spulenrahmen aus Aluminium. Andere Instrumente haben einen besonderen Dämpfungsmagneten, vor welchen eine auf der Achse sitzende Aluminiumscheibe schwingt.

b) Luftdämpfung. Ein oder mehrere leichte Flügel schwingen mit möglichst geringem Spielraum in einer Luftkammer. Die Flügel sind mit der Achse des beweglichen Systems verbunden. Der Luftwiderstand, der sich einer Bewegung entgegenstellt, sorgt für ein rasches Abklingen der Schwingungen. Anwendung besonders bei Weicheiseninstrumenten und Dynamometern.

c) Flüssigkeitsdämpfung. Diese wird, da ihre Wirkung von der Temperatur abhängig ist, wenig verwendet. Statt in Luft bewegt sich hier der Dämpferflügel in Öl, Glyzerin oder Wasser.

Beeinflussung der Angaben eines Instrumentes. a) Durch die Temperatur. Da sich der Kupferwiderstand der Instrumentwicklungen mit der Temperatur ändert, so sind von letzterer mehr oder weniger die Angaben der meisten Instrumente abhängig. Sogenannte „temperaturfreie Schaltungen“ ermöglichen jedoch eine Beseitigung dieses Einflusses innerhalb gewisser Temperaturgrenzen. Zu solchen Schaltungen wird meist Material mit verschwindend kleinem Temperaturkoeffizienten benutzt, welches dem System vorgeschaltet oder parallel geschaltet wird, so daß der Temperaturkoeffizient der ganzen Anordnung auf einen zulässigen Wert herabgedrückt wird, vgl. die Ausführungen S. 25.

b) Durch starke Magnetfelder oder stromdurchflossene Leitungen. Diese sind nach Möglichkeit von den Instrumenten fernzuhalten, besonders von Weicheiseninstrumenten und eisenlosen dynamometrischen Instrumenten. Weniger beeinflußt werden Drehspulinstrumente, nicht beeinflußt bleiben Hitzdrahtinstrumente und statische Voltmeter.

c) Durch gegenseitige Wirkung. Um diese zu vermeiden. empfiehlt es sich insbesondere Drehspul- und Weicheiseninstrumente sowie Dynamometer in Abständen von etwa 40 cm, von Mitte zu Mitte gerechnet, aufzustellen.

d) Durch statische Ladungen. Ein Putzen der Glasscheiben von Instrumenten unmittelbar vor der Messung soll nicht stattfinden, da durch das Reiben mit einem trockenen Tuche leicht elektrostatische Ladungen hervorgerufen werden können, welche den Zeigerausschlag beeinflussen. Man beseitigt diese. indem man die Glasscheibe leicht anhaucht (vgl. auch S. 63).

Strom- und Spannungsmessung.

Strommessung. Abgesehen von den elektrostatischen Instrumenten beruhen alle anderen Typen auf der Wirkung des Stromes. sind also ihrem Wesen nach Strommesser (Amperemeter). Wird ein solcher mit dem Eigenwiderstande g in einen Stromkreis geschaltet, so wird, wenn ein Strom J durch das Instrument fließt. an dessen Klemmen eine Spannungsdifferenz herrschen $E = J \cdot g$. Es gilt ferner: Die im Strommesser entwickelte Wärme beträgt $E \cdot J = J^2 g$. Daraus folgt:

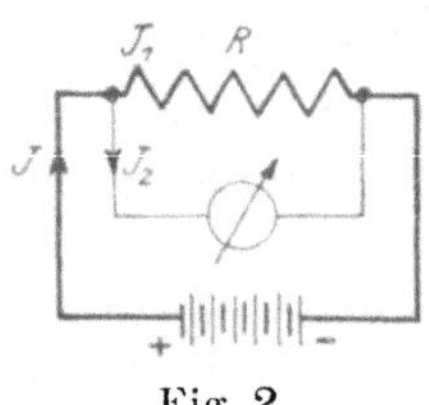

Fig. 2.

a) Strommesser (Amperemeter) sind so auszuführen. daß der stromdurchflossene Teil die entwickelte Stromwärme verträgt.

b) Der Widerstand g muß möglichst klein gehalten werden, damit der Spannungsverlust bzw. Leistungsverbrauch (Eigenverbrauch), der durch das Instrument in dem zu messenden Kreise verursacht wird, gering ist.

Spannungsmessung. Zwecks Lösung der Aufgabe: Es ist die Spannung E an den Klemmen eines vom Strome J_1 durchflossenen Stromverbrauchers vom Widerstande R zu messen, wird an diese Klemmen ein Strommesser gelegt (Fig. 2). Der Ausschlag desselben entspricht einem Strome $J_2 = \frac{E}{g}$. Damit ist aber auch die zu messende Spannung E bestimmt. Es ist nur der jeweils angezeigte Wert J_2 mit dem Widerstande g, also mit einer Konstanten zu multiplizieren, bzw. die Skala umzuändern. Durch den Stromverbraucher fließt jetzt $J_1 = J - J_2$, der Stromwärmeverlust im Instrument beträgt $E \cdot J_2 = E \cdot \frac{E}{g} = \frac{E^2}{g}$. Daraus folgt:

Spannungsmesser (Voltmeter) sind mit hohem Widerstande auszuführen, damit der Strom $J_2 = \frac{E}{g}$ möglichst klein wird. Dann sind auch die durch sie bedingten Leistungsverluste gering.

Die Spannungsmessung ist somit auf eine Strommessung in einem Nebenschluß zum Hauptstromkreise zurückgeführt.

In ähnlicher Weise beruht auch die Messung anderer Größen z. B. der Leistung auf der Wirkung des Stromes in den dazu verwendeten Instrumenten.

Erweiterung des Meßbereiches.

Allgemeines. Über die Erweiterung der Meßbereiche bei den verschiedenen Gattungen von Instrumenten gibt die umstehende Tabelle Aufschluß.

Strommesser. Bei einem für einen bestimmten Höchststrom gebauten Instrument kann der Meßbereich, wie nachstehend ausgeführt, erweitert werden.

a) **Bei Gleichstrom** schaltet man einen Meßwiderstand R_m (Fig. 3) in die Leitung, deren Strom J gemessen werden soll, und verbindet mit dessen Endpunkten das Instrument durch die Leitungen L. Das Instrument liegt also im Nebenschluß zum Widerstand R_m (für diesen ist vielfach die Bezeichnung „shunt“ üblich) und wird von einem Strome i_1 durchflossen, hervorgerufen durch den Spannungsabfall $i_2 R_m$. Nach Fig. 3 ergibt sich:

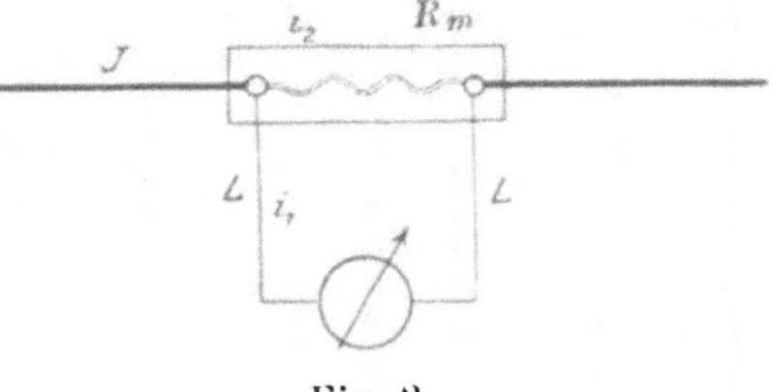

Fig. 3.

$$J = i_1 + i_2$$

$$i_2 R_m = i_1 \cdot g \qquad i_2 = \frac{i_1 \cdot g}{R_m}$$

$$J = i_1 \cdot \left(1 + \frac{g}{R_m}\right) \quad . \quad . \quad . \quad . \quad . \quad . \quad . \quad (1)$$

Instrumente	Instrumente werden ausgeführt als	Erweiterung der Strommeßbereiche ist möglich durch	Erweiterung der Spannungsmeßbereiche ist möglich durch
Drehspulinstrumente	Strommesser Spannungsmesser	Meß- (Nebenschluß-) Widerstände	Vorschaltwiderstände
Weicheiseninstrumente	Strommesser Spannungsmesser	für Gleichstrom werden die Instrumente meist für direkte Einschaltung gebaut für Wechselstrom: Stromwandler	Vorschaltwiderstände Spannungswandler
Dynamometrische Instrumente	Strommesser Spannungsmesser Leistungsmesser Leistungsfaktormesser	Stromwandler	Vorschaltwiderstände Spannungswandler
Hitzdrahtinstrumente	Strommesser Spannungsmesser	Meßwiderstände Stromwandler	Vorschaltwiderstände Spannungswandler
Ferraris-(Drehfeld-)Instrumente	Strommesser Spannungsmesser Leistungsmesser	Stromwandler	Spannungswandler
Elektrostatische Instrumente	Spannungsmesser		Kondensatoren

Beispiel: Ein Drehspulinstrument habe einen Eigenwiderstand $g = 1\ \Omega$, bei vollem Zeigerausschlag kann bei direkter Einschaltung in den Stromkreis ein Höchststrom von 0,150 A gemessen werden. Man will jedoch Ströme bis zu 150 A mit dem Instrument messen. An den Klemmen des Instruments darf höchstens eine Spannung von 0,150 V liegen. Der durch den maximalen Strom in R_m erzeugte Spannungsabfall darf somit diese Größe nicht überschreiten. Aus Gl. (1) folgt für R_m:

$$R_m = \frac{i_1 \cdot g}{J - i_1},$$

mit den gegebenen Werten also:

$$R_m = \frac{1}{999}\,\Omega.$$

Widerstandsänderungen durch Temperatureinfluß sind auszuschließen, entweder indem durch reichliche Dimensionierung des Nebenschlusses eine wesentliche Erhöhung der Temperatur umgangen wird oder durch Verwendung von Materialien, deren Widerstände sich mit der Temperatur nicht ändern. Für das Instrument selbst kommen je nach den vorliegenden Widerstandsverhältnissen auch „temperaturfreie“ Schaltungen in Betracht.

Über die Ausführung von Meßwiderständen s. S. 10.

b) Bei Wechselstrom ist die Verwendung von Meßwiderständen zur Erhöhung der Strommeßbereiche nicht üblich, da die Stromverteilung in Meßwiderstand und Instrument nicht von dem umgekehrten Verhältnis der Ohmschen Widerstände, sondern von dem umgekehrten Verhältnis der Impedanzen abhängt.

Der Ausdruck für die Impedanz ist allgemein:

$$\sqrt{R^2 + \left(2\pi \cdot \nu \cdot L - \frac{1}{2\pi \cdot \nu C}\right)^2}.$$

Die Stromverteilung ist somit auch abhängig von der Selbstinduktion L und der Kapazität C des betreffenden Stromzweiges, sowie von der Periodenzahl ν des Wechselstromes. C ist im allgemeinen zu vernachlässigen.

Die Anwendung von Nebenschlüssen ist daher nur bei Hitzdrahtinstrumenten für Wechselstrommessungen gebräuchlich. Der Selbstinduktionskoeffizient des Hitzdrahtes ist bei diesen gleich Null zu setzen (gerade gespannter Draht).

Zur bequemen Messung von beliebig starken Wechselströmen verwendet man Stromwandler oder Stromtransformatoren (vgl. S. 13).

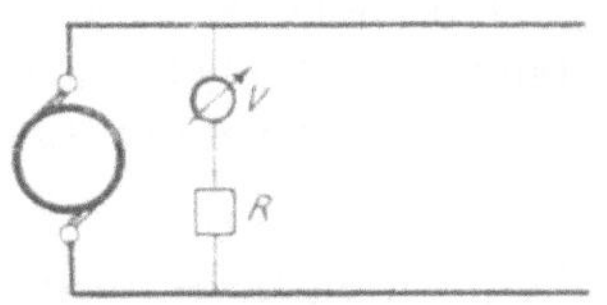

Fig. 4.

Spannungsmesser. a) Für die Messung von Gleichspannung werden die Instrumente in Verbindung mit Vorschaltwiderständen verwendet (Fig. 4). Soll mit einem Voltmeter V, das ohne Vorschaltwiderstand für eine maximale Spannung e benutzt werden kann (zulässiger Strom i bei einem Instrumentwiderstand g), eine Spannung $E = n \cdot e$ gemessen werden, so ergibt sich der vorzuschaltende Widerstand aus der Gleichung:

$$R = \frac{E}{i} - g = g \cdot (n - 1) \quad . \quad . \quad . \quad . \quad . \quad (2)$$

Beispiel: $g = 1000\ \Omega$, Endausschlag bei $i = 0{,}003$ A. Ein solches Instrument ist also für Spannungsmessungen bis 3 V geeignet. Es sollen jedoch Spannungen bis 150 V gemessen werden. Der vorzuschaltende Widerstand R ergibt sich zu:

$$R = \frac{150}{0{,}003} - 1000 = 49000\ \Omega.$$

Aus gleichen Gründen, wie S. 9 angegeben, ist auch für Vorschaltwiderstände Material zu verwenden, das seinen Widerstand mit der Temperatur nicht ändert. Ausführungen s. S. 13.

b) Auch für die Messung von Wechselspannung können Vorschaltwiderstände zu den Instrumenten verwendet werden. Der Strom im Voltmeterzweig ist aber entsprechend dem Ausdruck:

$$i = \frac{E}{\sqrt{(R+g)^2 + \left(2\pi\nu L - \frac{1}{2\pi\nu C}\right)^2}}$$

nicht nur von dem gesamten Ohmschen Widerstande $(R + g)$, sondern auch wieder (wie bei der Strommessung) von L und C abhängig. Die von der Frequenz abhängigen Glieder können aber vernachlässigt werden, da einerseits als Selbstinduktionskoeffizient nur der geringe der Voltmeterspule in Betracht kommt (die Vorschaltwiderstände werden bifilar gewickelt) und andererseits der Widerstand $(R + g)$ groß ist.

Für hohe Wechselspannungen werden aber Vorschaltwiderstände sehr teuer. Man verwendet dann Spannungstransformatoren oder Spannungswandler (vgl. S. 13).

Ausführungen von Meß- und Vorschaltwiderständen.

Meßwiderstände. Sie werden entweder direkt in die Instrumente eingebaut oder zum Anstecken an dieselben oder auf eigenen Sockeln geliefert (vgl. die Fig. 5, 6, 7 und 8). Fig. 7 zeigt ansteckbare Widerstände. Die mit Aussparungen versehenen

Laschen werden gemäß Fig. 5 und 6 unter die Klemmen K des Instruments geschoben. Die Meßwiderstände für schwächere Ströme haben vielfach mehrere Abteilungen (Fig. 5 und 7). Fig. 5 zeigt die innere Schaltung eines solchen.

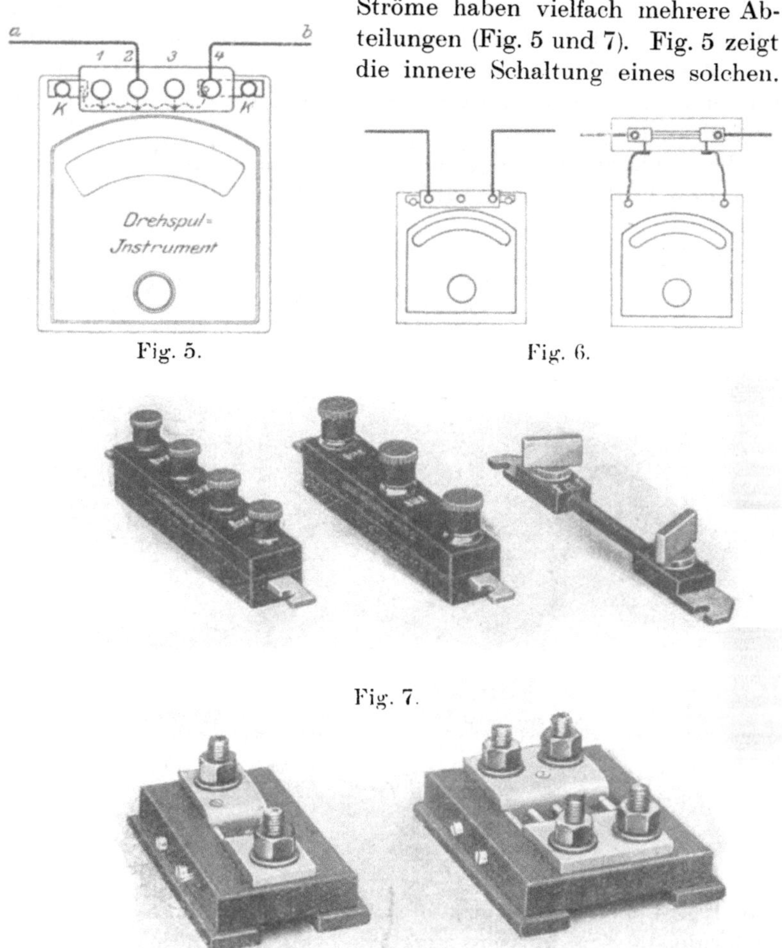

Fig. 5. Fig. 6.

Fig. 7.

Fig. 8.

a und b sind die Anschlüsse der Leitung, deren Strom gemessen werden soll. b liegt dauernd an Klemme 4, a je nach der vorhandenen Stromstärke entweder an 3, 2 oder 1. Liegt a an

Klemme 3, so würde der stärkste Strom, für den der Meßwiderstand bestimmt ist, gemessen werden, weil der Widerstand zwischen 4 und 3 den geringsten Wert hat. Bei der Berechnung solcher mehrfacher Widerstände ist darauf zu achten, daß mit dem Widerstand *g* des Instruments noch jener zwischen der Anschlußklemme von *a* und der einen freien Instrumentklemme *K* in Serie liegt.

Ansteckbare Meßwiderstände für Drehspulinstrumente baut Siemens & Halske bis 150 A, für stärkere Ströme werden sie

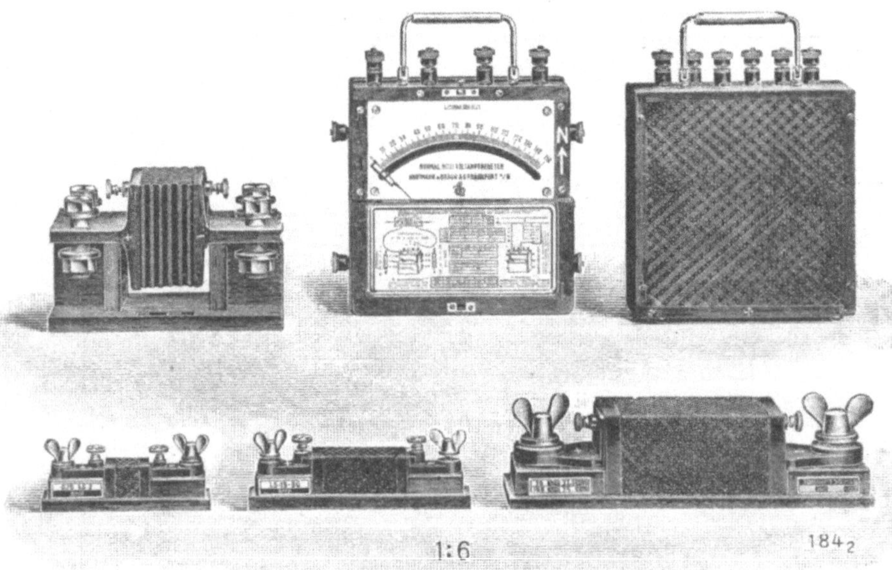

Fig. 9.

auf Holzsockeln ausgeführt (bis 3000 A, Fig. 8). Bei solchen Meßwiderständen müssen stets die von der Firma gelieferten Zuleitungen zum Instrument benützt werden, da deren Widerstand bei der Berechnung und Eichung berücksichtigt wurde (Fig. 6).

Fig. 9 zeigt Meßwiderstände bis zu 3000 A, wie sie die Firma Hartmann & Braun für ihre Drehspulinstrumente ausführt. Die Starkstromleitungen müssen bei großen Strömen genügende Anschlußflächen erhalten, daher sind auch mehrere Anschlußschrauben gemäß Fig. 8 und 9 vorgesehen. Bei schlechtem Kontakt ergeben sich leicht Fehler bis zu 0,2 %. Die Verbindungsleitungen zum Instrument werden an den in der Abbildung sichtbaren kleinen Schrauben angeschlossen.

Vorschaltwiderstände. Diese werden, ähnlich wie Meßwiderstände, vielfach in die Instrumente selbst eingebaut, und auch getrennt von diesen mit ein oder mehreren Meßbereichen ausgeführt geliefert (Fig. 10 und 10 a).

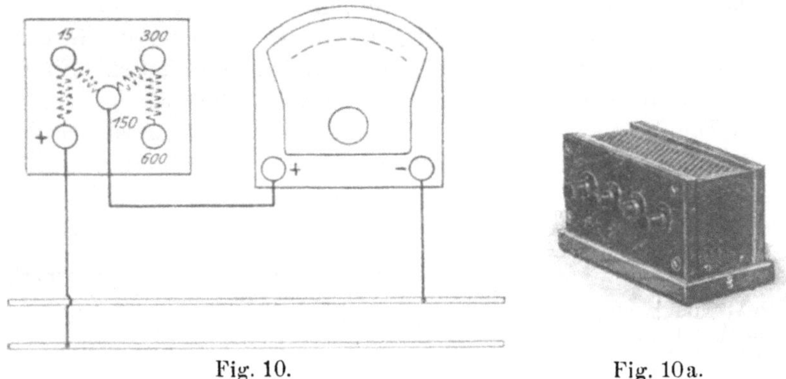

Fig. 10. Fig. 10a.

Strom- und Spannungswandler (Meßtransformatoren, Meßwandler).

Allgemeines. Die Meßwandler sind für ihren Zweck besonders ausgeführte kleine Transformatoren. Die Stromwandler haben sekundär eine größere Windungszahl wie primär, da der Strom erniedrigt werden soll. Das Umgekehrte ist bei den Spannungswandlern der Fall, da bei diesen sekundär eine niedrigere Spannung abgenommen werden soll. Bei Amperemetern und Voltmetern kann man Fehler im Meßtransformator dadurch beseitigen, daß man die Instrumente zusammen mit den Transformatoren eicht. Bei Wattmetern kann aber die gleiche Leistung $J \cdot E \cdot \cos \varphi$ für verschiedene Ströme J bei entsprechend verändertem $\cos \varphi$ angezeigt werden. Aus diesem Grunde müssen die Meßtransformatoren vor allem folgende Eigenschaften aufweisen:

a) Möglichste Proportionalität, sowie möglichst 180^0 betragende Phasenverschiebung zwischen primärer und sekundärer Größe.

Gemäß dem Transformatordiagramm wird dies erreicht bei kleinem Spannungsverlust in den Wicklungen und bei möglichst kleiner Streuung. Letztere läßt sich besonders dadurch erheblich herabdrücken, daß die primäre und die sekundäre Spule direkt übereinander gewickelt werden, doch muß dann für eine ausreichende Isolation zwischen beiden Spulen gesorgt werden. Bis zu etwa 20000 V kann hierzu präpariertes Papier benutzt werden, für höhere Spannungen muß der Transformator in Öl eingebettet werden.

b) Unabhängigkeit des Übersetzungsverhältnisses von der Stromwechselzahl in weitesten Grenzen.

Diese Bedingung wird erfüllt bei geringer Sättigung des Eisens und bei Verwendung von möglichst vielem und gutem Eisen (d. h. von solchem mit möglichst geringen Verlusten).

c) Die Kurvenform muß primär und sekundär dieselbe sein.

Die folgenden Tabellen, aufgenommen an einem Stromtransformator der Firma Hartmann & Braun, geben ein Bild über die Größenordnung der Störungen.

J_1 in % vom Höchststrom	Abweichung des Phasenwinkels zwischen J_1 und J_2 von 180°					
	induktionsfrei belastet			induktiv belastet		
	25 Perioden	50 Perioden	100 Period.	25 Perioden	50 Perioden	100 Period.
10	39′	23′	11′	36′	15′	5′
20	31′	18′	8′	27′	10′	1′
40	21′	11′	5′	16′	3′	4′
60	17′	8′	3′	10′	−1′	−7′
80	12′	6′	2′	7′	−3′	−8′
100	11′	5′	2′	5′	−3′	−8′

J_1 in % vom Höchststrom	Abweichung des Übersetzungsverhältnisses in % vom Sollwert					
	induktionsfrei belastet			induktiv belastet		
	25 Perioden	50 Perioden	100 Period.	25 Perioden	50 Perioden	100 Period.
10	−0,4 %	−0,3 %	−0,2 %	−1 %	−0,9 %	−0,75 %
20	−0,2 %	−0,15 %	−0,05 %	−0,9 %	−0,75 %	−0,6 %
40	+0,05 %	+0,15 %	+0,2 %	−0,5 %	−0,4 %	−0,2 %
60	+0,3 %	+0,35 %	+0,4 %	−0,2 %	−0,15 %	0 %
80	+0,6 %	+0,65 %	+0,7 %	0 %	+0,05 %	+0,15 %
100	+0,7 %	+0,75 %	+0,8 %	+0,05 %	+0,15 %	+0,2 %

Aus der zweiten Tabelle erkennt man, daß die Abweichungen vom Übersetzungsverhältnis immer nur sehr gering sind. Gleiches gilt von der Abweichung des Phasenwinkels zwischen J_1 und J_2 von 180°. Die

Fehler, die dadurch entstehen, sind sehr klein und liegen in den meisten Fällen sogar innerhalb der Ablesefehler, so daß man nur bei sehr genauen Messungen Korrektionen vornehmen muß. Die Korrektionskurven werden von den Firmen mitgeliefert.

Siemens & Halske geben für ihre Präzisions-Stromtransformatoren folgendes an: Das Übersetzungsverhältnis ist bei 5 A und einer Klemmenspannung von etwa 4 V auf mindestens 0,5 % genau abgeglichen und bleibt von 100 % bis 10 % der Strombelastung konstant. Die von 180° abweichende Phasenverschiebung zwischen Primär- und Sekundärstrom beträgt bei 50 Perioden für Vollast nur etwa 15 Minuten, bei 20 % der Strombelastung nicht mehr als 36 Minuten. Die Korrektionswerte für 50 Perioden ermitteln sich nach folgender Tabelle.

% der Belastung	Sekundärstrom	Korrektionsfaktor f bei 50 Perioden für					
		$\cos\varphi = 1$	$\cos\varphi = 0{,}9$	$\cos\varphi = 0{,}8$	$\cos\varphi = 0{,}7$	$\cos\varphi = 0{,}5$	$\cos\varphi = 0{,}3$
20	1 A	1,0020	0,9980	0,9955	0,9925	0,9875	0,9745
40	2 A	1,0018	0,9985	0,9970	0,9935	0,9900	0,9800
60	3 A	1,0015	0,9990	0,9975	0,9945	0,9915	0,9830
80	4 A	1,0005	0,9990	0 9980	0,9950	0,9920	0,9850
100	5 A	1,0000	0,9990	0,9980	0,9950	0,9920	0,9865

Bei vorstehenden Werten ist Voraussetzung, daß ein Watt- und ein Amperemeter in Serie an den Stromtransformator angeschlossen sind. Die wirkliche Leistung bzw. Stromstärke ergibt sich durch Multiplikation der von den Instrumenten angezeigten Werten mit dem Korrektionsfaktor f. Für Amperemeter gelten natürlich nur die Werte für $\cos\varphi = 1$.

Beispiel: Es wurden abgelesen am Amperemeter 80 A, am Voltmeter 100 V, am Wattmeter 6400 W. Der $\cos\varphi$ beträgt dann $\frac{6400}{80 \cdot 100} = 0{,}8$. Bei einem Stromtransformator für 100 A ergibt sich aus der Tabelle für 80 % Strombelastung, 50 Perioden und $\cos\varphi = 0{,}8$: $f = 0{,}9980$. Die genaue Wattmeterangabe wäre somit 6387,2 W. Dieser Wert weicht von dem nicht korrigierten nur um 0,24 % ab.

Für Spannungstransformatoren macht Siemens & Halske ähnliche Angaben. Das Übersetzungsverhältnis wird bei einer sekundären Belastung von 10 Voltampere bei $\cos\varphi = 1$ auf mindestens 0,5 % genau abgeglichen und bleibt zwischen 100 % und 20 % des Meßbereiches praktisch konstant; die Phasenverschiebungsfehler können praktisch vernachlässigt werden, da sie im allgemeinen weniger als 10 Minuten betragen. Eine dauernde Überlastung der Spannungstransformatoren mit 10% erhöhter Spannung ist zulässig.

Schaltregeln. a) Die Sekundärwicklung von Stromwandlern muß, sobald die Primärwicklung eingeschaltet ist, entweder durch die Meßinstrumente oder durch eine Kurzschlußverbindung geschlossen sein.

Bei Unterbrechung des Sekundärkreises entstehen einerseits hohe, unter Umständen lebensgefährliche Spannungen (da ja die Windungszahl sekundär ein Vielfaches der primären ist), andererseits tritt eine sehr starke Magnetisierung des Eisens und infolgedessen eine besonders für die magnetischen Verhältnisse unzulässige Erhitzung des Transformatoreisens auf. Unterbricht man dann noch den Primärstrom im Augenblick der stärksten Magnetisierung, so bleibt ein sehr starker remanenter Magnetismus im Eisen zurück, der bei der nächsten Messung Fehler verursachen kann. Beseitigung: Bei offenen Sekundärklemmen läßt man durch die Primärwicklung einen Wechselstrom fließen, dessen Stärke man ganz allmählich von der normalen bis auf Null herab ändert.

b) Im Gegensatz zu den Stromwandlern dürfen Spannungswandler sekundär nur über einen hohen Widerstand geschlossen werden, sobald sie unter Spannung gesetzt sind; sie können aber ebensogut offen bleiben.

Die unter a erwähnten Erscheinungen treten hier nicht auf, weil im Sekundärkreis immer viel weniger Windungen vorhanden sind.

c) Die Spannungswandler sind auf der Hochspannungsseite allpolig zu sichern, auf der Niederspannungsseite sind alle nicht geerdeten Leitungen zu sichern.

Erstere Maßnahme dient dazu, die Anlage gegen Beschädigungen durch Kurzschlüsse in der Meßschaltung zu schützen, letztere zur Sicherung des Spannungswandlers gegen Überlastungen.

d) Werden in einer Meßschaltung Strom- und Spannungswandler verwendet, so sind die Sekundärwicklungen und die Gehäuse aller Meßwandler einpolig zu erden (Erdleitungsquerschnitt Kupfer 16 mm²). Werden jedoch für Leistungsmesser Stromwandler für den Stromkreis und Spannungswandler für den Spannungskreis benutzt, so darf nicht geerdet werden; die Sekundärwicklung des Stromwandlers muß vielmehr mit einem geeigneten Punkt des Netzes derart verbunden werden, daß die innerhalb des Instrumentes auftretenden Potentialdifferenzen möglichst klein werden (Fig. 58).

Ausführungen. Die Ausführungen der Meßtransformatoren sind sehr verschieden. In Fig. 11 ist ein Schienenstromwandler dargestellt. Die Primärseite besteht lediglich aus der Kupferschiene S_1, die mit den Klemmen K in die Leitung geschaltet wird, deren Strom gemessen werden soll. E ist der aus Blechen aufgebaute Eisenkörper, auf dem die Sekundärspule S_2 sitzt, an deren Klemmen die Amperemeter- oder Wattmeterstromspule angeschlossen wird.

Die Allgemeine Elektrizitäts-Gesellschaft und Siemens & Halske führen ihre Stromtransformatoren sekundär für 5 A (bei stärkster Belastung) bei 4 V Klemmenspannung aus. Größte Typen der Allgemeinen Elektrizitäts-Gesellschaft: 1000 A Primärstrom, 13000 V Betriebsspannung; größte Typen von Siemens & Halske: 1200 A Primärstrom, 13000 V. Betriebsspannung, bzw. 200 A und 30000 V Betriebsspannung. Die Stromtransformatoren

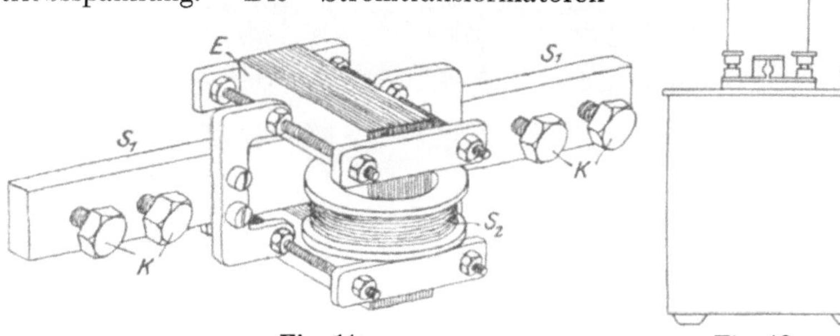

Fig. 11. Fig. 12.

für höhere Spannungen stehen in Kästen mit Füllmasse. Spannungswandler werden auch mit Ölisolation ausgeführt.

Fig. 12 zeigt einen Stromtransformator für mehrere Meßbereiche von Siemens & Halske. Die Primärwicklung ist in mehrere elektrisch gleichwertige Gruppen zerlegt, welche beim kleinsten Strommeßbereich in Serie, bei einem eventuell vorhandenen mittleren Meßbereich in Gruppenschaltung und beim höchsten Meßbereich in Parallelschaltung liegen. Die Umschaltung von einem Meßbereich auf einen anderen geschieht durch die beigegebenen Schaltstücke, von denen eines in den Schaltkopf gesteckt wird. Zu diesem Zweck ist die seitlich am Schaltkopf angebrachte Mutter zu lösen und das im Schaltkopf befindliche

Schaltstück durch ein anderes mit entsprechendem Meßbereich auszuwechseln. Nach erfolgtem Einstecken des Schaltstückes ist die seitliche Mutter wieder festzuziehen.

In Fig. 13 ist ein Spannungstransformator mit mehreren Meßbereichen derselben Firma dargestellt. Bereiche primär: 1000, 1500, 2000, 3000, 4000, 5000, 6000, 8000, 10 000 und 12 000 V; sekundär: 100 V. Die Umschalter sind Kontakthebel auf der Marmorplatte des Gehäuses.

Fig. 13.

Berechnung der Instrumentkonstanten.

Allgemeines. Die Instrumentkonstante c ist die Zahl, mit der der Ausschlag α eines Ampere-, Volt- oder Wattmeters multipliziert werden muß, um den wahren Wert der Messung zu erhalten, gleichgültig ob Hilfsmittel zur Erweiterung des Meßbereiches verwendet wurden oder nicht. c gibt also den Wert eines Skalenteiles an.

Amperemeter. $c = \frac{\text{max. Stromstärke}}{\text{Anzahl der Skalenteile}}$.

Bei Verwendung von Meßwiderständen geben diese die bei vollem Ausschlag des Zeigers zu messende maximale Stromstärke an, bei Benutzung von Stromwandlern ist die maximale Stromstärke des Instrumentes allein noch mit dem Übersetzungsverhältnis zu multiplizieren.

Voltmeter. $c = \frac{\text{max. Spannung}}{\text{Anzahl der Skalenteile}}$.

Werden Vorschaltwiderstände benutzt, so ist als maximale Spannung die auf dem Widerstand vermerkte in Rechnung zu setzen oder es ist die maximale Spannung des Instrumentes allein mit dem Faktor $\frac{R+g}{g}$ zu multiplizieren (Bezeichnungen nach S. 10). Bei Verwendung von Spannungswandlern ist die maximale Spannung des Instrumentes allein mit dem bekannten Übersetzungsverhältnis zu multiplizieren. Liegen im Kreise außerdem noch Vorschaltwiderstände, so ist auch der Faktor $\frac{R+g}{g}$ zu berücksichtigen.

Wattmeter. Kennt man für $\cos\varphi = 1$ den Ausschlag α eines Wattmeters und den Strom J in der Stromspule, sowie die Spannung E an der Spannungsspule, so ergibt sich der Wert eines Skalenteiles, also die Instrumentkonstante c zu:

$$c = \frac{J \cdot E}{\alpha}.$$

Meistens sind die Leistungsmesser so geeicht, daß sie den vollen Zeigerausschlag bei vollem Strom, voller Spannung und bei einem $\cos\varphi = 1$ geben. Bei Verwendung von Stromwandlern für den Stromkreis und von Spannungswandlern bzw. Vorschaltwiderständen für den Spannungskreis ist c noch mit den in Frage kommenden Übersetzungsverhältnissen bzw. mit dem Faktor $\frac{R+g}{g}$ zu multiplizieren (R Wert des Vorschaltwiderstandes, g Widerstand der Spannungsspule).

Eichung von Ampere-, Volt- und Wattmetern.

Nach längerem Gebrauche zeigen die Angaben der Instrumente Abweichungen von den richtigen Werten. Man kann die Instrumente jedoch auch dann noch benutzen, wenn man für die einzelnen Zeigerstellungen die Abweichungen kennt. Man vergleicht deshalb ihre Angaben mit denen eines Normalinstrumentes, das zweckmäßigerweise nur zu Eichzwecken verwendet wird. Fig. 14 gibt die Schaltung für Amperemeter, Fig. 15 jene für Voltmeter. N ist das Vergleichsinstrument, A bzw. V das zu eichende Instrument. Amperemeter sind natürlich in Serie zu schalten, Voltmeter dagegen parallel an die gleiche Klemmenspannung zu legen. Die Aufnahme verschiedener Werte erfolgt durch entsprechende Einstellung des Regulierwiderstandes R in Fig. 17 oder durch Verwendung einer variablen Spannung bei der Schaltung nach Fig. 15.

Die Werte werden graphisch aufgetragen, und zwar die richtigen Angaben des Normalinstruments in Abhängigkeit von jenen des fehlerhaften Instrumentes. Fig. 16 zeigt die Eichkurve eines Amperemeters. Zeigt dann während einer beliebigen Aufnahme

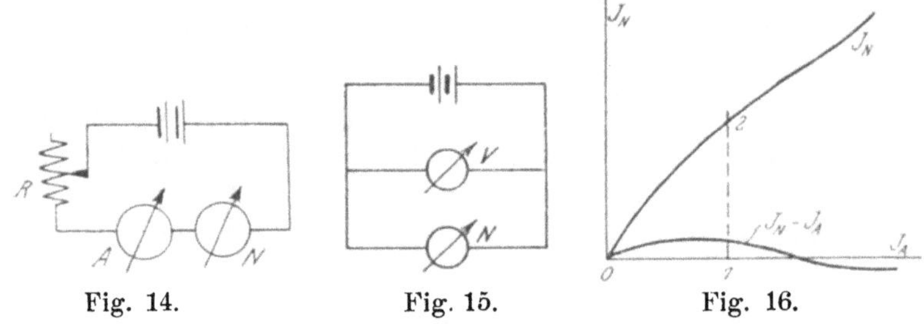

Fig. 14. Fig. 15. Fig. 16.

dieses Instrument den Wert $O\,1$, so ist der richtige Wert die zugehörige Ordinate $1 \div 2$. — Der Unterschied $J_N - J_A$ ist die zu einem beliebigen Werte von J_A zu addierende Korrektion. Vielfach stellt man auch diese in Abhängigkeit von der fehlerhaften Größe dar (Fig. 16).

Kurvenbilder kommen sehr oft zur Anwendung. Man sagt: „Die Ordinatenwerte sind eine Funktion der zugehörigen Abszissenwerte“ und wendet kurz folgende Schreibweise an:

$$\text{Ordinatenwerte} = f\,(\text{Abzissenwerte});$$

für die Kurven Abb. 16 wären die entsprechenden Ausdrücke:

$$J_N = f(J_A), \qquad J_N - J_A = f(J_A).$$

Die Korrektions- bzw. Eichkurven können unter Umständen einen recht verschiedenartigen Verlauf nehmen. Das zu eichende Instrument kann auf seiner Skala teilweise mehr, teilweise weniger als das Vergleichsinstrument anzeigen.

Für Wechselstrominstrumente muß bei der Prüfung die Periodenzahl des Meßstromes ebenso groß sein, wie diejenige, für welche das zu eichende Instrument gebaut ist.

Leistungsmesser werden in ähnlicher Weise durch Vergleich ihrer Angaben mit einem Normalleistungsmesser geeicht.

Elektromagnetische Drehspulinstrumente.

Allgemeines. Den Aufbau der Drehspulinstrumente (nach Deprez d'Arsonoal auch Deprezinstrumente genannt) zeigen die Fig. 17 und 18 (Inneres eines Westondrehspulgalvanometers). Über einem Weicheisenkerne C dreht sich die Spule S, deren wenige Windungen auf einem Kupfer- oder Aluminiumrahmen gewickelt sind, bei Stromschluß im Felde des kräftigen Dauermagneten m. Zwei Federn F, von denen die eine über dem Kerne C, die andere unter demselben angebracht sind, dienen zur Stromzu- und -abführung und liefern das der ablenkenden Kraft (stromdurchflossene Spule im Feld!) entgegenwirkende Drehmoment dadurch, daß das eine Ende mit der Spulenachse verbunden und an der Drehung derselben mit teilnimmt, während das andere Ende festgespannt ist. Aus den magnetischen und elektrischen Verhältnissen folgt:

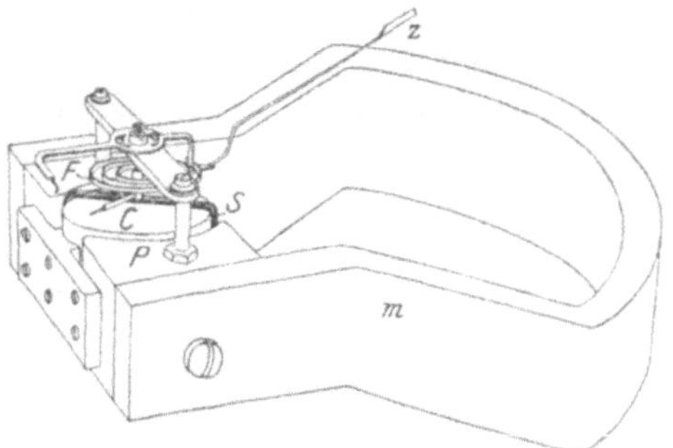

Fig. 17.

Fig. 18.

a) Die Spulendrehung hängt bei diesen Instrumenten, da das Magnetfeld stets gleiche Richtung besitzt, nur von der Stromrichtung in der Spule ab. Es ist deshalb auch gewöhnlich an einer Klemme ein + angebracht. Bei falschem Zeigerausschlag wechselt man einfach die Zuleitungen zu den Klemmen.

b) Bei Stromschluß gilt für den Gleichgewichtszustand: Drehmoment der Spule = Drehmoment, erzeugt von den Federn

$$c_1 \cdot i \cdot H = c_2 \cdot \alpha$$

$$i = c \cdot \alpha \quad . \quad . \quad . \quad . \quad . \quad . \quad . \quad (3)$$

d. h. der Zeigerauschlag α ist proportional der Stromstärke i in der Spule und die Teilung eines guten Drehspulinstrumentes wird vollkommen gleichmäßig.

In der Ableitung bedeutet: c_1 eine Konstante, abhängig von der Windungszahl und den Maßen der Spule, c_2 den bei guten Federn konstanten Verdrehungskoffizienten derselben, H die ebenfalls konstante Feldstärke im Luftspalt zwischen Magnet m und Kern C (Fig. 17). In der Formel $i = c \cdot \alpha$ konnten alle Konstanten zu der einzigen Konstanten c zusammengefaßt werden.

Für die Ausführung der einzelnen Teile ist zu bemerken:

Der Stahlmagnet m besteht aus sehr hartem Material und ist einer besonders sorgfältigen Magnetisierung unterworfen, damit er seinen Magnetismus möglichst für die ganze Lebenszeit unverändert beibehält. Der Luftspalt muß zur Erreichung eines gleichmäßigen Feldes zwischen den Polen P und dem Kerne C und zwecks möglichster Herabsetzung der Streuung an den Polkanten sehr klein sein (Ausführungen mit 1 mm sind üblich). Der Einfluß der letzteren ist bei den heutigen Ausführungen zu vernachlässigen. Ferner muß der Kern C aus ganz weichem Eisen hergestellt werden, da nur dieses durch und durch gleichmäßiges Material aufweist.

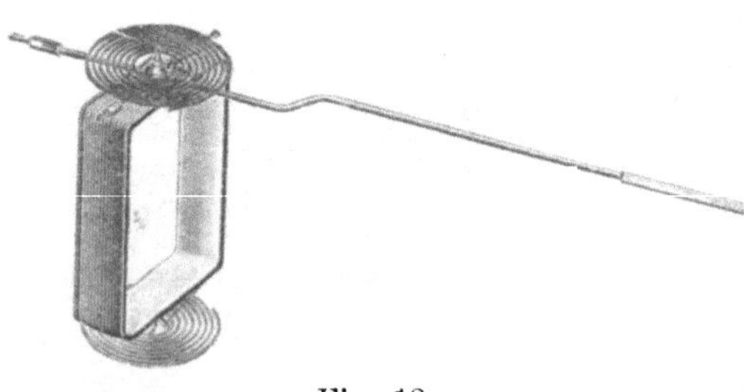

Fig. 19.

Fig. 19 zeigt das bewegliche System eines Westoninstrumentes. Die Federn werden aus nicht magnetischem Material (Bronze) hergestellt. Meistens besitzen dieselben einen sehr geringen negativen Temperaturkoeffizienten (Nachlassen der Federkraft bei Erwärmung). Dies wird bei temperaturfreien Schaltungen berücksichtigt (s. S. 25). Die Spule besteht aus nur wenigen Windungen dünnen Drahtes, die auf einem Kupfer- oder Aluminiumrahmen gewickelt sind. In letzterem entstehen bei der

Prüfung als Spannungsmesser.

Einstellung auf den Teilstrich		Gemessene Spannung für Meßbereich				
		0,150 V	0,300 V	150 V	300 V	750 V
		an den Enden der Verbindungsschnüre				
bei kurzer Einschaltung	50	0,001 × 50,0 V	0,002 × 50,0 V	50,0 V	2 × 50,0 V	5 × 50,0 V
	100	100,0 „	100,0 „	100,0 „	100,0 „	100,0 „
	140	139,9 „	140,0 „	139,9 „	139,9 „	139,9 „
nach einstündiger Einschaltung auf Teilstrich 150	140		139,9 „			
	100		100,0 „			
	50		50,0 „			

Prüfung als Strommesser.

Einstellung auf den Teilstrich		Gemessene Stromstärke für Meßbereich					
		0,030 A	3 A	30 A	150 A	300 A	600 A
bei kurzer Einschaltung	50	0,0002 × 50,0 A	0,02 × 50,0 A	0,2 × 50,0 A	50,0 A	2 × 50,0 A	4 × 50,0 A
	100	100,0 „	100,0 „	99,9 „	100,0 „	99,9 „	99,9 „
	140	139,9 „	139,9 „	139,9 „	139,9 „	139,9 „	139,9 „
nach einstündiger Einschaltung auf Teilstrich 150	140		139,9 „				
	100		99,9 „				
	50		50,0 „				

Drehung der Spule im Magnetfelde Wirbelströme, welche eine vorzügliche Dämpfung bewirken. Gewöhnlich erhält die Drehspule keine durchgehende Achse, sondern nur oben und unten Spitzen. Dadurch ist das Instrument, weil die Spule mit der Achse nicht starr ist, sondern federn kann, weniger empfindlich gegen Stöße. Die Lagerung der Achsspitzen erfolgt in Steinen. Das Gewicht des beweglichen Systems beträgt nur 1,0 bis 2,5 g.

Zur etwaigen Berichtigung der Zeigernullstellung bei stromloser Spule dient eine Korrektionsschraube.

Über die mit Drehspulinstrumenten erreichbaren Genauigkeiten gibt ein Prüfungsschein der Physikalisch-Technischen Reichsanstalt betreffend ein transportables Normal-Milli-Volt-Amperemeter der Firma Hartmann & Braun, welches mit Meß- und Vorschaltwiderständen für verschiedene Meßbereiche eingerichtet war, Aufschluß (s. S. 23).

Ausführungen. Siemens & Halske. a) 1-Ohm-Instrument. Da der Widerstand 1 Ω beträgt, sind Strom und Spannung zahlenmäßig gleich groß und betragen für den Endausschlag von 150 Skalenteilen 150 Milliampere bzw. 150 Millivolt.

1. Strommessung. Bis zu 150 Milliampere wird das Instrument direkt in den Stromkreis eingeschaltet. Für größere Ströme werden Meßwiderstände für 150 Millivolt Spannungsabfall verwendet. Meßwiderstände für höhere Ströme als 30 A werden durch besondere Zuleitungen von etwa 0,0015 Ω Widerstand mit dem Instrument verbunden (s. S. 12). Bei verschiedenen Strommeßbereichen ergeben sich folgende Meßwiderstände:

Meßbereich bis	Meßwiderstand	Meßbereich bis	Meßwiderstand	Meßbereich bis	Meßwiderstand
0,75 A	$^1/_4$ Ω	15 A	$^1/_{99}$ Ω	300 A	$^1/_{1999}$ Ω
1,5 „	$^1/_9$ „	30 „	$^1/_{199}$ „	750 „	$^1/_{4999}$ „
3 „	$^1/_{19}$ „	150 „	$^1/_{999}$ „	1500 „	$^1/_{9999}$ „

2. Spannungsmessung. Bis 150 Millivolt ohne Vorschaltwiderstände verwendbar, für höhere Spannungen sind äußere Vorschaltwiderstände erforderlich. Bei der Verwendung des 1-Ohm-Instrumentes als Spannungsmesser ist zu beachten, daß der Stromverbrauch des Instrumentes 150 Milliampere bei vollem Ausschlag beträgt, für einen Spannungsmesser also ein recht hoher ist.

Die innere Schaltung gibt Fig. 20 wieder. Die Drehspule liegt in Serie mit einem Vorschaltwiderstand aus Manganin. Parallel zu $R_1 + R_2$ liegt ein Justierwiderstand R_3 ebenfalls aus Manganin. Die Größe des Widerstandes $R_1 + R_2$ ist durch die Bedingung festgelegt, daß der Spannungsabfall im Instrument 150 Millivolt max. betragen kann. (Der Widerstand der Kombination beträgt natürlich 1 Ω.) Je größer man R_2 gegenüber R_1 macht, um so geringer wird der Einfluß des Temperaturkoeffizienten des Kupfers auf die Änderung des Gesamtwiderstandes. Die Einwirkung desselben wird dann noch weiter dadurch kompensiert, daß man den Systemfedern durch passende Wahl des Materials einen annähernd gleich großen negativen mechanischen Temperaturkoeffizienten gegeben hat. Auf diese Weise hat man einen Temperaturkoeffizienten von 0,02 % für 1° C für Spannungsmessungen (Meßbereich 150 Millivolt) erreicht.

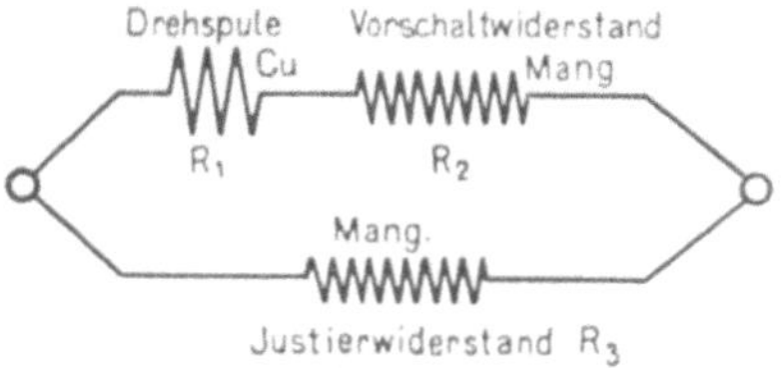

Fig. 20.

Der in R_3 fließende Strom hat mit der zu messenden Spannung nichts zu tun. Anders dagegen liegen die Verhältnisse, wenn das Instrument als Strommesser für 150 Milliampere verwendet wird. Die Widerstandszunahme von R_1 im Zweige von $R_1 + R_2$ hat zur Folge, daß der Strom in diesem Zweige geringer wird, in R_3 aber steigt. Der Spannungsabfall in R_3 wird dadurch erhöht. Dieser Spannungsabfall ist aber maßgebend für den Strom im Drehspulenzweige. Die Wechselwirkung der beiden Zweige bewirkt, daß der Strom im $(R_1 + R_2)$-Zweig nicht im gleichen Maße abfällt wie bei der Benutzung als Spannungsmesser. (Der Unterschied zwischen Spannungs- und Strommessung ist eben der, daß bei ersterer die Klemmenspannung am Instrument durch die zu messende Spannung eine gegebene ist, während sie bei letzterer von dem Spannungsabfall im Instrument abhängt, der durch das gegenseitige Verhalten der Zweige bestimmt wird.) Mit Berücksichtigung des negativen mechanischen Temperaturkoeffizienten ergibt sich jener der ganzen Anordnung zu nur 0,006 % für 1° C für den Strommeßbereich von 150 Milliampere. Dieser Temperaturkoeffizient kommt auch in Frage, wenn das Instrument in Verbindung mit äußeren Manganin-Vorschaltwiderständen als Spannungsmesser benutzt wird. Die Größe der verwendeten Vorschaltwiderstände hat hierbei auf den Temperaturkoeffizienten keinen wesentlichen Einfluß. Da der Manganin-Vorschaltwiderstand im Verhältnis zum Kupferwiderstand des Systems bei allen praktisch vorkommenden Meßbereichen sehr groß ist, kann der Gesamtwiderstand für alle Spannungsmeßbereiche als unveränderlich angesehen werden. Es ist daher lediglich die Stromverteilung im Instrument, also das Verhalten des Instrumentes als Strommesser, für den Temperaturkoeffizienten maßgebend.

b) 10-Ohm-Instrument. Elektrische Verhältnisse: Widerstand 10 Ω. Meßbereich 45 Millivolt, bei vollem Zeigerausschlag aufgenommener Strom 4,5 Milliampere. Bei Strommessungen wird das Instrument in Verbindung mit äußeren Nebenschlußwiderständen für 45 Millivolt Spannungsabfall benutzt. Für Spannungsmessungen über 45 Millivolt bis zu 3 V wird eine abgeänderte Innenschaltung mit 1000 Ω Widerstand verwendet (besondere Klemme am Instrument vgl. Fig. 21). Zur Erweiterung

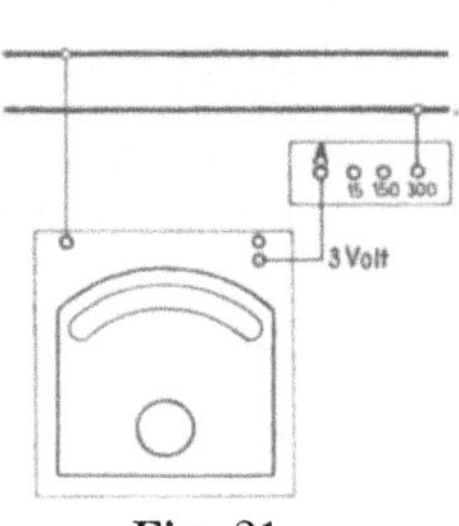

Fig. 21.

Fig. 22.

des letztgenannten Bereiches dienen Vorschaltwiderstände, welche an die 3 Voltklemme angeschlossen werden.

c) Spannungsmesser mit 1 bis 6 Meßbereichen bis 750 V; Widerstandsverhältnisse: etwa 200 Ω für jedes Volt.

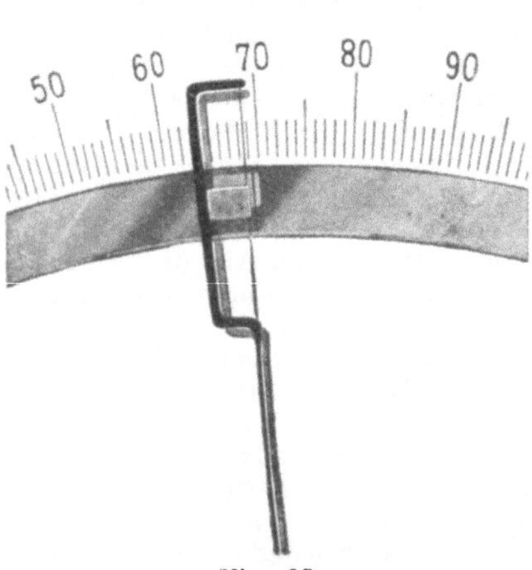

Fig. 23.

Außerdem baut Siemens & Halske umschaltbare Instrumente für Strom- und Spannungsmessungen. Zum Einstellen der Meßbereiche dient ein Stöpselschalter (Fig. 22). Meßbereiche: 0,15, 1,5, 15 A und 3, 15, 150 V, für höhere Ströme und Spannungen Meß- und Vorschaltwiderstände.

Hartmann & Braun. Fig. 9 zeigt ein Drehspul-Triplex-Millivolt- und Milliamperemeter dieser Firma, welches mittels einer besonderen Schaltung und mit den abgebildeten 4 Nebenschlüssen 12 Strommeßbereiche und mit dem rechts oben abgebildeten Vorschaltwiderstand 5 Spannungsbereiche hat. Fig. 23 zeigt den bei den Drehspulgeräten der Firma Hartmann eingeführten

Fadenzeiger mit Beleuchtungsschirmchen. Derselbe ermöglicht ein noch sichereres und ruhigeres Ablesen, als die sonst üblichen Messerzeiger.

Vorzüge und Nachteile der Drehspulinstrumente. Besondere Vorzüge dieser Instrumente sind: Gleichmäßige Skalenteilung, Unabhängigkeit von der Temperatur, gute Dämpfung, geringer Eigenverbrauch und leichte Erweiterung des Meßbereiches mittels Vorschalt- und Meßwiderständen (damit kann auch die unmittelbare Nähe stromführender Schienen, welche die Angaben der Instrumente beeinflussen können, vermieden werden).

Da die beweglichen Systeme selbst in einem starken Magnetfelde sich befinden, so sind die Drehspulgalvanometer vom Erdfeld unabhängig, selbst starke benachbarte Felder beeinflussen kaum, jedoch soll auf solche bei der Aufstellung der Instrumente Rücksicht genommen werden.

Das geringe Gewicht der beweglichen Teile schützt Lager und Spitzen vor Abnützung und Beschädigung besonders bei starken Erschütterungen.

Besonders wertvoll ist auch die große Empfindlichkeit der Drehspulinstrumente. Bei Zeigergalvanometern ist die höchste erreichbare Empfindlichkeit 1×10^{-7} A pro Skalenteil (bei Spiegelgalvanometern, von deren Besprechung hier Abstand genommen wurde, ist sie noch beträchtlich größer).

Nachteil: Nur verwendbar für Gleichstrom.

Elektromagnetische Instrumente mit Weicheisenkern.

Allgemeines. Fig. 24 zeigt die einfachste und älteste Ausführungsform eines Weicheiseninstrumentes, das sogenannte Federgalvanometer von Kohlrausch. Wird die Spule S von einem Strom durchflossen, so zieht das entstehende magnetische Feld die Röhre E aus weichem Eisen in das Spuleninnere. Die Führung von E erfolgt durch einen von unten in diese hineinragenden Stab T. Der magnetischen Zugkraft, welche sowohl dem Strome i, als dem von diesem erzeugten magnetischen Feld H proportional ist, wirkt die Kraft der Feder F entgegen, welche proportional der Längenänderung l in der Achsrichtung ist. Für den Gleichgewichtszustand gilt sonach:

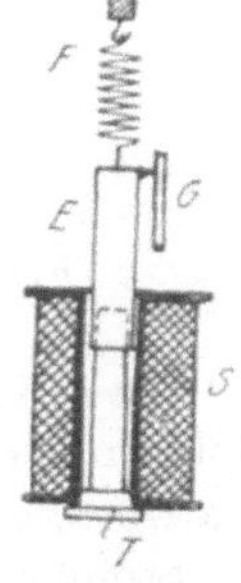

Fig. 24.

$$c_1 \cdot i \cdot c_2 \cdot H = c_3 \cdot l$$
$$H = c_4 \cdot i$$
$$l = c \cdot i^2 \quad \text{(3a)}$$

wenn $c = \frac{c_1 \cdot c_2 \cdot c_4}{c_3}$ gesetzt wird. Die Längenänderungen l der Feder werden auf der Skala G angegeben. Wird deren Teilung in Ampere vorgenommen, so wird sie der Gl. (3a) entsprechend quadratisch ausfallen.

Ändert i seine Richtung, so wechselt auch das Feld dieselbe und die Anziehung erfolgt im gleichen Sinne, wie vorher, d. h. Weicheiseninstrumente sind sowohl für Gleich- wie auch für Wechselstrom verwendbar.

Bei den neueren Typen sind die Weicheisenkerne drehbar angeordnet. Durch besondere Formgebung hat man eine fast gleichmäßige Skalenteilung erreicht. Um der magnetischen Zugkraft das Gleichgewicht zu halten, verwendet man Federn oder man benützt die Schwerkraftwirkung kleiner Gegengewichte. Letztere werden für Instrumente in senkrechter Stellung verwendet und es ist darauf zu achten, daß das Instrument richtig aufgehängt wird (der Zeiger muß auf den Skalenanfang zeigen). Als Dämpfung wird meist Luftdämpfung verwendet. Bei Gleichstrom kommen für die Erweiterung des Meßbereiches Vorschalt- und Meßwiderstände in Betracht. Da die Spulen der Weicheiseninstrumente jedoch leicht für sehr große Stromstärken gebaut werden können, werden bei ihnen in der Regel Meßwiderstände nicht in Anwendung gebracht. Bei Wechselstrom benutzt man für den gleichen Zweck Meßwandler.

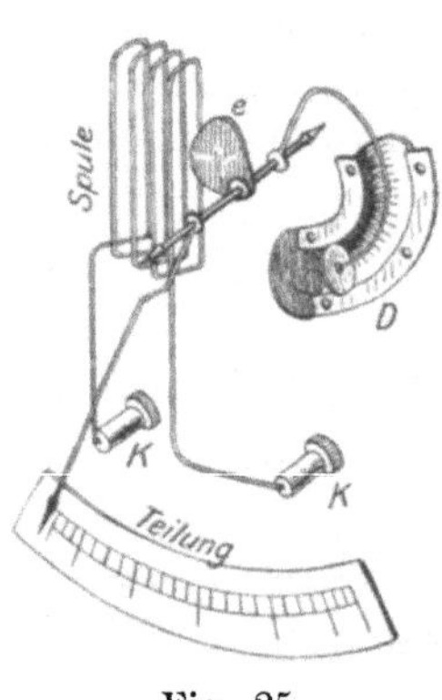

Fig. 25.

Ausführungen. a) Siemens & Halske (Fig. 25). Die flache Spule mit den Anschlußklemmen K wirkt drehend auf den kleinen blattförmigen Eisenkörper e, an dessen Achse, die mit Spitzen in Steinen läuft, noch der Zeiger und das Dämpfungsblech D sitzen. Von dem kreisförmig gebogenen Dämpfungszylinder ist die obere Hälfte entfernt. Für Wechselstrom werden ausgeführt Strommesser bis 10000 A, Spannungsmesser bis 60000 V, zusammen mit Strom- oder Spannungswandler. Das Amperemeter hat dann gewöhnlich einen Maximalstrom von 5 A, und der Stromwandler übersetzt von 5 : 10 000. Das Voltmeter ist bei Hochspannung für 110 V aber mit 2000 V geprüft und der Spannungswandler hat bei 60 000 V eine Übersetzung von 50 000 : 110.

b) Die Weicheiseninstrumente von Hartmann & Braun und von der Allgemeinen Elektrizitäts-Gesellschaft beruhen auf dem in Fig. 26 dargestellten Gedanken. Zwei kleine Eisendrähte *a* und *b* befinden sich in einer Spule *S*, welche beide Drähte gleichartig magnetisiert, so daß sie mit gleichen Polen nebeneinander liegen und sich gegenseitig abstoßen. Der Draht *a* steht fest, der Draht *b* ist an seiner Achse drehbar. Er wird sich daher von *a* wegdrehen, so daß der Zeiger einen Ausschlag macht. Die

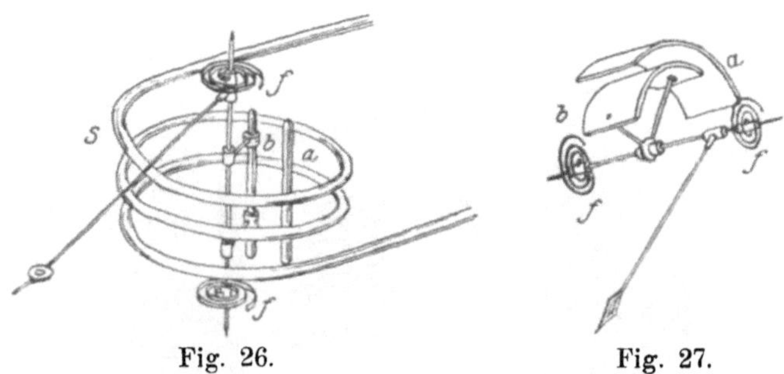

Fig. 26. Fig. 27.

Spiralfedern *f* liefern den Widerstand gegen die Verdrehung. Ein Instrument dieser Art würde aber eine sehr ungleichförmige Teilung erhalten, deshalb ist die Ausführung etwas anders. Anstatt der Drähte sind gebogene Bleche nach Fig. 27 verwendet, die sich dann ebenso abstoßen, wenn das bewegliche Blech *b* in der Nullage nur teilweise unter dem festen Blech *a* steht. Das Instrument selbst ist nach Fig. 28 ausgeführt. In derselben ist das System aus der vom Meßstrom durchflossenen Spule herausgezogen. Die Dämpfung ist hier ebenfalls Luftdämpfung.

Vorzüge und Nachteile. Bei der großen Zahl der Ausführungen ist es schwer, ein allgemeingültiges Urteil zu geben. Als Vorteile sind zu erwähnen: Billigkeit, Verwendbarkeit für Gleich- und Wechselstrom, große Unempfindlichkeit gegen Überlastung und schlechte Behandlung. Gering ist der Temperatureinfluß. Innerhalb der praktisch vorkommenden Periodenzahlen sind sie verwendbar. Auch der Einfluß der Kurvenform des

Wechselstromes liegt innerhalb der zulässigen Genauigkeitsgrenzen. Der Wattverbrauch ist trotz verhältnismäßig großer Drehmomente nur klein. Der Skalenverlauf kann ziemlich beliebig gestaltet werden, doch wird meist erst von 10 bis 20% des vollen Ausschlags an eine übersichtliche gute Teilung möglich. Besonders die älteren Instrumente dieser Art hatten verschiedene Fehler. Sie waren empfindlich gegen fremde in ihrer Nähe verlaufende

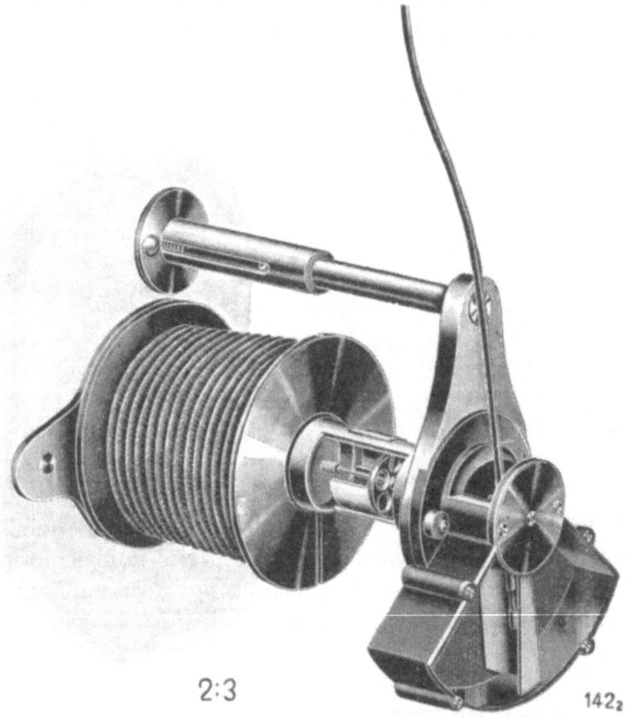

Fig. 28.

Starkströme und magnetische Felder, was heute durch Eisengehäuse fast völlig behoben ist. Ferner war der Einfluß des remanenten Magnetismus im Eisenkern bei Gleichstrommessungen störend: Die Angaben der Instrumente waren mit zunehmendem Strome geringer als mit abnehmendem. Dieser Fehler wird jetzt fast vollständig behoben durch Verwendung sehr kleiner leichter Eisenteile, deren Magnetisierung sehr hoch ist.

Das Gewicht der beweglichen Teile beträgt nur 1,5 bis 4 g.

Elektrodynamische Instrumente.

Allgemeines. Hauptbestandteile sind eine feste und eine bewegliche Spule, die von den Strömen J_f bzw. J_b durchflossen werden. Der Kraft P, welche die Spulen aufeinander ausüben, wird Gleichgewicht gehalten durch die Gegenkraft P' einer Feder. Es ist für den Gleichgewichtszustand $P = P'$:

$$P = c_1 \cdot J_f \cdot J_b, \qquad P' = c_2 \cdot \alpha.$$

α ist wie früher der Winkel, den eine beliebige Zeigerstellung mit der Ruhelage einschließt. Somit wird:

$$c_1 \cdot J_f \cdot J_b = c_2 \alpha \quad \ldots\ldots \quad (4)$$

Diese Beziehung ist für Gleichstrom, aber auch für Wechselstrom gültig. Die Kraft P ändert ihre Richtung nicht, wenn der Strom in beiden Spulen zugleich seine Richtung umkehrt. An Stelle der Ströme J_f und J_b treten die Augenblicksströme i_f und i_b und die Kraft P ergibt sich als der Mittelwert aller Augenblickskräfte während einer Periode (Zeitdauer T). Somit:

$$c_1 \cdot \frac{1}{T} \cdot \int_0^T i_f \cdot i_b \cdot dt = c_2 \cdot \alpha \quad \ldots\ldots \quad (4\,a)$$

Voraussetzung ist, daß die Felder der Spulen den Strömen proportional sind, was der Fall ist, wenn kein Eisen zum Aufbau der Instrumente verwendet und die Entstehung von Wirbelströmen vermieden wird. Andernfalls ändern sich die Beziehungen in größerem oder geringerem Grad.

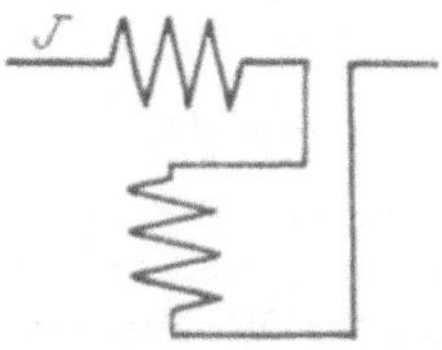

Amperemeter. Allgemeines Schema Fig. 29. Die feste und die bewegliche Spule liegen in Serie.

Fig. 29.

a) Gleichstrom. Gl. (4) ergibt, da $J_f = J_b = J$ ist:

$$J^2 = \frac{c_2}{c_1} \cdot \alpha$$

$$J = c \cdot \sqrt{\alpha} \quad \ldots\ldots \quad (5)$$

b) Wechselstrom. Es ist: $i_f = i_b = i$. Bezeichnet J_{max} den Höchstwert, J den Effektivwert des sinusförmigen Stromes und $i = J_{\max} \cdot \sin 2\pi\nu t$ den Augenblickswert, so folgt aus Gl. (4 a)

$$c_1 \cdot \frac{1}{T}\int_0^T J^2_{\max} \sin^2 2\pi\nu t\, dt = c_1 \cdot J^2$$

$$J = c \cdot \sqrt{\alpha} \quad . \quad . \quad . \quad (6)$$

Bemerkt muß werden:

1. Nach Gl. (5) und (6) erhalten wir in beiden Fällen die gleiche quadratische Skala. Die Instrumente können, wie die Übereinstimmung beider Formeln lehrt, mit Gleichstrom geeicht und für Wechselstrom benutzt werden. Durch besondere Konstruktionen kann eine wenigstens annähernd gleichmäßige Skala erzielt werden.

2. Nur für geringe Ströme (bis 1 A) können feste und bewegliche Spule in Serie geschaltet werden, Solche Instrumente sind von der Temperatur und Frequenz vollständig unabhängig. Für größere Stromstärken ist die bewegliche Spule an Nebenschlüsse von 200 ÷ 300 m V Spannungsabfall zu legen (Fig. 30). Dabei ist zu beachten, daß die Verteilung der Ströme auf die bewegliche Spule und den Nebenschluß (Meßwiderstand) im umgekehrten Verhältnis der Wechselstromwiderstände (Impedanzen) erfolgt. Bezeichnen J_b und J_m, R_b und R_m, L_b und L_m die Ströme, Widerstände und Selbstinduktionskoeffizienten der beweglichen Spule und des Nebenschlusses, so gilt:

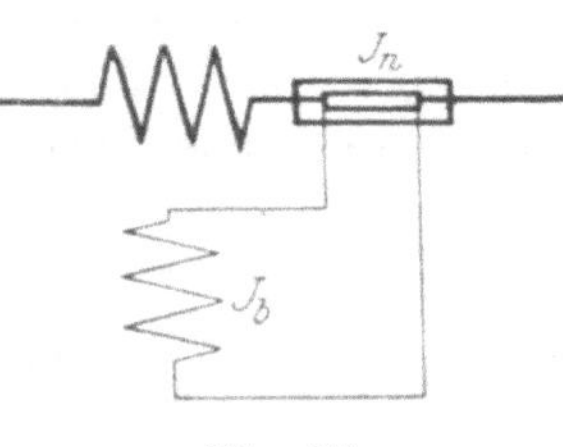

Fig. 30.

$$J_b : J_m = \sqrt{R_m^2 + (2\pi\nu\, L_m)^2} : \sqrt{R_b^2 + (2\pi\nu\, L_b)^2}.$$

Soll eine Unabhängigkeit von Periodenzahl ν und Kurvenform erzielt werden, so ergibt sich als Bedingung kleines L_b und L_m. Die Instrumente zeigen jedoch meist eine merkliche Abhängigkeit von der Frequenz ν, wenn $\nu > 100$ wird. (Die Kapazitäten C_b und C_m können vernachlässigt werden.)

3. Bei Benutzung eines Meßwiderstandes ist, wie früher ausgeführt, der Einfluß der Temperatur zu beachten.

Voltmeter. Schaltung Fig. 31. Feste und bewegliche Spule liegen in Serie mit einem Vorschaltwiderstand. R ist der gesamte Ohmsche Widerstand.

a) Gleichstrom. Es ist $J_f = J_b = J$. $J = \frac{E}{R}$.

Somit wird aus Gl. (4):

$$E = c \cdot \sqrt{\alpha} \quad \ldots \ldots \ldots \quad (7)$$

b) Wechselstrom. Man erhält die gleiche Formel. Als Widerstand ist aber der Wechselstromwiderstand $\sqrt{R^2 + (2\pi\nu L)^2}$ aufzufassen.

Es ergibt sich:

1. Bezüglich Teilung und Eichung gilt das bei den Amperemetern Gesagte.

2. Die Angaben der Voltmeter sind bei Wechselstrom von Frequenz und Kurvenform (höhere Harmonische) abhängig. Je größer R gegen L ist, um so weniger tritt dies in Erscheinung. Außerdem wird auch der Vorschaltwiderstand bifilar gewickelt.

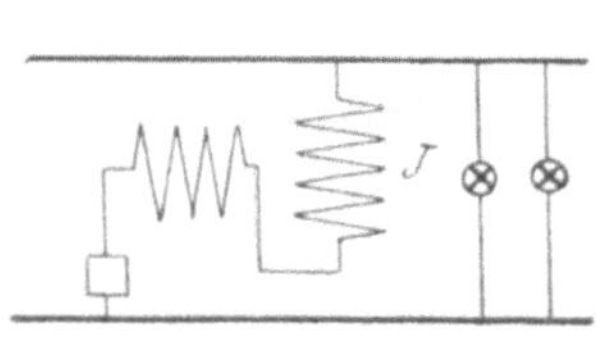

Fig. 31.

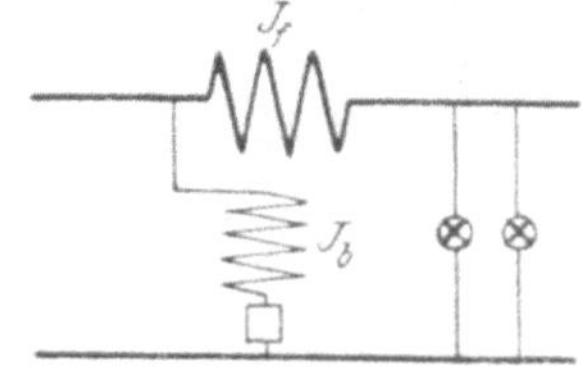

Fig. 32.

3. Für den Vorschaltwiderstand ist Material mit kleinem Temperaturkoeffizienten zu wählen.

4. Der Effektverbrauch ist ziemlich hoch, im Mittel 5 bis 10 W. Bei mehreren Meßbereichen gelten diese Werte für die unterste Stufe.

Wattmeter. Schaltung Fig. 32. Der Strom J_b ist der Spannung E proportional.

a) Gleichstrom. R_b = Widerstand der beweglichen Spule + Vorschaltwiderstand:

$$J_b = \frac{E}{R_b}.$$

Somit folgt aus der Gl. (4) für die Leistung N des Gleichstromes:

$$N = J \cdot E = c \cdot \alpha \quad \ldots \ldots \quad (8)$$

b) Wechselstrom. Rechnet man nur mit dem reinen Ohmschen Widerstand R_b der beweglichen Spule, so ist, wenn e den Momentanwert der Wechselspannung bedeutet:

$$i_b = \frac{e}{R_b} \quad \text{und} \quad e = i_b \cdot R_b .$$

Die Leistung N des Wechselstromes wird aber durch den Ausdruck dargestellt:

$$N = \frac{1}{T} \cdot \int_0^T \cdot i_f \cdot e \, dt = \frac{R_b}{T} \int_0^T i_f i_b \, dt .$$

Ein Vergleich mit Gl. (4a) liefert, da R_b und T Konstanten sind:

$$\boldsymbol{N = c \cdot \alpha} \quad . \; . \; . \; . \; . \; . \; . \; . \; . \quad \textbf{(9)}$$

Zu bemerken ist:

1. Die Gl. (8) und (9) ergeben eine der Leistung proportionale Teilung.

2. Handelt es sich um sinusförmigen Wechselstrom

$$i_f = J_{\max} \cdot \sin 2\pi\nu t$$
$$e = E_{\max} \cdot \sin 2\pi\nu t$$

und nimmt man gleichzeitig eine Phasenverschiebung φ zwischen Strom und Spannung an, so erhält man, wenn J und E die Effektivwerte sind:

$$N = \frac{1}{T} \cdot \int_0^T J_{\max} \sin 2\pi\nu t \, E_{\max} \sin (2\pi\nu t + \varphi) \, dt = J \cdot E \cdot \cos \varphi .$$

Somit wird aus Gl. (9) [das Resultat ergibt sich auch aus Gl. (4a)]:

$$\boldsymbol{N = J \cdot E \cdot \cos \varphi = c \cdot \alpha} \quad . \; . \; . \; . \quad \textbf{(10)}$$

Ein elektrodynamisches Wattmeter zeigt also stets die Wattleistung an.

3. Bei der Ableitung der Gl. (9) und (10) wurde vernachlässigt, daß der Strom in der beweglichen Spule infolge der Selbstinduktion derselben eine geringe Phasenverschiebung erleidet. Dies muß bei der Messung kleiner Leistungen berücksichtigt werden (s. S. 64).

4. Nur insoweit als der Selbstinduktionskoeffizient der Spannungsspule einen Einfluß hat, zeigt sich eine Abhängigkeit der Wattmeter von Kurvenform und Periodenzahl. Gute Instrumente sind bis 1000 Perioden (eisenlose Dynamometer) bei Beachtung aller Vorsichtsmaßregeln verwendbar. Der Einfluß der Temperatur auf die Spannungsspule ist in der üblichen Weise klein zu halten oder zu eliminieren.

Eisengeschlossene und eisenlose Dynamometer.

a) Eisengeschlossene Dynamometer. Diese unterscheiden sich von den besonders als Laboratoriumsinstrumenten wichtigen eisenlosen Dynamometern dadurch, daß die von den Spulen erzeugten Kraftlinien im Eisen verlaufen. Damit ergeben sich folgende Vorteile:

1. Durch den Eisenschluß sind die Instrumente gegen äußere Felder geschützt und werden von benachbarten Starkströmen fast gar nicht beeinflußt. Die Fehler aber, die durch Verwendung von Eisen im Instrument auftreten, sind durch entsprechende Wahl des Verhältnisses zwischen den felderregenden Voltampere und den im Eisen infolge von Wirbelströmen und Hysteresis auftretenden Verlusten auf ein so geringes Maß herabgedrückt, daß sie praktisch, insbesondere bei betriebsmäßigen Messungen, vernachlässigt werden können.

2. Infolge der Verwendung von Eisen sind die Drehkräfte der ferrodynamischen Instrumente bei gleichem Wattverbrauch bedeutend größer, als die der eisenlosen Dynamometer. Hierdurch wird eine bessere Einstellung des Zeigers erzielt, und die Instrumente werden gegen Stöße beim Transport viel weniger empfindlich.

Ausführung. Wie die eisenlosen Instrumente, so können auch die ferrodynamischen sowohl für Gleichstrom als auch für Wechselstrom Verwendung finden. Ausgeführt werden sie als Volt-, Ampere- und Wattmeter. Für die Wattmeter dieser Art macht die Allgemeine Elektrizitäts-Gesellschaft folgende Angaben: Sie zeigen bei Gleichstrom und bei Wechselstrom bis zu 100 Perioden innerhalb der praktisch zulässigen Grenzen ($\pm$ 0,3 %) richtig und geben bei jedem Leistungsfaktor der Anlage die wirkliche Leistung an. Selbst bei $\cos \varphi = 0$ liegt der auftretende Fehler innerhalb von 0,3 Teilstrichen der hundertteiligen Skala.

Den inneren Aufbau eines Instrumentes dieser Type zeigt Fig. 32a. Die feste Spule liegt in den Nuten eines aus Eisenblechen aufgebauten zylindrischen Körpers, während die bewegliche Spule, die in Saphirsteinen gelagert ist und mit der der Dämpferflügel fest verbunden ist, den inneren Eisenkörper umschließt, der gleichfalls aus Blechen aufgeschichtet ist. Die Wattmeter werden mit zwei Strommeßbereichen bis 200 A und maximal 4 Spannungsbereichen bis 750 V ausgeführt. Die Stromanschlüsse sind deshalb mittels Laschen (vgl. Fig. 40) umschaltbar ausgebildet, so daß die Hauptstromspulen in Serie

Fig. 32a.

oder parallel geschaltet werden können. Der Vorschaltwiderstand ist für Spannungen bis 750 V im Instrument untergebracht. Durch Unterteilung desselben wird der Spannungskreis für drei bis vier Meßbereiche eingerichtet, wovon der niedrigste 30 V beträgt. Für höhere Spannungen als 750 V sind besondere Vorschaltwiderstände erforderlich. Der innere Widerstand pro 30 V beträgt 1000 Ω.

b) Eisenlose Dynamometer. Diese werden vor allem als Laboratoriumsinstrumente benutzt. Um nicht erhebliche Fälschungen des Meßresultats bei niedrigen Leistungsfaktoren zu erhalten, sind zusammenhängende größere Metallmassen in der Nähe der Hauptstromspulen sorgfältig zu vermeiden. Die Instrumente haben ein verhältnismäßig schwaches Drehmoment. Die bewegliche Spule muß deshalb leicht gehalten und sorgfältig in Steinen gelagert werden. Die Empfindlichkeit gegen äußere Felder (in der Nähe verlaufende Starkstromleitungen, gegenseitige Beeinflussung) ist eine große.

Fig. 33.

Ausführungen eisenloser Dynamometer. a) Hartmann & Braun. 1. Ampere- und Voltmeter. Diese werden sowohl mit einer Drehspule, wie auch mit zwei Drehspulen als astatische Meßgeräte (s. unter Wattmeter) ausgeführt. Die Meßgeräte sind in feste Holzkästen mit Wasserwage und Stellschrauben, wie Fig. 33 (Außenansicht eines Wattmeters) zeigt, eingebaut. Die bewegliche Spule ist zusammen mit dem Zeiger und dem gleichzeitig als Gegengewicht dienenden Dämpferflügel an einem kurzen Metallband tragsicher aufgehängt und unten durch eine Drahtachse in einem feingelochten Edelstein reibungslos geführt. Die früher erwähnten Störungen sind durch geeigneten Aufbau des Instrumentes, insbesondere durch Beseitigung aller Metallmassen in der Nähe der wirksamen Felder, vermieden. Eine wirksame Luftdämpfung sorgt für eine fast aperiodische Zeigereinstellung.

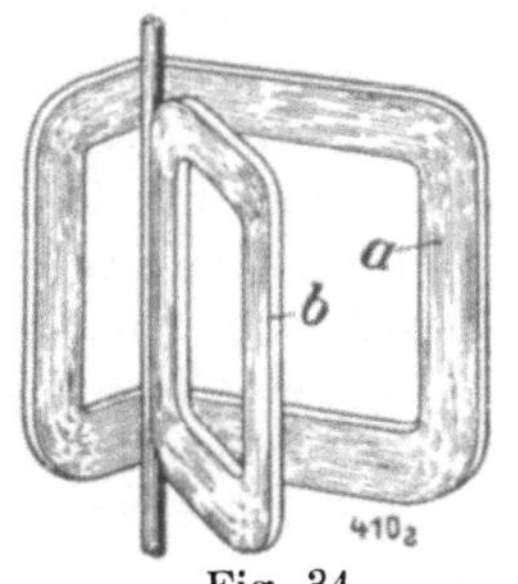

Fig. 34.

Systemausführung Fig. 34: *b* ist die bewegliche, *a* die feste Spule. In der Ruhelage liegen beide Spulen aufeinander. Hintereinander geschaltet sind sie so, daß bei Stromschluß eine gegenseitige Abstoßung erfolgt. Wie die Ableitungen zeigen, ist diese proportional J^2, sie ist aber auch gleichzeitig eine Funktion des Ausschlagwinkels α und wird mit größer werdendem Winkel α kleiner. Die feste Spule ist länger als die bewegliche und umgebogen, so daß bei größeren Ausschlägen die kurze Spulenseite auf die vordere Seite der beweglichen Spule schwach anziehend wirkt, während die Seiten a und b sich abstoßen. In diesen fließen die Ströme entgegengesetzt. Die Ströme in der kurzen Spulenseite von a und in der vorderen von b sind also gleichgerichtet, üben somit die erwähnte anziehende Wirkung bei größerem Winkel α aus. Durch diese Konstruktion des Systems hat man erreicht, daß die Skalenteilung nur am Anfang bis zu 4 % des Höchstwertes ungenau und eng, für den größten Teil aber praktisch vollkommen gleichmäßig ist. Als Gegenkraft sind hier Metallbänder benutzt, deren Verdrehungswiderstand, wie bei einer Feder, genau proportional α ist.

Im allgemeinen dienen die Instrumente zum Messen schwächerer Ströme, sie werden bis zu 5 A ausgeführt, können aber Meßwiderstände erhalten für 10 und 50 A. (Die astatischen Dynamometer können nicht mit Meßwiderständen verwendet werden, werden aber bis zu 25 A geliefert.) Der Spannungsmeßbereich der Instrumente wird bis zu 240 V angegeben. Durch Vorschaltwiderstände läßt sich der Meßbereich noch erweitern. Die Instrumente sind sehr empfindlich und sehr genau; ihre Angaben sind auf etwa $^1/_4$ bis $^1/_3$ % des Skalenendwertes genau. Für Wechselstrommessungen sind sie wohl zurzeit die genauesten und empfindlichsten Instrumente.

2. Wattmeter. Fig. 35 zeigt das Innere eines dynamischen Wattmeters von Hartmann & Braun. Das ganze Instrument ist auf eine Grundplatte G aus vorzüglichem Isoliermaterial montiert, welche sehr kräftig ausgebildet und durch Rippen so versteift ist, daß Veränderungen mit Sicherheit ausgeschlossen sind. Die feste Spule S ist durch einen Kloben Q aus Isoliermaterial an der Grundplatte befestigt. Die bewegliche Spule befindet sich im Inneren der festen Spule und sitzt auf einer Achse aus Stahl, deren gut gehärtete Spitzen in Saphirsteinen gelagert sind. Letztere werden von zwei in die feste Spule hineinragenden Armen getragen. Diese Arme stehen ihrerseits in starrer Verbindung mit der Luftdämpferkammer K, deren Deckel in Fig. 35 abge-

nommen ist. Auf der Achse der beweglichen Spule sind noch die Torsionsfedern, der Zeiger und diesem gegenüber ein Arm mit dem Luftdämpferflügel *Z* angebracht. Auf dem oberen Teile der Grundplatte *G* ist eine Anzahl Holzspulen *H* sichtbar, auf denen der Vorschaltwiderstand für den Spannungskreis bifilar gewickelt ist, soweit derselbe, ohne daß zu große

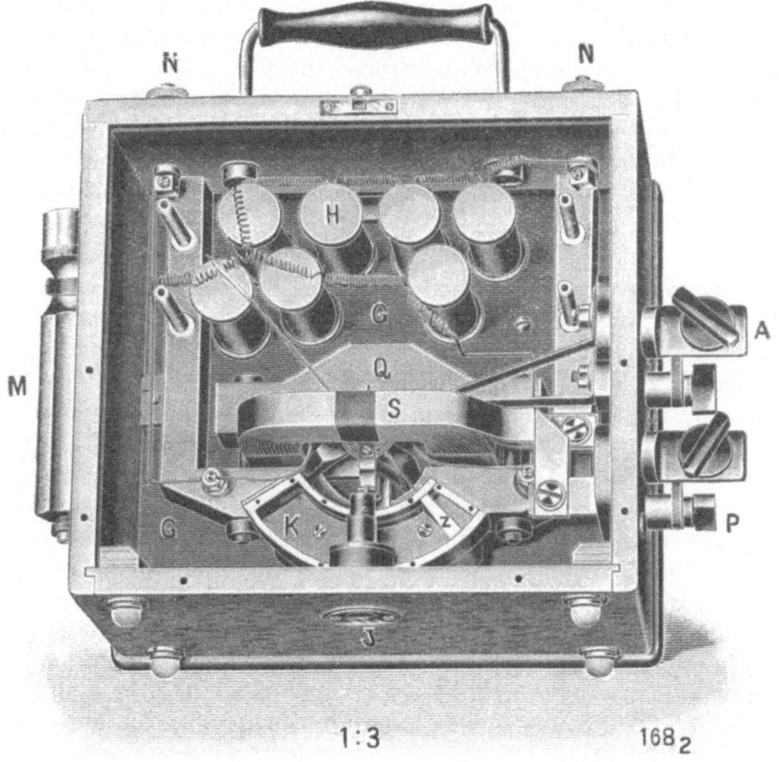

Fig. 35.

Wärmeentwickelung hervorgerufen wird, im Instrument untergebracht werden kann, außerdem kann noch ein weiterer Teil des Vorschaltwiderstandes in einem besonderen Raum hinter der Grundplatte *G* eingebaut werden. An der rechten Seite des Gehäuses treten die Zuführungsklemmen *A* zur festen Spule und bei Wattmetern mit mehreren Strommeßbereichen die Umschaltvorrichtung dafür hervor, während oben neben dem Traggriff die Spannungsklemmen *N* sichtbar sind; an der unteren Seite ist die Vorrichtung *J* zur Einstellung des Zeigers auf Null.

Sowohl die feste als auch die bewegliche Spule sind frei von Eisen, so daß Verzerrungen der Felder durch Hysteresis ausgeschlossen sind. Die feste Spule *S* ist für jede beliebige Stromstärke aus dünnem Kupferband so hergestellt, daß zwischen je zwei aufeinanderliegenden Bändern eine Papierzwischenlage untergebracht ist, wodurch Wirbelströme in den Kupfermassen der Spule vermieden sind. Bei Wattmetern für niedrige Stromstärken ist das Kupferband fortlaufend gewickelt, so daß sämtliche Windungen hintereinander geschaltet sind. Bei höheren Stromstärken werden, je nach der Größe derselben, mehrere Bänder gleichzeitig aufgewickelt, so daß auch bei Wattmetern für sehr starke Ströme immer die gleiche Unterteilung der Kupfermassen vorhanden ist, Wirbelströme also nicht entstehen können. Die Anordnung der festen und beweglichen Spulen ist so getroffen, daß bei möglichst großem Drehmomente doch nur ein verhältnismäßig kleines magnetisches Feld durch die bewegliche Spule erzeugt zu werden braucht, wodurch der Strom in dieser Spule und auch deren Windungszahl entsprechend niedriger gehalten sein können. Durch diesen Umstand ist aber der Forderung, daß die Selbstinduktion des Spannungskreises möglichst klein, der Ohmsche Widerstand dagegen möglichst groß sein soll, Rechnung getragen. Der Wert des Selbstinduktionskoeffizienten der beweglichen Spule ist nur 0,0045 H, und der Strom im Spannungskreis ist bei den transportablen Wattmetern bei normaler Höchstspannung 0,03 A. Rechnet man mit diesen Werten die durch Selbstinduktion erzeugten Fehler (vgl. später zweiter Abschnitt) für z. B. 100 Polwechsel und 120 V aus, so werden dieselben selbst für die hohe Phasenverschiebung von 80^0 noch nicht $^1/_4$ % vom Sollwert erreichen. Da bei so hohen Phasenverschiebungen das Instrument nur in den unteren Teilen der Skala benutzt wird, so liegt der vorgenannte Fehler innerhalb der Ablesegenauigkeit, und die Angaben des Wattmeters brauchen nicht korrigiert zu werden. Auch die gegenseitige Induktion der festen und der beweglichen Spule aufeinander ist hier so gering, daß bemerkbare Fehler durch sie nicht hervorgerufen werden. Das Material für die Torsionsfedern ist so gewählt worden, daß die Änderung der Elastizität derselben mit den Temperaturschwankungen auf ein Minimum gebracht worden ist. Der nicht zu beseitigende Rest und andere Temperaturabhängigkeiten sind durch eine selbsttätig wirkende Widerstandskombination kompensiert. Abmessungen und Formen der Spulen sind so ausgebildet, daß die Teilung der Skala vollkommen gleichmäßig ist. Die Eichung erfolgt empirisch. Bei Instrumenten mit mehreren Meßbereichen erfolgt die Umschaltung durch Schrauben und Laschenverbindung und nicht durch Stöpsel, um Fehler durch Übergangswiderstände zu vermeiden. Für Spannungen bis 250 V sind die Vorschaltwiderstände direkt in das Innere des Gehäuses eingebaut, für höhere Spannungen werden besondere Vorschaltwiderstände benutzt. Die Wattmeter werden für Stromstärken bis 400 A gebaut. Für höhere Stromstärken kommen bei Gleichstrom Meßwiderstände, bei Wechselstrom Stromwandler in Anwendung.

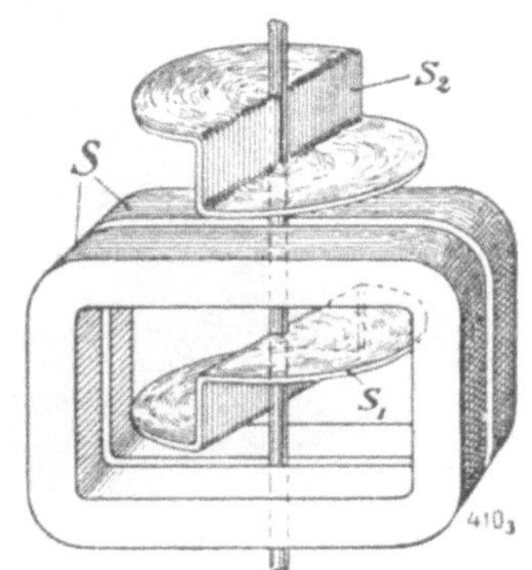

Fig. 36.

3. Das System eines Wattmeters nach **Bruger** mit astatischen Drehspulen von **Hartmann & Braun** zeigt Fig. 36. Diese Instrumente besitzen eine geteilte feststehende Hauptstromspule S und zwei auf gemeinsamer Achse übereinander angebrachte bewegliche, ⅂-förmig gebogene Spannungsspulen s_1 s_2. Die untere Spannungsspule ist die hauptsächlich wirksame, die obere verstärkt die Wirkung der unteren noch etwas, ihr Hauptzweck ist aber die Beseitigung des störenden Einflusses fremder Felder, so daß das Meßgerät astatisch wird. Die geteilte Hauptspule kann mit Einrichtung zum Parallel- und Hintereinanderschalten beider Spulenhälften versehen werden. Es ergeben sich dann zwei Strommeßbereiche, die sich wie 1 : 2 verhalten.

Auch diese elektrodynamischen Leistungsmesser von **Hartmann & Braun** zeichnen sich durch große Genauigkeit und Empfindlichkeit aus und sind besonders zur Messung sehr kleiner Leistungen geeignet. Sie werden bis zu 30 A ausgeführt und erhalten bis zu 220 V die nötigen Vorschaltwiderstände im Instrument. Außerdem können Vorschaltwiderstände für 400, 600, 1000 und 1500 V und unter Umständen noch höher geliefert werden. Instrument und Vorschaltwiderstände vertragen beträchtliche Überlastnug, so daß man diese Leistungsmesser auch bei starker Phasenverschiebung zwischen Strom und Spannung benutzen kann.

b) **Siemens & Halske.** Die dynamischen Instrumente dieser Firma werden als Ampere-, Volt- und Wattmeter geliefert. Die rechteckige bewegliche Spule (vgl. Fig. 37) umfaßt die runde feste Spule. Die Amperemeter werden für schwächere Ströme bis 0,5 A mit 1 Meßbereich, für stärkere Ströme bis 200 A mit 2 Meßbereichen ausgeführt. Die Voltmeter sind direkt für 600 V. Für höhere Spannungen und Ströme benutzt man Vorschaltwiderstände und Spannungs- oder Stromwandler. Ampere- und Voltmeter sind von etwa einem Fünftel des Meßbereiches an fast gleichförmig geteilt, die Wattmeter haben eine fast über den ganzen Bereich der Skala reichende gleichmäßige Teilung. Sämtliche Präzisions-Wattmeter haben zwei Strommeßbereiche und

Fig. 37.

erhalten bis 25 A Stöpselumschaltung (vgl. S. 43), bei höheren Stromstärken Laschenumschaltung. Um den bei allen eisenfreien dynamischen Instrumenten bei Gleichstrommessungen auftretenden Einfluß des Erdmagnetismus unschädlich zu machen, können die Instrumente mit Umschalter für den Spannungskreis versehen werden. Man macht dann zwei Messungen, indem man vor der zweiten Messung den Strom in beiden Spulen umkehrt und rechnet mit dem Mittelwert aus beiden Ablesungen. Das Umschalten der Spannungsspule ist aber auch bei gewissen Drehstrommessungen nötig, worauf noch hingewiesen wird, und dann kann auf einfache Weise bei falschem Anschluß durch Umschalten der Spannungsspule der Zeigerausschlag nach der richtigen Seite gebracht werden.

Die Wattmeter der Prüffeldtype werden nur bis zu 5 A ausgeführt, da sie für höhere Ströme mit Stromwandlern zusammengeschaltet werden sollen, die Präzisionswattmeter dagegen werden bis zu 400 A geliefert.

Innere Schaltung der Instrumente. a) Amperemeter. Die innere Schaltung eines Präzisionsamperemeters von Siemens & Halske zeigt Fig. 38. Die bewegliche Spule liegt im Nebenschluß zu der feststehenden Spule. An die beiden Kontaktstücke bei *C* wird die Leitung angeschlossen. Man erhält zwei Strommeßbereiche, die sich wie 1 : 2 verhalten. Verwendet wird hier Stöpselumschaltung. Durch den Stöpsel wird die feststehende Hauptstromspule in Stellung *B* mit nur einem,

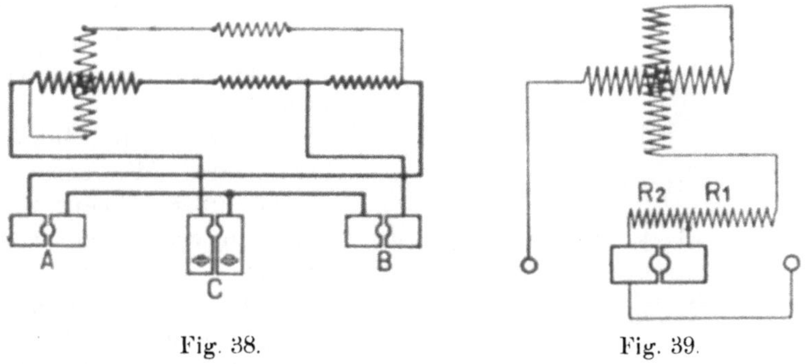

Fig. 38. Fig. 39.

in Stellung *A* dagegen mit zwei Vorschaltwiderständen eingeschaltet. Die zu dieser Serienschaltung im Nebenschluß liegende bewegliche Spule wird also im Meßbereich *A* mit höherer Spannung belastet, so daß auch bei halbem Strom in der feststehenden Spule der volle Zeigerausschlag erreicht wird. Schaltungsmöglichkeiten:

Stöpsel *A* gesteckt : niederer Strommeßbereich,
Stöpsel *B* „ : doppelter Strommeßbereich,
Stöpsel *C* „ : Instrument kurzgeschlossen.

Vor Einschaltung des Instrumentes in den Stromkreis muß stets ein Meßbereich gestöpselt sein.

b) Voltmeter. Siemens & Halske. Je nachdem der Stöpsel zwischen den in Fig. 39 gezeichneten Kontakten gezogen ist oder nicht, ist entweder der Widerstand $R_1 + R_2$ oder nur R_1 vorgeschaltet, so daß sich ergibt: Stöpsel gesteckt, einfacher Meßbereich; Stöpsel gezogen, doppelter Bereich.

Besonders für höhere Stromstärken bevorzugen die Firmen, falls das Instrument für mehrere Strommeßbereiche direkt verwendet werden soll, **Laschenumschaltung**. Eine solche zeigt Fig. 40, wie sie von der Allgemeinen Elektrizitäts-Gesellschaft bei ihren dynamischen Ampere- und Wattmetern ausgeführt wird. Rechts sind die beiden Hälften der Stromspule parallel, links in Serie geschaltet.

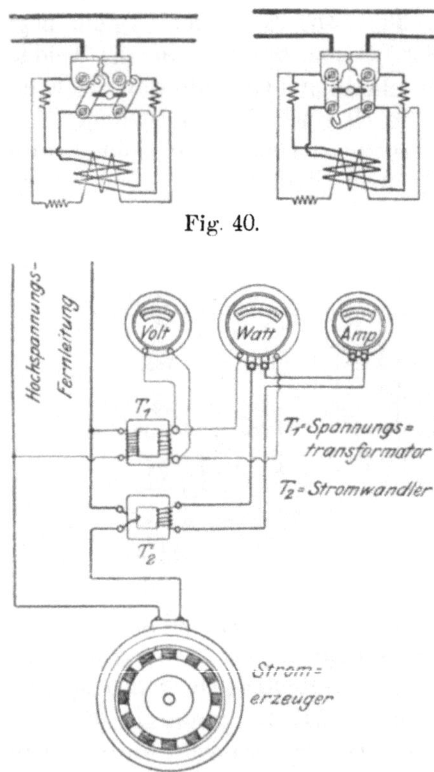

Fig. 40.

Fig. 41.

Über innere Schaltung der Wattmeter, sowie über deren Gebrauch vgl. Abschnitt 2, S. 61.

Über Strom- und Spannungswandler s. früher. Fig. 41 zeigt noch Volt-, Ampere- und Wattmeter im Anschluß an Strom- und Spannungswandler.

Die Vorzüge und Nachteile der dynamischen Instrumente wurden bereits erwähnt.

Direkt zeigende Phasenmesser.

Allgemeines und Ausführungen. Während man bekanntlich die Phasenverschiebung mit Watt-, Ampere- und Voltmeter bestimmen kann, hat sich doch auch ein Bedürfnis nach Instrumenten herausgestellt, die den Phasenwinkel φ bzw. den Leistungsfaktor $\cos\varphi$ direkt anzeigen.

Hartmann & Braun[1]). Die moderne Konstruktion der von dieser Firma ausgeführten Phasenmesser stellt im Prinzip, vgl. Fig. 42, ein doppeltes Wattmeter dar, mit einer beweglichen Hauptstromspule, welche direkt an den Sekundärklemmen eines kleinen, im Instrument eingebauten Stromwandlers T liegt. D ist eine Drosselspule, V ein Vorschaltwiderstand. Der Spannungskreis ist in zwei Zweige geteilt mit den Strömen i_1 und i_2, welche in der Phase gegeneinander verschoben sind und deshalb zwei

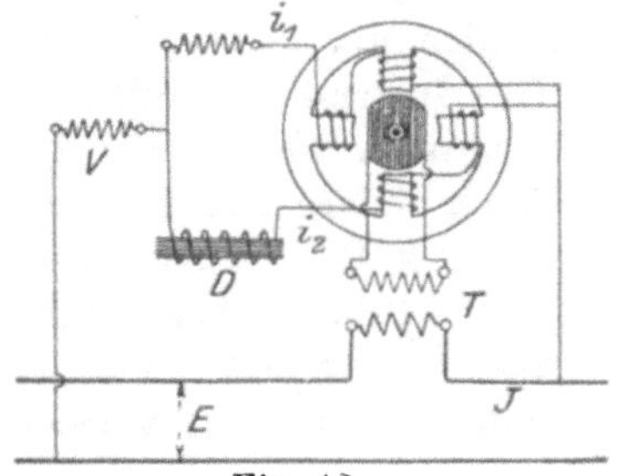

Fig. 42.

Fig. 43.

gegeneinander verschobene Felder im Eisenkörper des Instrumentes erzeugen, die entgegengesetzte Drehmomente auf die bewegliche

[1]) Physik. Zeitschrift Bd. 4, S. 881.

Spule ausüben. Durch empirische Eichung kann man die Teilung des Instrumentes bestimmen, die sehr gleichförmig wird, wenn sie den Phasenwinkel in Graden und nicht den $\cos\varphi$ direkt anzeigt. Vgl. auch Fig. 43: Die untere Skala gibt den Winkel φ in Graden an.

Das Instrument besitzt noch eine elektromagnetische Dämpfung, ähnlich wie die der Hitzdrahtinstrumente derselben Firma.

Auch andere Firmen, z. B. Siemens & Halske und die Firma Weston & Co., bauen direkt zeigende Phasenmesser auf dynamischem Prinzip beruhend unter Verwendung von Eisen im Instrument. Siemens & Halske führt diese Instrumente als Profilinstrumente mit gerader Skala aus. Gegen äußere Einflüsse sind sie sehr unempfindlich.

Hitzdrahtinstrumente.

Allgemeines. Hitzdrahtinstrumente beruhen auf der Wärmewirkung des Stromes in einem Leiter. Daraus folgt ihre Verwendbarkeit für Gleich- und Wechselstrom. Das Prinzip der Instrumente geht aus Fig. 44 hervor. AB ist der Hitzdraht, der durch Spanndrähte CDE und eine gespannte Feder F straff gehalten wird. Ist der Draht kalt, so hat er die gestrichelte gestrecktere Lage und die Feder F ist stark gespannt, während der Zeiger auf Null steht. Bei Stromdurchgang wird der Draht warm und dehnt sich aus, so daß die Feder sich strecken kann. Dabei wird durch den um die Rolle der Achse geschlungenen Draht, der die Federspitze mit dem Punkt D verbindet, die Rolle und damit der Zeiger gedreht.

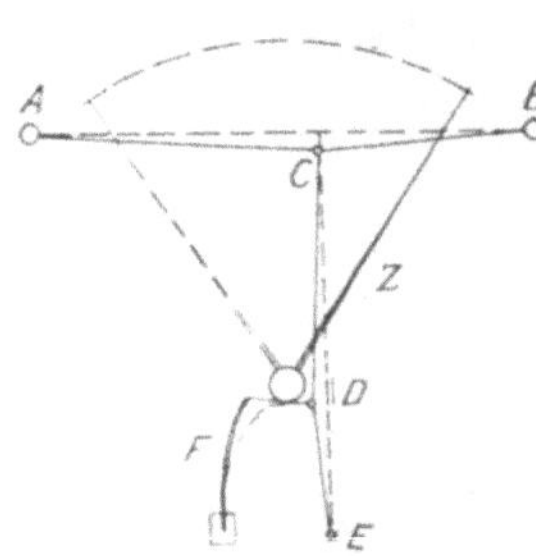

Fig. 44.

Bei Stromdurchgang muß für ruhige Zeigerstellung, also Gleichgewichtslage bei irgendeinem Ausschlag, die im Draht entwickelte Stromwärme $c_1 \cdot J^2 \cdot r$ gleich der vom Draht abgegebenen Wärmemenge sein. c_1 ist eine Konstante, r der Widerstand des Hitzdrahtes. Der Zeigerausschlag α ist ferner proportional der Längenausdehnung l des Hitzdraht und diese wiederum der entwickelten Stromwärme. Somit gilt

$$\alpha = c_2 \cdot l = c_3 \cdot c_1 \cdot J^2 \cdot r .$$

Setzt man, da r auch eine Konstante ist, $c_3 \cdot c_1 \cdot r = c$, so wird

$$\alpha = c J^2 \quad \text{und} \quad \boldsymbol{J = c \cdot \sqrt{\alpha}} \quad . \quad . \quad . \quad . \quad \textbf{(11)}$$

Die Skalenteilung wird bei diesen Instrumenten eine quadratische. Die Gleichstromeichung gilt auch für Wechselstrom beliebiger Kurvenform. Die Teilung der Skala kann durch mechanische Mittel ziemlich stark beeinflußt werden.

Hitzdrahtvoltmeter werden für einen Stromverbrauch von 0,08 bis 0,25 A gebaut. Vorschaltwiderstände werden für Spannungsmessungen über 3 V benutzt. Bei Amperemetern erfolgt die Messung größerer Ströme als 4 bis 5 A durch Verwendung von Meßwiderständen mit 150 bis 300 Millivolt Spannungsabfall. Für Frequenzen über 1000 Perioden werden Spezialinstrumente gebaut.

Als Dämpfung wird Luftdämpfung oder elektromagnetische zur Anwendung gebracht.

Der Einfluß der Temperatur auf die Angaben der Hitzdrahtinstrumente bleibt bei Stromzeigern in praktisch zulässigen Grenzen und wird bei Spannungsmessern durch Verwendung von einem dem Meßdraht vorgeschalteten Widerstand von entsprechendem Material gänzlich beseitigt. Weit größere Schwierigkeiten verursachen die Längenänderungen, die der Hitzdraht unter Einwirkung seiner Umgebungstemperatur erfährt und die sich bei abgeschaltetem Instrumente als Nullpunktfehler zu erkennen geben. Zur Beseitigung dieses Einflusses werden Kompensationsplatten und -drähte, sowie hohe Hitzdrahttemperaturen benutzt.

Ausführungen. a) Hartmann & Braun führten ihre früheren Hitzdrahtinstrumente mit Platinsilberdraht, sowie mit Kompensationsplatten zur Ausschaltung des Einflusses der Umgebungstemperatur aus. Diese Platte, auf der das System aufgebaut war, dehnte sich im gleichen Maße wie der Draht aus, so daß die Zeigerstellung durch Temperaturänderungen des Raumes nicht beeinflußt wurde. Bei plötzlichem Temperaturwechsel (wenn z. B. das Instrument aus einem kälteren in einen wärmeren Raum gebracht wurde) ergaben sich aber Fehler, da der kleine Hitzdraht rascher sich ausdehnte als die Kompensationsplatte mit ihrer größeren Masse. Die Höchsttemperatur des Drahtes betrug 100° C.

Bei den neuen Konstruktionen dieser Firma wird der erwähnte Fehler vollkommen ausgeschaltet. Es zeigte sich, daß nicht die große Wärmeausdehnungsfähigkeit das Wichtigste ist, sondern möglichst hohe Widerstandsfähigkeit gegen Durchschmelzen und gegen Strukturänderungen. Es wird daher heute ein Platin-Iridiumhitzdraht verwendet, obgleich dieser sich nur halb so viel ausdehnt als Platin-Silber. Aber das Material verträgt eine bedeutend höhere Strombelastung und Temperatur. Die Höchsttemperatur des Drahtes übertrifft die des alten Platin-Silberdrahtes um ein Vielfaches, so daß die Schwankungen der Temperatur, die normalerweise in einem Raume auftreten können, verschwindend klein gegen die hohe Temperatur des Hitzdrahtes sind.

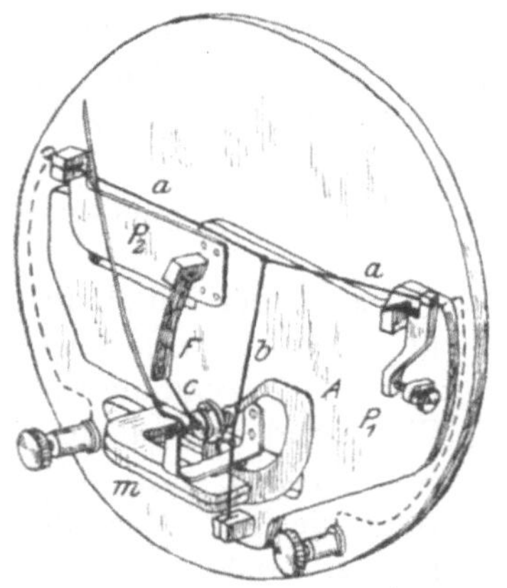

Fig. 45.

Die innere Einrichtung der neuen Hitzdrahtinstrumente zeigt Fig. 45. Der Platin-Iridiumhitzdraht *a* ist mit den Enden an den Platten P_1 und P_2 befestigt. *F* ist die Zugfeder, welche den Draht durch die Spanndrähte *c* und *b* straff hält. Um eine Abweichung des Zeigers vom Nullpunkt einfach beseitigen zu können, besitzen die Instrumente eine von außen zugängliche Nullpunkteinstellung, in Fig. 45 am rechten Ende des Drahtes *a* angebracht. Außerdem ist eine elektromagnetische Dämpfung vorhanden, bestehend aus der Aluminiumscheibe *A* und dem Stahlmagnet *m*, der letztere mit seinen Polen umfaßt.

Hartmann & Braun führen auch Hitzdrahtamperemeter für hohe Periodenzahlen aus. Bei diesen werden anstatt eines Hitzdrahtes Hitzdrahtbänder benutzt. Sie sind verwendbar bis zu 100 A (ohne Nebenschluß).

b) Siemens & Halske verwenden zur Vermeidung von Einflüssen der Umgebungstemperatur einen Kompensationsdraht. Die Instrumente arbeiten mit einer verhältnismäßig niedrigen Hitzdrahttemperatur, vermöge deren sie eine dreifache Überlastung, ja noch mehr vertragen, ohne Schaden zu nehmen. Auf den Einbau von Sicherungen wird deshalb verzichtet. Die Instrumente besitzen Luftdämpfung. Das Gewicht der beweglichen

Teile beträgt nur etwa 0,3 g. Meßwiderstände für Amperemeter sind für Instrumente bis 50 A direkt eingebaut, für höhere Stromstärken werden sie durch zwei justierte Zuleitungen von geringem Widerstand mit dem Instrument verbunden. Da der Widerstand des Hitzdrahtes (Strom in diesem 5 A bei 0,150 V Spannungsabfall) sehr klein ist (0,03 Ω), so sind Übergangswiderstände sorgfältig zu vermeiden. Bei Stromzeigern zum Anschluß an Meßwandler mit 5 A Sekundärstrom liegt parallel zum Hitzdraht ein Nebenschluß, der etwa $^3/_4$ des Gesamtstromes aufnimmt; dadurch ist die Gefahr vermieden, daß beim Durchschmelzen des Hitzdrahtes infolge eines Kurzschlusses sekundär eine Unterbrechung des Stromwandlers eintritt (s. Stromwandler).

Fig. 46.

c) Allgemeine Elektrizitäts-Gesellschaft. Diese Firma (Fig. 46) verwendet Platin-Silberdraht. Dämpfung elektromagnetisch. Abweichungen des Zeigers von der Nullstellung können mittels der seitlich angebrachten Korrekturschraube (ähnlich wie bei den anderen Firmen) ausgeglichen werden. Die Allgemeine Elektrizitäts-Gesellschaft gibt für ihre Instrumente an:

<table>
<tr><th></th><th>Genauigkeit</th><th>Temperatur-koeffizient</th><th>Eigenverbrauch etwa</th></tr>
<tr><td>Voltmeter</td><td rowspan="2">± 1 %</td><td>über 25 V: 0 %</td><td>180 Milliampere</td></tr>
<tr><td>Amperemeter</td><td>0 %</td><td>0,3 V</td></tr>
</table>

Eigenschaften, Vorzüge und Nachteile. Hervorgehoben wurde bereits die Verwendung der Hitzdrahtinstrumente für Gleich-

und Wechselstrom, die Unabhängigkeit der Angaben von der Periodenzahl (in weiten Grenzen) und Kurvenform des letzteren. Benachbarte Starkströme, Magnetfelder und Ladungen üben keine störenden Wirkungen aus. Besonders zu erwähnen ist noch: Da der Selbstinduktionskoeffizient des kurzen Drahtes überaus gering ist, so sind Strommessungen unter Verwendung von Meßwiderständen bei Gleich- und Wechselstrom identisch.

Außer der ungleichmäßigen Skalenteilung wirkt oft das verhältnismäßig langsame Einstellen des Zeigers, welches von der allmählich erfolgenden Erwärmung des Hitzdrahtes beim Einschalten des Stromes herrührt, störend. Andererseits macht sie gerade diese Eigenschaft geeignet für Verwendung in Stromkreisen mit stark wechselndem Stromverbrauch (Fördermaschinen, Walzenstraßen). Die Instrumente zeigen dabei einen brauchbaren Mittelwert an, der bei anderen Instrumenten nur durch Anwendung einer besonders starken Abdämpfung zu erreichen wäre.

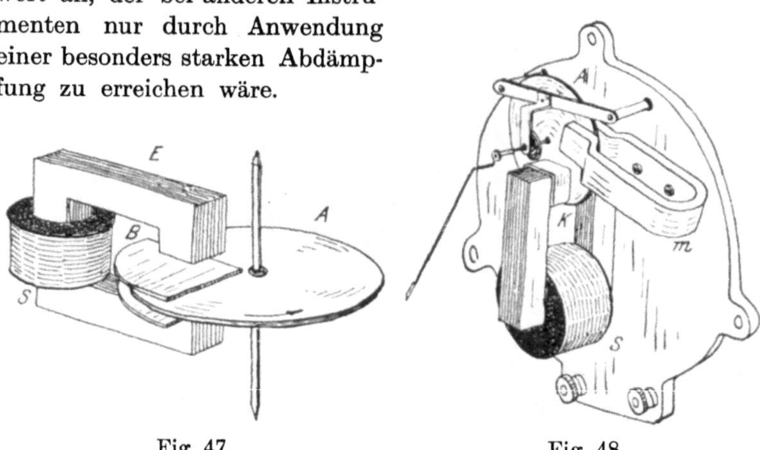

Fig. 47. Fig. 48.

Ferrarisinstrumente.

Allgemeines. Bei diesen nur für Wechselstrom verwendbaren Instrumenten müssen hauptsächlich zwei Typen unterschieden werden:

a) Scheibentype (Grundprinzip Fig. 47). Die Pole eines Wechselstrommagneten, der aus dem Eisenblechkörper E aufgebaut ist und die Spule S trägt, sind zur Hälfte von den Kupferscheiben B abgedeckt und induzieren sowohl in der drehbaren

Metallscheibe A, wie in den Platten B Wirbelströme. Diese wirken aufeinander ein und A erfährt ein Drehmoment.

b) Trommeltype (Fig. 49 und 50). Zwei phasenverschobene Wechselfelder induzieren Ströme in einer hohlen, drehbaren Alu-

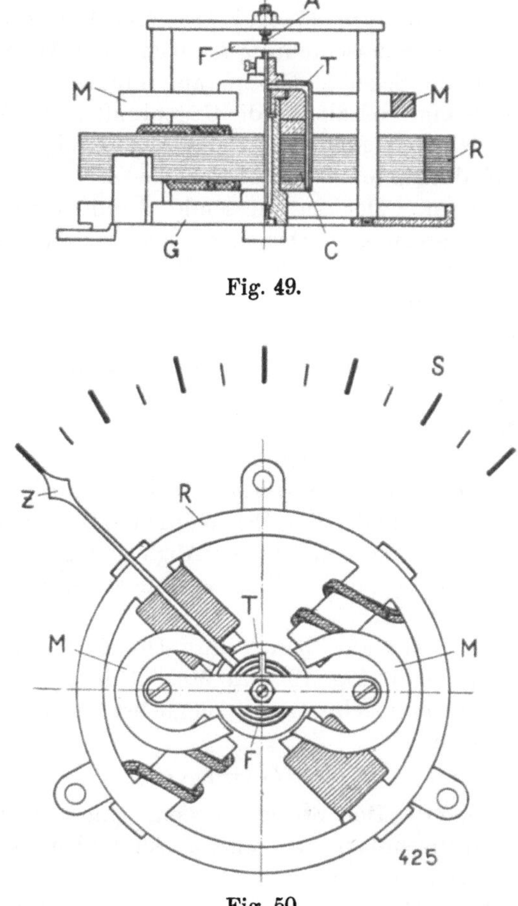

Fig. 49.

Fig. 50.

miniumtrommel. Die Wirkungsweise des Instrumentes entspricht der eines Drehfeldmotors, dessen Läufer die Aluminiumtrommel ist. Das auf letztere ausgeübte Drehmoment ist proportional den Feldern Φ_1 und Φ_2, also auch den sie erzeugenden Strömen

J_1 und J_2, sowie dem $\sin\psi$ des Phasenverschiebungswinkels ψ zwischen J_1 und J_2. Stellen Federn das Gleichgewicht her, so gilt:

$$c_1 \cdot J_1 \cdot J_2 \cdot \sin\psi = c_2 \cdot \alpha \quad . \quad . \quad . \quad . \quad . \quad (12)$$

Ausführungen. a) Allgemeine Elektrizitäts-Gesellschaft. Diese Firma führt ihre Induktionsinstrumente nach der Scheibentype aus (Fig. 47 und 48). Der Wechselfeldmagnet besitzt hierbei einen Kurzschlußring K anstatt der Abdeckscheiben. A ist die drehbare Scheibe, welche auf ihrer Achse den Zeiger trägt und durch eine Spiralfeder die Gegenkraft gegen Verdrehung erhält. Die elektromagnetische Dämpfung erfolgt durch Einwirkung des Stahlmagneten m auf Scheibe A.

1. Amperemeter. Der zu messende Strom wird durch die Magnetspule S geschickt. Das Drehmoment, das die Scheibe erfährt, ist proportional dem Quadrat des Stromes.

2. Voltmeter. Durch S fließt ein der zu messenden Spannung proportionaler Strom. Infolge der Spulenselbstinduktion hat dieser Strom gegenüber der erzeugenden Spannung eine gewisse Phasenverschiebung. Im übrigen ist die Einrichtung der Instrumente wie die der Amperemeter.

3. Wattmeter. Vorhanden sind eine Hauptstromspule und zwei rechts und links von dieser symmetrisch angeordnete Spannungsspulen (ebenfalls auf Eisenkernen). Die Abdeckschirme liegen nur vor den letzteren. Durch Abgleichung der gewählten Dimensionen wird Proportionalität zwischen Drehmoment und Leistung erzielt.

b) Siemens & Halske bauen ihre Drehfeldmeßgeräte nach der Trommeltype (vgl. Fig. 49 und 50). Um ein großes Drehmoment zu erzielen, macht man ψ möglichst gleich 90°. Gl. (12) geht dann über in:

$$c_1 \cdot J_1 \cdot J_2 = c_2 \cdot \alpha \quad . \quad . \quad . \quad . \quad . \quad . \quad (13)$$

1. Amperemeter. Der Strom in dem einen Stromkreis ist um 90° phasenverschoben. J_1 und J_2 sind aber dem zu messenden Strome proportional.

2. Voltmeter. Die beiden Ströme müssen ebenfalls um 90° phasenverschoben gegeneinander und der zu messenden Spannung proportional sein. Durch besondere Anordnung der Systemfedern hat man erreicht, daß die Skala der Strom- und Spannungsmesser von etwa $^1/_5$ des Meßbereiches an nahezu proportional geteilt wird.

3. Wattmeter. Im allgemeinen besteht zwischen Strom und Spannung des Meßkreises ein Phasenwinkel φ. Erteilt man dem Strom im Spannungskreise eine weitere Phasenverschiebung um $\psi = \pm 90^{\circ}$ und beachtet man, daß die Spannung E dem Strome J_2 proportional ist ($E = c_1' J_2$), so erhält man aus Gl. (12):

$$\frac{c_1}{c_1'} \cdot J_1 \cdot E \cdot \sin(90^{\circ} + \varphi) = c_2 \cdot \alpha$$

und mit $J_1 = J$ gesetzt:

$$\boldsymbol{J \cdot E \cdot \cos\varphi = c \cdot \alpha} \quad . \quad . \quad . \quad . \quad . \quad . \quad \mathbf{(14)}$$

Die angezeigte Leistung $N = J \cdot E \cdot \cos\varphi$ ist also proportional dem Winkel α, die Instrumente erhalten eine gleichmäßige Teilung.

c) Hartmann & Braun. Trommeltype, wie bei Siemens & Halske. Ausführung Fig. 49 und 50. Auf einem soliden Gußgestell G befindet sich in der Mitte ein aus Blechscheiben hergestellter Eisenzylinder C, über welchen die Aluminiumtrommel T gestülpt ist, deren Lagerung aus einer Stahlachse A mit vorzüglich gehärteten Spitzen in Saphirsteinen besteht. Die Achse trägt noch die Torsionsfeder F und den Zeiger Z, mit dessen Hilfe die Einstellung der Trommel auf einer Skala S abgelesen werden kann. Konzentrisch zu dem Eisenzylinder C und der Trommel T ist auf dem Gußgestell G noch der ebenfalls aus Eisenblechscheiben hergestellte, mit vier inneren Polansätzen versehene Ring R befestigt. Je zwei gegenüberliegende Polansätze tragen eine der zwei festen Wicklungen des Instrumentes.

Damit das bewegliche System bei Belastungsänderungen sich möglichst aperiodisch einstellt, ist eine stark wirkende magnetische Dämpfung angebracht, die aus zwei mit ihren 4 Polen die verlängerte Aluminiumtrommel T umfassenden Magneten M besteht, deren Kraftlinien die Trommel durchsetzen und sich in ihrem Inneren durch einen magnetisch von dem lamellierten Kern C isolierten kurzen Eisenzylinder schließen.

Bei den Watt- und Voltmetern dienen die nötigen Vorschaltwiderstände in Form von Drosselspulen gleichzeitig zur Erzeugung der notwendigen Phasenverschiebung von 90°. Bei den meisten Instrumenten können diese Drosselspulen für mittlere Periodenzahl bis zur Spannung von 500 V noch in dem Gehäuse untergebracht werden. Für höhere Spannungen werden die Instrumente mit entsprechenden Spannungstransformatoren verbunden.

Da die Ferrarisinstrumente viel in Hochspannungsanlagen Verwendung finden, kommen für Watt- und Amperemeter meist nur Stromwicklungen für geringe Amperezahl in Frage, die dann an die Sekundärwicklungen von Stromtransformatoren anzulegen sind. Für Spannungen unter 500 V können jedoch Stromspulen bis zu 100 A hergestellt werden.

Die Firma stellt diese Instrumente her für 25÷100 Perioden in der Sekunde. Schwankungen von etwa 5 % in der Periodenzahl beeinflussen die Angaben nicht nennenswert.

Vorzüge und Nachteile. Alle Ferrarisinstrumente sind abhängig von der Periodenzahl und von der Kurvenform des Wechselstromes. Durch Versuche kann man natürlich die Verhältnisse finden, unter denen eine möglichst geringe Abhängigkeit von der Periodenzahl vorhanden ist. Da die Instrumente nicht für Gleichstrom benutzt werden können, fällt der Vorteil der einfachen Gleichstromeichung weg. Außerdem besteht eine Abhängigkeit der Angaben von der Temperatur, deren Einfluß sich nur sehr schwer beseitigen läßt. Neben der Stromwärme in den Wicklungen kommt auch diejenige in Betracht, welche durch Wirbelströme in der Scheibe oder im Zylinder verursacht wird. Eine größere Genauigkeit als 1 % wird selten erreicht.

Diesen Mängeln steht gegenüber die Einfachheit der Bauart: Es sind nur feste Windungen vorhanden und keine Stromzuführungen zum beweglichen System notwendig. Der Aufbau kann daher kräftig gehalten werden. Da ferner viel Eisen verwendet wird, so haben die Instrumente ein großes Drehmoment, also eine sehr große Richtkraft, so daß sie trotz der möglichen starken Dämpfung wie kein anderes Instrument Schwankungen und veränderlichen Vorgängen folgen können. Der Eigenverbrauch ist gering, weil die hauptsächlichsten Stromkreise eine sehr hohe Selbstinduktion bei geringem Ohmschen Widerstand haben und daher die Ströme eine ziemlich große wattlose Komponente besitzen. Gegen äußere Einflüsse durch Ströme und magnetische Felder sind sie verhältnismäßig unempfindlich.

Elektrostatische Instrumente.

Allgemeines. Die statischen Instrumente beruhen auf der gegenseitigen Anziehung von Platten oder Körpern, die mit Punkten verschiedenen Potentiales verbunden sind. Ein einfaches statisches Instrument ist in Fig. 51 dargestellt. Die Metallplatten P_1 werden mit dem einen Pol verbunden, die an der Achse befestigten drehbaren Platten P_2 mit dem anderen Pol. Die Platten ziehen sich dann an, und die Gegenwirkung wird durch eine Spiralfeder hervorgerufen. Die Platten P_2 sind möglichst leicht, aus dünnem Aluminiumblech. Gleichzeitig läßt sich elektromagnetische Dämpfung anwenden, indem eine der beweglichen Platten zwischen den Polen eines kleinen Stahlmagneten liegt. Die Instrumente müssen um so mehr Platten haben, je niedriger die Spannung ist. Es sind auch die einzigen Voltmeter, die nicht auf einer Wirkung des Stromes beruhen. Die anziehende oder abstoßende Kraft hängt ab von dem Produkt der Ladungen auf den sich anziehenden Körpern. Diese Ladungen sind aber der betreffenden Spannung proportional. Es können daher auch die statischen Instrumente nur als Voltmeter hergestellt werden, aber für Gleich- und Wechselstrom.

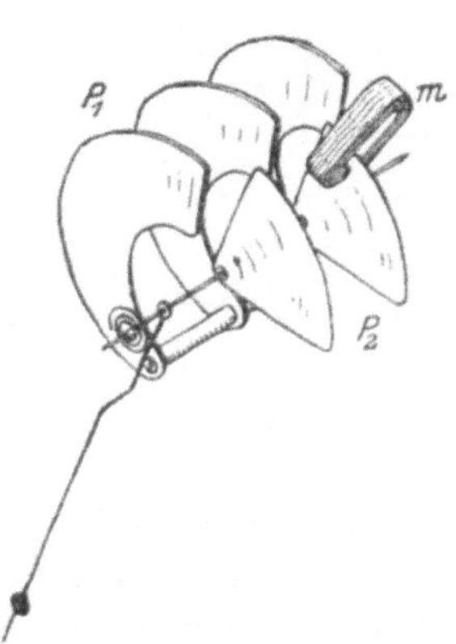

Fig. 51.

Die Bewegung der Platten erfolgt stets im Sinne einer Kapazitätsvermehrung, also gegeneinander. Die Skala kann innerhalb eines großen Teiles ziemlich gleichmäßig gemacht werden. Die Gleichstromeichung gilt meist auch für Wechselstrom, doch ist in dieser Hinsicht Vorsicht geboten.

Erweiterung des Meßbereiches[1]. a) Ist das Instrument von der Kapazität C_1 mit einem Kondensator von der Kapazität C_2 in Serie geschaltet (Fig. 52), so verhalten sich die Teilspannungen umgekehrt wie die Kapazitäten, also gilt:

$$\frac{E_2}{E_1} = \frac{C_1}{C_2}$$

und

$$\frac{E_1 + E_2}{E_1} = \frac{C_2 + C_1}{C_2}.$$

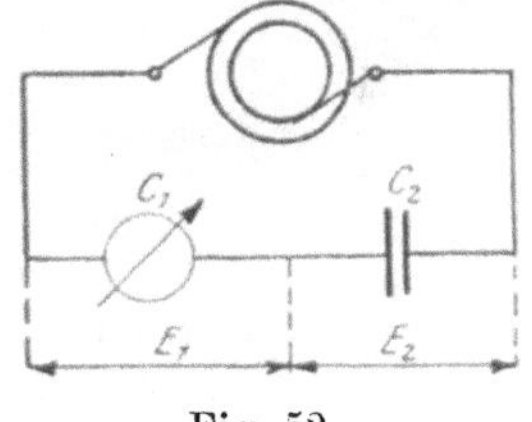

Fig. 52.

[1] Vgl. Franke, Wiedemanns Annalen 1893, Bd. 50, Peukert, ETZ. 1898, S. 657 und 1904, S. 231.

Daraus folgt, wenn E die zu messende Spannung ist:

$$\boldsymbol{E} = \boldsymbol{E}_1 + \boldsymbol{E}_2 = \boldsymbol{E}_1 \cdot \frac{\boldsymbol{C}_2 + \boldsymbol{C}_1}{\boldsymbol{C}_2} \qquad (15)$$

b) Legt man das Instrument an einen von mehreren in Serie geschalteten Kondensatoren gleicher Kapazität $C_1 = C_2 = C_3 \ldots = C_n$, so gilt, wenn C die Gesamtkapazität aller Kondensatoren bedeutet (vgl. Fig. 53):

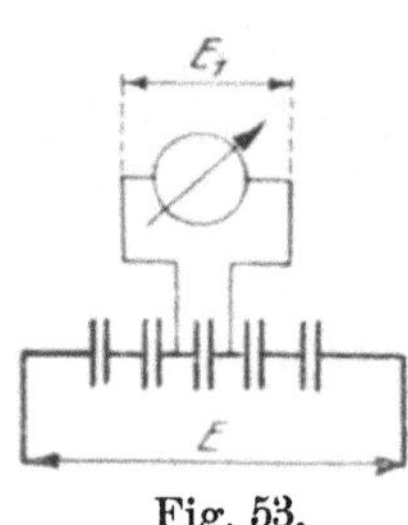

Fig. 53.

$$\frac{1}{C} = \frac{1}{C_1} + \frac{1}{C_2} \cdots \frac{1}{C_n} = n \cdot \frac{1}{C_1}$$

$$\frac{E}{E_1} = \frac{C_1}{C} = n$$

$$\boldsymbol{E} = \boldsymbol{n} \cdot \boldsymbol{E}_1 \; \ldots \ldots \ldots \quad (16)$$

Dabei ist Voraussetzung, daß die Kapazität des Instrumentes verschwindend klein gegenüber der eines einzelnen Kondensators ist. Auch darf sich die Kapazität durchaus nicht ändern.

Ausführungen. a) Allgemeine Elektrizitäts-Gesellschaft (Fig. 54). Die niedrigste Spannung, für die diese Instrumente ausgeführt werden, beträgt 1500 V, da eine genügende statische Anziehung erst bei verhältnismäßig hohen Spannungen erzielt wird. Für Spannungen bis 7500 V erhalten die Instrumente unmittelbaren Anschluß an das Leitungsnetz; bei höheren Spannungen werden in Serie geschaltete Plattenkondensatoren als Spannungsteiler benutzt, indem die Zuleitungen, wie oben ausgeführt, zum Instrument nur von einem kleinen Teil der Kondensatorenbatterie abgezweigt sind. Die Kondensatoren sind in einem gemeinsamen Kasten eingebaut und für die doppelte Betriebsspannung isoliert. Der Kasten wird mit einer festen Isoliermasse gefüllt.

Fig. 54.

Den Instrumenten bzw. Kondensatoren werden zweckmäßig Sicherungen von einigen Megohm Widerstand vorgeschaltet, die den Durchgang größerer Elektrizitätsmengen verhindern, wenn bei etwa auftretenden Überspannungen ein Durchschlagen stattfindet. Listenmäßig höchste Spannungen für Instrumente mit Kondensatoren 22000 V.

b) Siemens & Halske führen statische Voltmeter nach Fig. 55 aus. Bei diesen Instrumenten wird die eine Elektrode durch zwei feststehende Metallquadrantenpaare gebildet, zwischen denen als zweite Elektrode ein leicht beweglicher Flügel drehbar angeordnet ist. Direkt am beweglichen Flügel ist der Zeiger befestigt, der über der empirisch festgestellten Skala schwingt.

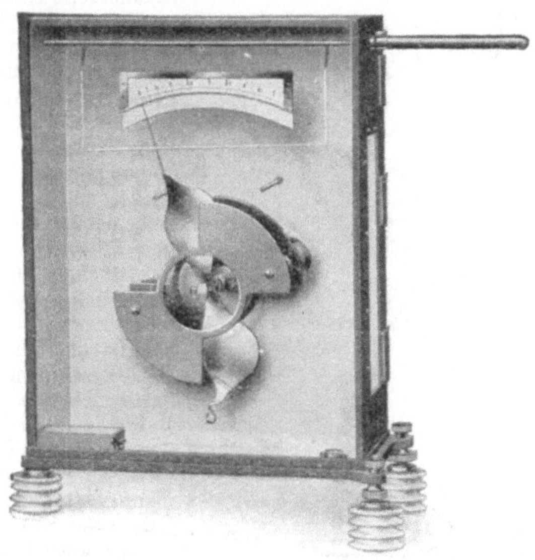

Fig. 55.

Das Instrument ist direkt für Spannungen bis 10000 V verwendbar. Für höhere Spannungen werden Vorschaltkondensatoren benutzt, durch die das Instrument bis zu 30000 V brauchbar wird.

Für sehr hohe Spannungen führen Siemens & Halske statische Voltmeter mit Ölisolation aus, die ohne Kondensatoren benutzt werden und nach Fig. 56 mit Eisenfuß oder statt des Eisenfußes mit isolierendem Untersatz aus Porzellanrollen ausgeführt werden. Ein mit Öl gefülltes zylindrisches Glasgefäß steht in einer Metallwanne, welche als feststehende Elektrode dient. Die bewegliche Elektrode in Form einer runden flachen Schale hängt in dem Öl. Durch die zwischen beiden Elektroden auftretende Anziehungskraft wird das Schälchen heruntergezogen und hiebei die Gegenkraft einer Spiralfeder überwunden. Durch die besondere Art der Übertragung der Bewegung des Schälchens auf den Zeiger wird erreicht, daß die Skala annähernd proportional ist. Die Skala erstreckt sich über drei Viertel des Kreisumfanges.

Fig. 56.

Durch die Verwendung von Öl als Dielektrikum wird es einerseits ermöglicht, einen verhältnismäßig kleinen Elektrodenabstand zu wählen, ohne daß die Gefahr des Überschlagens der Spannung besteht. Hierdurch wird eine wesentliche Vergrößerung der Anziehungskraft zwischen den Elektroden erreicht. Andererseits schützt das Öl auch gegen Störungen durch atmosphärische Einflüsse. Die das bewegliche System von unten umschließende Metallwanne schützt das Instrument gegen Beeinflussungen durch benachbarte, leitende Flächen (wie Fußböden, Decken, Wände), durch welche die Form des elektrischen Feldes im Instrument gestört wird. Von oben her ist das System durch eine mit der beweglichen Elektrode leitend verbundene Kugelkalotte aus Metall geschützt. Durch diese Schutzvorrichtungen wird gleichzeitig eine weitere Erhöhung der Systemkraft erreicht und hierdurch die Skala am Anfang wesentlich verbessert.

Je nach dem Verwendungszweck wird das Instrument mit isolierendem Untersatz oder mit Eisenfuß geliefert. Für gewöhnliche Spannungsmessung kommt die isolierte Aufstellung stets in Frage, wenn kein Pol geerdet werden darf. Der Eisenfuß ist anzuwenden, wenn die Erdung des Poles zulässig ist, z. B. bei Isolationsmeßschaltungen.

Bei Messung sehr hoher Spannungen kann man zwei Voltmeter hintereinander schalten. Die Spannung wird sich hierbei annähernd gleichmäßig auf beide Instrumente verteilen, wenn man jede Erdung eines Außenleiters vermeidet. Man hat bei der Messung nur darauf zu achten, daß bei etwaiger ungleicher Spannungsverteilung nicht eine Überlastung eines Instrumentes auftritt. Um dies auszuschließen, verbindet man zweckmäßig die Mitte der Hochspannungswickelung des Transformators mit der Verbindungsleitung der beiden in Serie geschalteten Instrumente, wie Fig. 57 zeigt, und erdet die Verbindungsleitung. Man kann dann Instrumente mit Eisenfuß verwenden. Sollen z. B. Spannungen bis 240000 V gemessen werden, so schaltet man zwei Voltmeter für 120000 V auf Eisenfuß in Serie nach Fig. 57.

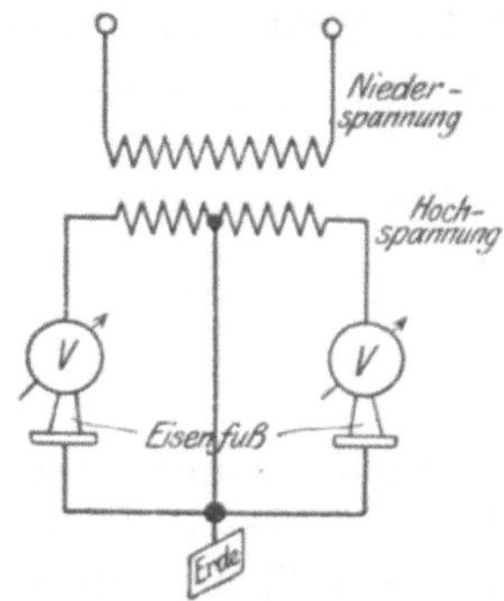

Fig. 57.

Die Instrumente werden von Siemens & Halske in zwei Typen, die eine bis 50000 V und die andere bis 120000 V gebaut.

c) Hartmann & Braun führen die statischen Instrumente auch als Multizellularvoltmeter aus, die für die Messung von Niederspannung von etwa 40÷50 V an geeignet sind. In einem Gehäuse befinden sich einander gegenüber zwei senkrechte Reihen von Metallzellen, in die das drehbare System, das ebenso viele Aluminiumflügel besitzt als Zellen vorhanden sind, gedreht wird.

Vorzüge und Nachteile. Bei Verwendung für Gleichstrom verbrauchen diese Instrumente keine Leistung, bei Verwendung für Wechselstrom tritt durch das fortwährende Laden und Entladen ein äußerst geringer Verlust auf. Auch tritt in den Zuleitungsdrähten kein Spannungsverlust auf. Diese Gründe machen die statischen Voltmeter besonders für Fernspannungsmessungen geeignet.

Nachteile sind die Empfindlichkeit gegen äußere Ladungen und gegen Überspannungen. Auch stellt die Isolation der Teile gegeneinander große Anforderungen,

Die Genauigkeit der Angaben ist nicht allzu groß, im besten Falle etwa 1 %.

Zweiter Abschnitt.

Messung der elektrischen Leistung.

Bei Gleichstrom.

Die Leistungsmessung erfolgt hier mit Amperemeter und Voltmeter, deren Angaben miteinander multipliziert werden. Ist der Stromverbraucher ein reiner Ohmscher Widerstand R, in dem keine elektromotorische Kraft erzeugt wird, so ist die Leistung $N = J^2 \cdot R = \frac{E^2}{R}$ durch eine Strom- oder Spannungsmessung bei bekanntem R zu bestimmen. Endlich kann die Leistungsmessung auch mit einem Wattmeter vorgenommen werden.

Bei Wechselstrom.

Allgemeines. Das Produkt aus Strom und Spannung gibt hier nur bei induktionsfreiem Stromkreise (Phasenverschiebung gleich Null) die wirkliche Leistung N, sonst die zu hohen scheinbaren Watt. Entsprechend der Gleichung

$$N = E \cdot J \cdot \cos \varphi$$

muß die Wattleistung N entweder mit Voltmeter, Amperemeter und Phasenmesser oder mit einem Wattmeter bestimmt werden.

Hartmann & Braun liefern auch Wattmeter, mit denen man sowohl die wirkliche Leistung als auch mit genügender praktischer Genauigkeit die scheinbare Leistung bestimmen kann („Arnometer", nach dem Erfinder benannt). Dies geschieht durch einen Vorschaltwiderstand mit zwei Anschlüssen. Beim einen Anschluß zeigt das Instrument als Wattmeter die wirkliche Leistung N an, beim anderen Anschluß wird dem Strom in der Spannungsspule eine entsprechende Phasenverschiebung erteilt, so daß die scheinbare Leistung angegeben wird.

Schaltung der Wattmeter. Für alle Wattmeter gelten im allgemeinen die vier Schaltungsfälle nach Fig. 58.

a) Strom und Spannung sind höchstens so groß, wie die für das Instrument zulässigen Höchstwerte: Die Stromspule wird dann mit den Klemmen $A_1 A_2$ wie ein Amperemeter unmittelbar in die Leitung gelegt, während die Spannungsspule mit den Klemmen $e_1 e_2$ an die Spannung des Kreises geschaltet wird (Fig. 58 I).

b) Ist die Spannung des Kreises höher als für die Spannungsspule zulässig, so werden Vorschaltwiderstände mit mehreren Bereichen vor diese geschaltet (Fig. 58 II). Dabei ist stets die eine Klemme der Spannungsspule direkt mit Klemme A_1 oder A_2 zu verbinden.

Nach Fig. 58 II kann an 4 die höchste Spannung angelegt werden.

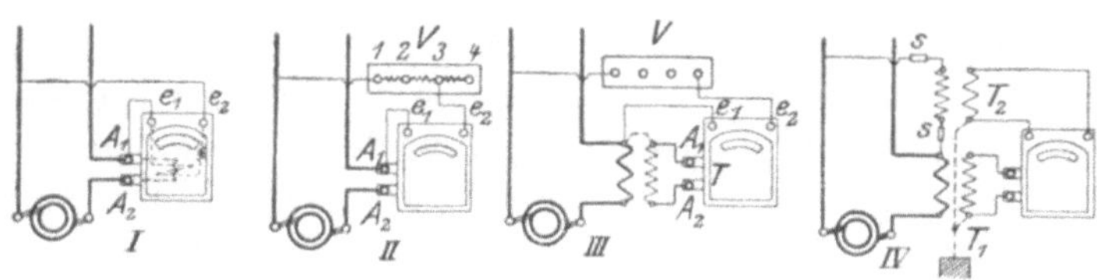

Fig. 58

c) Übersteigt auch der Strom den für das Wattmeter zulässigen Wert, so schaltet man nach Fig. 58 III einen Stromwandler ein. Um bei Hochspannung keinen Überschlag zwischen Strom- und Spannungsspule im Wattmeter befürchten zu müssen, muß man die Stromspule auf das Potential der Spannungsspule bringen, indem man die eine Primärklemme des Stromwandlers mit der einen Sekundärklemme durch die gestrichelt gezeichnete Leitung verbindet.

d) In Fig. 58 IV hat die Stromspule den Stromwandler T_1, die Spannungsspule den Spannungswandler T_2. Dieser erhält zweckmäßig Hochspannungssicherungen s auf der Hochspannungsseite und wird mit dem Stromwandler zusammen auf der Sekundärseite einpolig geerdet, wie die gestrichelte Leitung angibt.

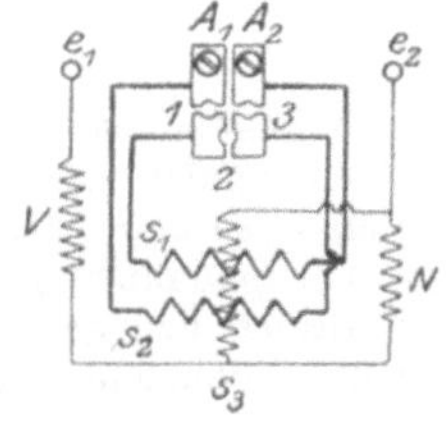

Fig. 59.

Innere Schaltung. Siemens & Halske. Fig. 59 (Präzisionswattmeter der Laboratoriumstype). Es sind zwei Strommeßbereiche vorhanden: Die Stromspulen sind in zwei Hälften unterteilt, welche mittels Umschalters in Reihe oder parallel geschaltet werden können. Die Umschaltung erfolgt bis zu 25 A durch Stöpsel (vgl. Fig. 59), bei höheren Stromstärken durch Laschen (vgl. Fig. 40). s_1 s_2 in Fig. 59 sind die beiden Hälften der Stromspule, s_3 ist die Spannungsspule, die einen Vorschaltwiderstand V und einen Nebenschlußwiderstand N im

Instrument hat. Die Stöpselumschaltung geschieht in folgender Weise:

Stöpsel 2 gesteckt = niederer Strommeßbereich, beide Spulenhälften in Serie.
Stöpsel 1 und 3 gesteckt = doppelter Strommeßbereich, beide Spulenhälften parallel.
Stöpsel 1, 2, 3 gesteckt = Stromspulen kurzgeschlossen.

Schaltregeln. Zu beachten ist:

a) Alle erheblichen Potentialdifferenzen zwischen Strom- und Spannungsspule sind unbedingt zu vermeiden. Regel: Man verbinde eine Klemme der Stromspule mit einer Klemme der Spannungsspule stets so, daß kein Widerstand zwischen beiden liegt.

Um die Wirkung der festen Spule auf die bewegliche möglichst groß zu machen, müssen beide dicht zusammenliegen. Es ist daher bei Anwendung von Vorschaltwiderständen und Meßtransformatoren darauf zu achten, daß zwischen beiden Spulen möglichst wenig Spannungsunterschied besteht. Falsche Schaltungen können infolge auftretender hoher Spannungsdifferenzen leicht zu Überschlägen zwischen den Spulen führen. Richtig sind die Verbindungen nach Fig. 58, bei denen obige Regel beachtet ist.

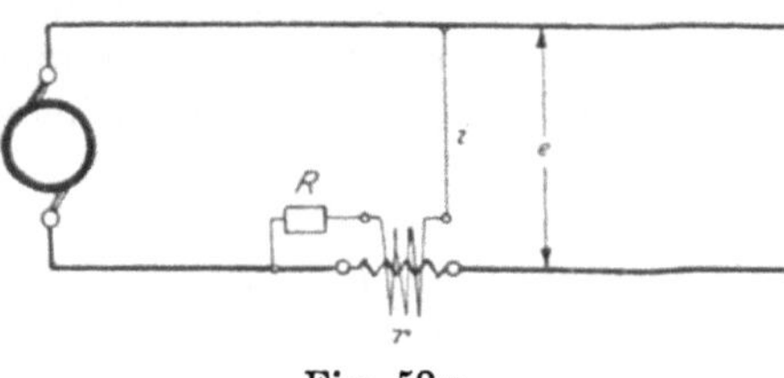

Fig. 59 a.

Eine falsche Schaltung gibt Fig. 59 a wieder. Der Vorschaltwiderstand R liegt zwischen einer Klemme der Spannungsspule vom Widerstand r und einer Klemme der Stromspule (entgegen der angegebenen Regel). Zwischen beiden Klemmen und somit zwischen beiden Spulen besteht also der Spannungsunterschied iR. Beträgt beispielsweise $e = 3000$ V, $i \cdot r = 30$ V, wenn i der maximal zulässige Strom in der Spannungsspule ist, so hat $i \cdot R$ den Wert von 2970 V. Ist die Schaltung dagegen nach Fig. 58 II ausgeführt, so tritt zwischen den Spulen höchstens eine Spannungsdifferenz von $i \cdot r = 30$ V auf.

b) Soll das Instrument in einen Stromkreis eingeschaltet werden, der unter Spannung steht, oder sollen unter Spannung Umschaltungen vorgenommen werden, so muß zuerst die direkte Verbindung zwischen der Leitung, in der die feste Spule liegt, und der beweglichen Spule gemacht werden und dann erst die Verbindung der letzteren über die Vorschaltwiderstände mit der anderen Leitung.

In Fig. 58 I oder Fig. 58 II hat man also zuerst A_1 mit e_1 zu verbinden und dann erst die Verbindungen nach e_2 anzuschließen. Verfährt man umgekehrt, so wäre zwischen Strom- und Spannungsspule die volle Potentialdifferenz wirksam, da ja durch den Spannungskreis bei offener Klemme e_1 noch kein Strom fließt, somit also auch kein Spannungsabfall $i \cdot (R + r)$ besteht.

c) Ähnlich ergibt sich, um unter Spannung ohne Gefahr abzuschalten, daß man zuerst die Verbindung nach e_2 lösen muß (vgl. Fig. 58).

Vermeidung von Fehlerquellen bei Messungen.

a) Gegenseitige Beeinflussung der Instrumente. Um diese zu vermeiden, ist es im allgemeinen erforderlich, die Instrumente in etwa 40 cm Abstand (Mitte zu Mitte) aufzustellen.

b) Störungen bei stärkeren Strömen in den Zuleitungen werden dadurch umgangen, daß diese parallel und möglichst dicht nebeneinander verlegt werden.

c) Andere Apparate, welche stärkere magnetische Felder erzeugen, z. B. Meßtransformatoren, dürfen nicht in unmittelbarer Nähe der Instrumente stehen. Ebenso soll man die Nähe von Starkstromleitungen meiden.

d) Die Beeinflussung durch den Erdmagnetismus bei der Messung von sehr kleinen Leistungen (Gleichstrom) korrigiert man durch zwei Messungen, zwischen denen man den Strom in beiden Spulen umkehrt. Aus beiden Messungen wird das arithmetische Mittel genommen.

e) Auch statische Wirkungen können auf die Angaben der Wattmeter starken Einfluß ausüben.

Da die Spannungsspule ein ganz bestimmtes Potential hat, so kann zwischen ihr und benachbarten Körpern, die ein anderes Potential besitzen, eine Wechselwirkung auftreten, die ein Drehmoment erzeugt und einen Ausschlag hervorruft. Bei höherer Spannung ist daher das Instrument gut isoliert aufzustellen, und Körper anderen Potentiales sind genügend entfernt zu halten. Die Isolierung erfolgt am besten durch Zwischenlegen einer Ebonit- oder Glasplatte zwischen Tischplatte und Instrument. Bei sehr hohen Spannungen empfiehlt es sich, die Instrumente auf Porzellanisolatoren (Isolierschemeln) aufzustellen und zum Schutz des Beobachters mit einer Glasplatte zu überdecken. Naturgemäß ist bei Hochspannung die Berührung der Instrumente lebensgefährlich.

Um die bei direkten Hochspannungsmessungen auftretenden Störungen der Instrumente durch elektrische Ladungserscheinungen zu vermeiden, rüsten Siemens & Halske alle dynamometrischen Instrumente der Laboratoriumstype (Wattmeter, Amperemeter, Voltmeter) mit einer Hochspannungseinrichtung aus, indem alle im Instrument liegenden Metallteile durch direkte Verbindung auf gleiches Potential gebracht werden und das ganze System durch zweckentsprechende Metallflächen eingeschlossen wird, so daß das bewegliche System nicht in Wechselwirkung mit äußeren Leitern treten kann.

Korrektionen bei Messung kleiner Leistungen[1]. a) Die Selbstinduktion der Spannungsspule kann bei der Messung von kleinen Leistungen stören, wenn der Vorschaltwiderstand klein oder gleich Null ($R = 0$) ist. Nimmt man zunächst Phasengleichheit zwischen der Spannung E und dem Strome i in der Spannungsspule an, sowie eine Phasenverschiebung φ zwischen E und J, so ist die zu messende Leistung N, wenn man berücksichtigt, daß $E = i\,(r + R)$ ist [$r + R$ = Widerstand von Spannungsspule + Vorschaltwiderstand], gegeben durch:

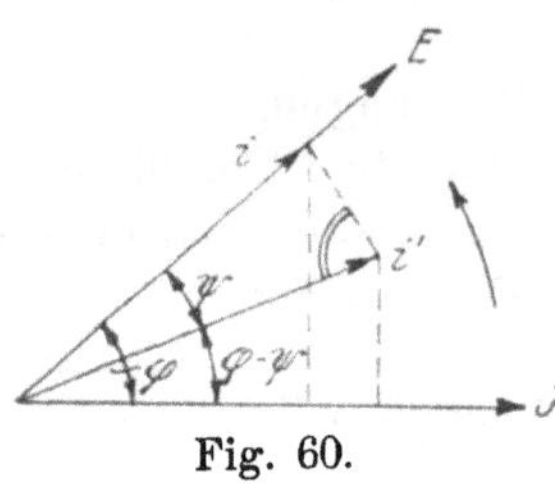

Fig. 60.

$$N = J \cdot E \cdot \cos\varphi = J \cdot i \cdot (r + R) \cos\varphi \quad . \quad . \quad . \quad (17)$$

Infolge der Selbstinduktion L fließt aber durch die Spannungsspule ein um den Winkel ψ nacheilender Strom i', so daß gilt, wenn ν die Periodenzahl bedeutet:

$$E = i' \cdot \sqrt{(r + R)^2 + (2\pi\nu L)^2} = i \cdot (r + R).$$

Daraus:

$$i' = i \cdot \frac{r + R}{\sqrt{(r + R)^2 + (2\pi\nu L)^2}} = i \cdot \cos\psi.$$

Dieser Strom i in der Spannungsspule (vgl. Fig. 60) und der Strom J in der Hauptspule bedingen die jetzt vom Instrument angezeigte Leistung N_1. Beide Vektoren sind aber nur um den Winkel $(\varphi - \psi)$ verschoben. Somit treten in Gl. (17) ein i' an Stelle von i, $\cos(\varphi - \psi)$ an Stelle von $\cos\varphi$.

$$N_1 = J \cdot i' \cdot (r + R) \cdot \cos(\varphi - \psi)$$

$$i' = i \cdot \cos\psi$$

$$N_1 = J \cdot i \cos\psi \cdot \cos(\varphi - \psi) \cdot (r + R) \quad . \quad . \quad (17\text{a})$$

Die wirkliche Leistung ergibt sich aus dem Verhältnis $\frac{N}{N_1}$ laut Gl. (17) und (17a) zu:

$$\boldsymbol{N = N_1 \cdot \frac{\cos\varphi}{\cos\psi \cdot \cos(\varphi - \psi)} = N_1 \cdot \frac{1 + \mathrm{tg}^2\psi}{1 + \mathrm{tg}\,\psi \cdot \mathrm{tg}\,\varphi}} \quad (18)$$

[1] Über die Berechnung der Korrektionen bei dynamischen Wattmetern s. den Aufsatz von Orlich (Helios 1909, S. 373).

Um die wirkliche Leistung N zu erhalten, muß also die abgelesene Leistung N_1 mit dem Korrektionsfaktor $\frac{1+\mathrm{tg}^2\psi}{1+\mathrm{tg}\,\psi\cdot\mathrm{tg}\,\varphi}$ multipliziert werden.

Bestimmung des Winkels ψ. Da $\cos\psi = \frac{r+R}{\sqrt{(r+R)^2+(2\pi\nu L)^2}}$ ist, so kann der Winkel ψ mit zwei Messungen bestimmt werden. Man bestimmt:

a) Den Ohmschen Widerstand $(r+R)$ mit Gleichstrom (vgl. 3. Abschnitt).

b) Den induktiven Widerstand $2\pi\nu L$, indem man mit Wechselstrominstrumenten den Spannungsabfall e, verursacht durch den Wechselstrom i_1, bei der Periodenzahl ν mißt. Es ist

$$\frac{e}{i_1} = \sqrt{(R+r)^2+(2\pi\nu L)^2},$$

$$L = \frac{\sqrt{\left(\frac{e}{i_1}\right)^2-(R+r)^2}}{2\pi\nu}.$$

In den meisten Fällen ist, wie früher bereits hervorgehoben wurde, das Glied $2\pi\nu L$ klein gegen $(r+R)$, da die Vorschaltwiderstände R groß gegen r und induktionsfrei gewickelt sind. Der Korrektionsfaktor wird dann gleich 1.

b) Bezüglich der Schaltung der Spannungsspule sind zwei Fälle zu unterscheiden. Es möge in Fig. 61/62 die Leistung N des Motors gemessen werden:

1. Spannungsspule an Punkt 1 gelegt (Fig. 61). Es gilt bei Einführung der in der Skizze angeführten Bezeichnungen für die gemessene Leistung N_1, wenn R_b den Gesamtwiderstand im Spannungsspulenkreise bedeutet, nach früherem:

$$N_1 = \frac{R_b}{T}\int_0^T J_{1t}\cdot i_t\,dt,$$

$$J_{1t} = J_t + i_t,$$

$$N_1 = \frac{R_b}{T}\cdot\int_0^T (J_t+i_t)\cdot i_t\,dt = \frac{R_b}{T}\cdot\int_0^T J_t\cdot i_t\,dt + \frac{R_b}{T}\int_0^T i_t^2\,dt,$$

$$= N + N_b.$$

Das zweite Glied ist nichts weiter als der Stromwärmeverlust in der beweglichen Spule. Die gesuchte Leistung N wird also in dieser Schaltung um diesen zu groß gemessen, da in der festen Spule der Strom $J_t + i_t$ fließt, während der Motorstrom nur J_t ist.

2. Spannungsspule an Punkt 2 gelegt (Fig. 62). Es wird, wenn, wie früher, r_f der Widerstand der Stromspule ist:

$$N_1 = \frac{1}{T}\int_0^T J_t \cdot (e_t + J_t \cdot r_f)\,dt = \frac{1}{T} \cdot \int_0^T J_t e_t\,dt + \frac{1}{T}\int_0^T J_t^2 r_f\,dt,$$

$$N_1 = N + N_f.$$

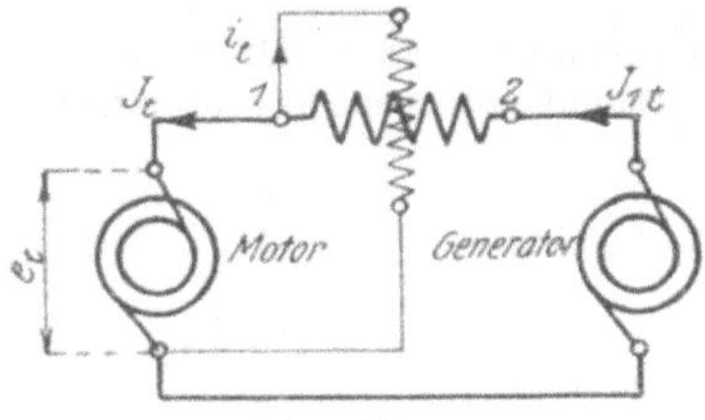

Fig. 61.

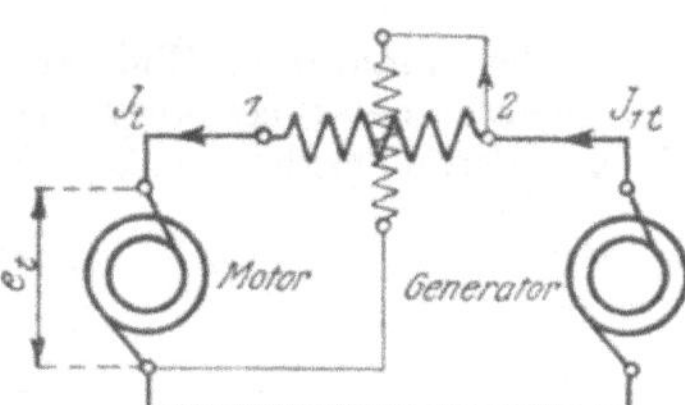

Fig. 62.

Das zweite Glied ist nichts anderes, als der Leistungsverbrauch in der festen Spule. Die gesuchte Leistung N wird um diesen zu hoch gemessen. Es fließt zwar durch die Stromspule der Motorstrom J_t, aber die Spannungsspule liegt nicht an der Motorspannung e_t, sondern an $e_t + J_t \cdot r_f$, also an einer um den Spannungsverlust in der festen Spule höheren Spannung.

Messung der Leistung von Mehrphasensystemen.

Allgemeines. Die Leistung eines p-Phasensystems ergibt sich als die Summe der mit p Wattmetern gemessenen Phasenleistungen.

$$N = N_1 + N_2 + \cdot \cdot \cdot N_n.$$

Als wichtigstes System kommt das Dreiphasensystem in Betracht. Sind die Phasen miteinander verkettet, so ist zwischen Stern- und Dreieckschaltung zu unterscheiden. Es werden bezeichnet mit:

i_1, i_2, i_3, e_1, e_2, e_3 die Effektivwerte der Phasenströme und -spannungen,

J_1, J_2, J_3, E_1, E_2, E_3 die Effektivwerte der verketteten Ströme und Spannungen,

i_{1t}, i_{2t}, i_{3t}, e_{1t}, e_{2t}, e_{3t} die Augenblickswerte der Phasenströme und Spannungen,

φ_1, φ_2, φ_3 die Phasenverschiebungswinkel.

Sternschaltung. Hier gilt $i_1 = J_1$, $i_2 = J_2$, $i_3 = J_3$. Die Leistung ist also

$$N = N_1 + N_2 + N_3 = i_1 \cdot e_1 \cdot \cos\varphi_1 + i_2 \cdot e_2 \cdot \cos\varphi_2 + i_3 \cdot e_3 \cos\varphi_3,$$

$$N = J_1 \cdot e_1 \cdot \cos\varphi_1 + J_2 \cdot e_2 \cos\varphi_2 + J_3 \cdot e_3 \cos\varphi_3 .$$

Schaltung nach Abb. 63 I. Die Stromspulen der 3 Wattmeter sind von den Strömen J_1, J_2, J_3 durchflossen, während die Spannungsspulen sämtlich zwischen dem Knotenpunkt P und einer Leitung, also an den Phasenspannungen e_1, e_2, e_3 liegen.

Hierzu ist zu bemerken:

a) Ist der Knotenpunkt nicht zugänglich, so stellt man ihn künstlich her, indem man die Enden der Spannungsspulen (bzw. wenn Vorschaltwiderstände in Betracht kommen die Enden derselben), die sonst zum Knotenpunkt geführt werden müßten, miteinander verbindet.

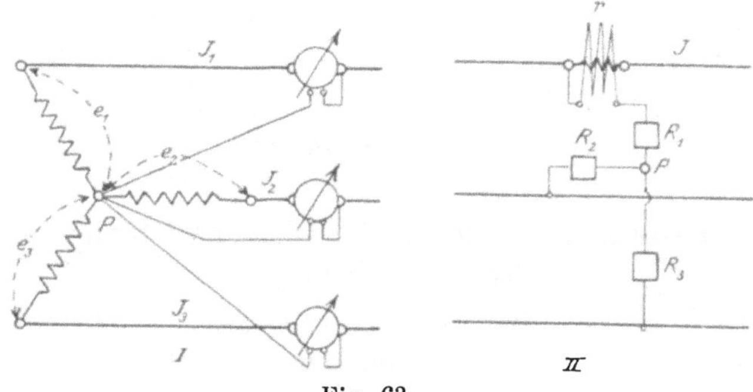

Fig. 63.

b) Bei gleicher Belastung der Phasen wird $N = 3 \cdot J \cdot e \cdot \cos\varphi$. Die Messung kann mit einem Wattmeter durchgeführt werden, welches mit der Spannungsspule am Knotenpunkte liegt. Führt man ein $e \cdot \sqrt{3} = E$, so erhält man:

$$\boldsymbol{N = \sqrt{3}\, E \cdot J \cos\varphi} \quad . \; . \; . \; . \; . \quad \mathbf{(19)}$$

c) Ist auch hier der Knotenpunkt nicht erreichbar, so kann er nach Fig. 63 II künstlich hergestellt werden. Die Widerstände R_1, R_2, R_3 müssen der Bedingung genügen:

$$R_2 = R_3 = R_1 + r .$$

d) Bei Leerlaufmessungen an asynchronen Motoren und Transformatoren sind die Schaltungen mit künstlichem Knotenpunkt wegen der ungleichen Ströme und Spannungen nicht brauchbar.

Dreieckschaltung. Hier gilt ebenfalls:

$$N = N_1 + N_2 + N_3 = i_1 \cdot e_1 \cdot \cos\varphi_1 + i_2 \cdot e_2 \cos\varphi_2 + i_3 \cdot e_3 \cos\varphi_3 .$$

Die Stromspulen sind dabei in die einzelnen Phasen zu legen, wozu die Verbindungen der Phasen geöffnet werden müssen. Daher ist diese Methode besonders bei Maschinen schlecht durchführbar. Würde man nur ein Wattmeter zur Messung verwenden, so würde durch die Stromspule der Widerstand der betreffenden Phase verändert (vgl. Fig. 64). Man wendet daher einfach eine der nachstehenden Methoden an.

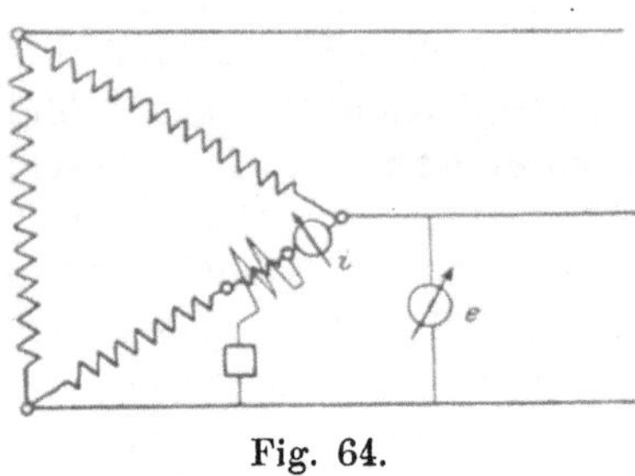

Fig. 64.

Setzt man auch hier gleiche Phasenbelastung voraus, so wird $N = 3\,i \cdot e \cos\varphi$. Führt man ein $e = E$ und $i \cdot \sqrt{3} = J$, so erhält man wieder:

$$\boldsymbol{N = \sqrt{3}\,E \cdot J \cos\varphi .}$$

Leistungsmessung in Dreiphasensystemen mit zwei Wattmetern.

Allgemeines. Sämtliche behandelten Zweiwattmetermessungen sind unabhängig von der Kurvenform des Wechselstromes, stets anwendbar bei gleicher oder ungleicher Belastung der drei Phasen und zwar sowohl bei Stern- als bei Dreieckschaltung. Es sei hier an die beiden Gleichungen erinnert:

a) Für Sternschaltung: $i_{1t} + i_{2t} + i_{3t} = 0$;

b) für Dreieckschaltung: $e_{1t} + e_{2t} + e_{3t} = 0$.

Beliebige Belastung der Phasen.

a) Sternschaltung. Die Augenblicksleistung N_t aller drei Phasen beträgt:

$$N_t = i_{1t} \cdot e_{1t} + i_{2t} \cdot e_{2t} + i_{3t} \cdot e_{3t} .$$

Somit ist $N = \frac{1}{T}\int_0^T N_t\,dt = \frac{1}{T}\int_0^T (i_{1t} \cdot e_{1t} + i_{2t} \cdot e_{2t} + i_{3t} \cdot e_{3t})\,dt .$

Führt man in diese Gleichung ein: $i_{1t} = -i_{2t} - i_{3t}$, so ergibt sich:

$$N = \frac{1}{T} \cdot \int_0^T [i_{2t} \cdot (e_{2t} - e_{1t}) + i_{3t} \cdot (e_{3t} - e_{1t})] \, dt,$$

$$N = \frac{1}{T} \cdot \int_0^T i_{2t} \cdot (e_{2t} - e_{1t}) dt + \frac{1}{T} \cdot \int_0^T i_{3t} \cdot (e_{3t} - e_{1t}) dt.$$

Diese Leistung kann durch zwei entsprechend geschaltete Wattmeter gemessen werden.

$$\boldsymbol{N = N_1 + N_2 = c \cdot (\alpha_1 + \alpha_2)} \quad . \quad . \quad . \quad . \quad (20)$$

Die Leistung N aller Phasen wird gemessen durch die Summe der Angaben zweier Wattmetter, deren Stromspulen von den

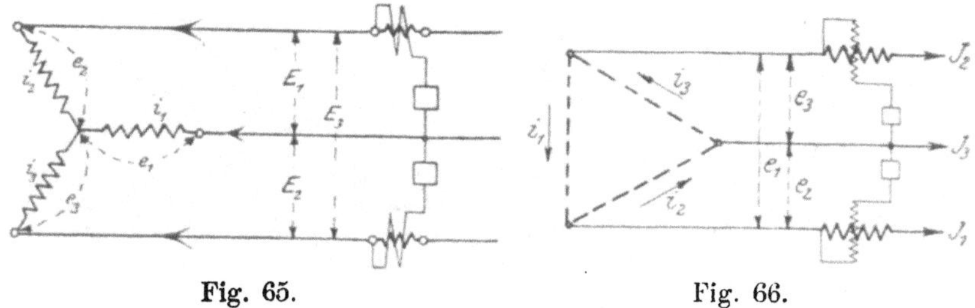

Fig. 65. Fig. 66.

Strömen i_{2t} und i_{3t} durchflossen sind, während die Spannungsspulen an den Spannungen $(e_{2t} - e_{1t})$ und $(e_{3t} - e_{1t})$ liegen. Die Schaltung erfolgt also gemäß Fig. 65 (wo an Stelle der Augenblicks- die Effektivwerte eingetragen sind).

b) Dreieckschaltung. Das gleiche Ergebnis erhält man bei Dreieckschaltung. Nach Fig. 66 ist die Stromspule des Wattmeters I durchflossen von $J_{2t} = i_{3t} - i_{1t}$, die Spannungsspule liegt an e_{3t}; für das Wattmeter II kommen die Werte in Betracht $J_{1t} = i_{1t} - i_{2t}$ und $- e_{2t}$. Dann ist die von beiden Instrumenten angezeigte Leistung:

$$N = N_1 + N_2 = c \cdot (\alpha_1 + \alpha_2),$$

$$N = \frac{1}{T} \int_0^T (i_{3t} - i_{1t}) \, e_{3t} \, dt + \frac{1}{T} \int_0^T (i_{1t} - i_{2t}) \cdot - e_{2t} \, dt,$$

$$N = \frac{1}{T} \int_0^T [i_{1t} \cdot (- e_{2t} - e_{3t}) + i_{2t} \cdot e_{2t} + i_{3t} \cdot e_{3t}] \, dt.$$

Da aber $e_{1t} = - e_{2t} - e_{3t}$ ist, so geht der Ausdruck für N über in die Gleichung:

$$N = \frac{1}{T}\int_0^T (i_{1t} e_{1t} + i_{2t} e_{2t} + i_{3t} e_{3t})\, dt.$$

Das ist aber der Mittelwert aus der Summe der Augenblicksleistungen der 3 Phasen während einer Periode (vgl. Sternschaltung) d. h. die gesuchte Leistung.

c) Ausführung der Zweiwattmetermethode mittels eines Wattmeters und Umschalters. Die gesamte Leistung $N = N_1 + N_2$ läßt sich sowohl bei Stern- wie bei Dreieckschaltung auch mit einem Wattmeter messen, wenn man dasselbe nach Fig. 67 mit einem Umschalter U_1 verbindet, so daß man sofort zwei Messungen

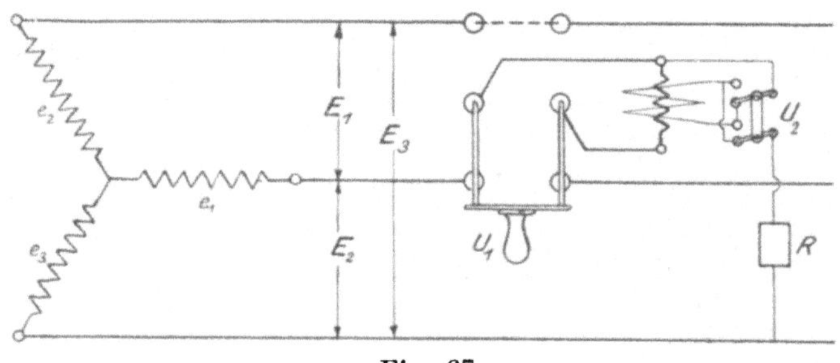

Fig. 67.

ausführen kann. Zweckmäßig setzt man vor die Spannungsspule ebenfalls einen Umschalter U_2, weil bei einer gewissen Phasenverschiebung der Ausschlag des Wattmeters bei der zweiten Messung negativ werden kann. Um ihn ablesen zu können, muß man mit U_2 den Strom in der Spannungsspule umschalten. Die Angaben der beiden Messungen sind dann natürlich zu subtrahieren.

Damit die Umschaltung überhaupt möglich wird, muß der Schalter U_1 so ausgeführt sein, daß er ohne Unterbrechung des Stromes umgelegt werden kann. Einen besonderen Umschalter für solche Messungen liefern Siemens & Halske.

Gleiche Belastung der 3 Phasen und sinusförmiger Strom.

a) Sternschaltung. Nach Diagramm Fig. 68 ist:

$$i_1 = i_2 = i_3 = i = J, \qquad e_1 = e_2 = e_3 = e,$$

$$E_1 = E_2 = E_3 = E = \sqrt{3} \cdot e, \qquad \varphi_1 = \varphi_2 = \varphi_3 = \varphi.$$

Nach Ableitung S. 69 war:

$$N = N_1 + N_2 = \frac{1}{T} \cdot \int_0^T i_{2t}(e_{2t} - e_{1t})\,dt + \frac{1}{T}\int_0^T i_{3t}(e_{3t} - e_{1t})\,dt\,,$$

$$N = -\,i_2 E_1 \cdot \cos\alpha + i_3 \cdot E_2 \cdot \cos\beta = c \cdot (\alpha_1 + \alpha_2)\,.$$

An Stelle der Augenblickswerte treten die Effektivwerte. Dabei sind nach Fig. 68 $e_2 - e_1 = -E_1$ und $e_3 - e_1 = E_2$ vektoriell zu bilden. α und β sind die Winkel zwischen den Vektoren i_2 und E_1 bzw. zwischen i_3 und E_2. Es ergibt sich:

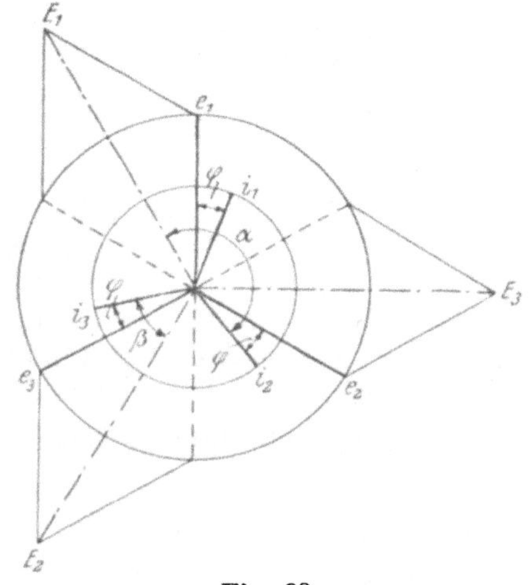

Fig. 68.

a) Die Größe des Winkels α beträgt je nach der Phasenverschiebung φ (0° bis 90°) $\alpha = 150^\circ$ bis ($150^\circ + 90^\circ$); ebenso ergeben sich für β Werte von $\beta = 30^\circ$ bis ($30^\circ + 90^\circ$).

b) $\cos\alpha$ ist somit stets negativ, also wird der Ausdruck für $N_1 = -\,i_2 \cdot E_1 \cos\alpha$ stets positiv. $N_2 = i_3 \cdot E_2 \cos\beta$ wird negativ für $\varphi > 60^\circ$ ($\beta > 90^\circ$). Damit das Wattmeter nach der richtigen Seite ausschlägt, ist der Strom in der Spannungsspule umzukehren; die Angaben der Wattmeter sind dann zu subtrahieren.

c) N_1 ist stets größer als N_2, nur für $\varphi = 0^\circ$ ($\beta = 30^\circ$) wird $N_1 = N_2$.

Es wird weiter, da nach Voraussetzung $i_1 = i_2 = i_3 = i$ und $E_1 = E_2 = E_3 = E$ ist:

$$\begin{aligned} \boldsymbol{N} &= \boldsymbol{-\,i \cdot E \cdot \cos(150^\circ + \varphi) + i \cdot E \cos(30^\circ + \varphi)} \\ &= \boldsymbol{c \cdot (\alpha_1 + \alpha_2)} \end{aligned} \qquad \textbf{(21)}$$

$$N = i E \cdot 2\cos 30^\circ \cdot \cos\varphi = i \cdot E \cdot 2\,\frac{\sqrt{3}}{2}\cos\varphi\,,$$

$$N = \sqrt{3} \cdot J E \cos\varphi\,,$$

wenn $i = J$ (Sternschaltung) eingesetzt wird.

Ausführung der Leistungsmessung für Sternschaltung mit einem Wattmeter. Nach Dr. Breitfeld[1]) kann die Leistungsmessung bei Sternschaltung und gleicher Phasenbelastung mit einem Wattmeter durch Umschalten der Spannungsspule ausgeführt werden (Fig. 69). Die Stromspule wird dabei, da $i_1 = i_2 = i_3$ ist, vom Strome i_1 der Phase 1 durchflossen. Liegt

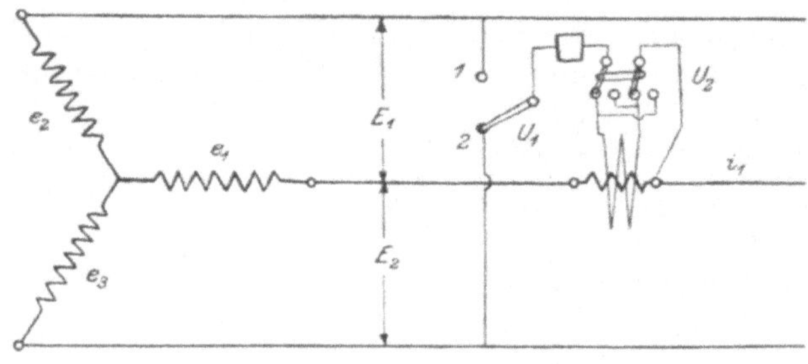

Fig. 69.

der Umschalter U_1 auf Punkt 1, so ist die Spannungsspule an $(e_2 - e_1) = -E_1$, liegt er auf Punkt 2, so ist sie an $(e_3 - e_1) = E_2$ angeschlossen.

b) Dreieckschaltung. Nach Diagramm Fig. 70 wird:

$$i_1 = i_2 = i_3 = i, \qquad e_1 = e_2 = e_3 = e = E,$$
$$J_1 = J_2 = J_3 = J = \sqrt{3} \cdot i \qquad \varphi_1 = \varphi_2 = \varphi_3 = \varphi.$$

Nach Ableitung S. 69 war:

$$N = N_1 + N_2 = \frac{1}{T}\int_0^T (i_{3t} - i_{1t})\, e_{3t}\, dt + \frac{1}{T}\int_0^T (i_{1t} - i_{2t}) \cdot - e_{2t}\, dt,$$

Bildet man vektoriell (s. Fig. 70) die Werte $(i_{3t} - i_{1t})$ und $(i_{1t} - i_{2t})$ und führt man gleichzeitig die Effektivwerte ein, so erhält man:

$$N = J_2 \cdot e_3 \cdot \cos\alpha - J_1 \cdot e_2 \cos\beta = c \cdot (a_1 + a_2) \quad . \quad . \quad . \quad (22)$$

Ähnlich wie bei den Ableitungen für Sternschaltung ergibt sich hier:

a) α schwankt, je nach der Größe des Winkels φ (0° bis 90°) zwischen 30° und $(30^\circ - 90^\circ) = -60^\circ$; β zwischen 150° und $(150^\circ - 90^\circ) = 60^\circ$.

---

[1]) ETZ 1899.

b) $\cos\alpha$ und somit N_1 ist sonach stets positiv. $\cos\beta$ ist negativ für eine Phasenverschiebung φ zwischen 0° und 60° ($\beta = 150^\circ$ bis 90°). Für diese Werte wird N_2 positiv. Für $\varphi > 60^\circ$ wird $\cos\beta$ positiv, N_2 also negativ. Der Ausschlag erfolgt in umgekehrter Richtung. Die Angaben der Wattmeter sind zu subtrahieren.

c) N_2 ist stets kleiner als N_1, nur für $\varphi = 0^\circ$ ist $N_2 = N_1$.

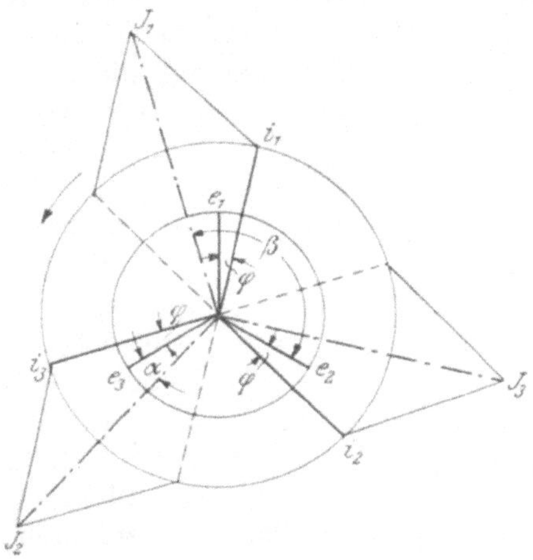

Fig. 70.

Weiterhin ergibt sich, wenn man wie bei der Sternschaltung vorgeht:

$$N = J \cdot e \cos(30^\circ - \varphi) - J e \cos(150^\circ - \varphi)\,,$$

$$N = J \cdot e \cdot 2 \cos 30^\circ \cos\varphi = J \cdot e \cdot 2 \cdot \frac{\sqrt{3}}{2} \cdot \cos\varphi\,,$$

endlich:

$$N = \sqrt{3} \cdot J \cdot E \cdot \cos\varphi\,,$$

wenn man die von Amperemeter und Voltmeter angezeigten Werte J und $e = E$ einsetzt.

Verwendet man die Phasenwerte, so ergibt sich für Stern- wie für Dreieckschaltung:

$$N = 3\, e \cdot i \cos\varphi\,.$$

c) **Die Messung mit einem Wattmeter und Umschalter** (für die Stromspule) geschieht für Stern- und Dreieckschaltung nach den Angaben S. 70.

Bestimmung des Leistungsfaktors.

Der Leistungsfaktor $\cos\varphi$ ist das Verhältnis der wirklichen zu den scheinbaren Watt. Für Einphasenstrom gilt:

$$\cos\varphi = \frac{N}{J \cdot E}.$$

Zu seiner Ermittlung müssen der effektive Strom J, die effektive Spannung E, die wirklichen Watt $N = J \cdot E \cos\varphi$ gemessen werden.

Auch bei solchen Maschinen, die keine sinusförmigen Stromkurven liefern, läßt er sich immer auf diese Weise bestimmen.

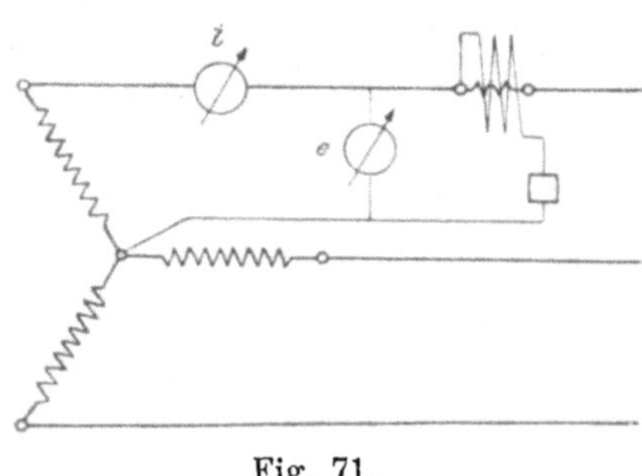

Fig. 71.

Bei Dreiphasenstrom muß man zur genauen Bestimmung des Leistungsfaktors je drei Ampere-, Volt- und Wattmeter benutzen, mit denen man nur die Ströme, Spannungen und Leistungen der einzelnen Phasen messen darf. Bei gleicher Belastung der Phasen (z. B. bei Motoren) braucht man die Messungen nur in einer Phase auszuführen. Es ist dann wenn N die Leistung der drei Phasen bezeichnet:

$$\cos\varphi = \frac{N}{3 \cdot e \cdot i}.$$

Für Sternschaltung gilt Fig. 71; bei nicht zugänglichem Knotenpunkt Fig. 63 II. Für Dreieckschaltung ist Fig. 64 maßgebend.

Bestimmung des Leistungsfaktors durch Zweiwattmetermessungen.

Bei sinusförmigen Strömen und gleicher Belastung der drei Phasen läßt sich der Leistungsfaktor mit Hilfe der Zweiwattmetermethoden sehr bequem bestimmen.

a) **Sternschaltung.** Nach Gl. (21) war:

$$N = N_1 + N_2 = -i \cdot E \cos(150^0 + \varphi) + i \cdot E \cos(30^0 + \varphi)$$
$$N_1 + N_2 = i \cdot E \cdot \sqrt{3} \cdot \cos\varphi = c \cdot (\alpha_1 + \alpha_2).$$

Ebenso findet man:

$$N_1 - N_2 = i \cdot E \cdot 2 \sin 30^0 \cdot \sin\varphi = i \cdot E \cdot \sin\varphi = c \cdot (\alpha_1 - \alpha_2).$$

Bildung des Ausdruckes $\frac{N_1 - N_2}{N_1 + N_2}$ und Umgestaltung gibt:

$$\operatorname{tg} \varphi = \sqrt{3} \cdot \frac{N_1 - N_2}{N_1 + N_2} = \sqrt{3} \, \frac{\alpha_1 - \alpha_2}{\alpha_1 + \alpha_2} \quad . \quad . \quad . \quad (23)$$

Dreieckschaltung. Unter Benutzung der Gl. (22) bildet man ebenso wie bei Sternschaltung die Ausdrücke $(N_1 + N_2)$ und $(N_1 - N_2)$ und erhält dasselbe Resultat:

$$\operatorname{tg} \varphi = \sqrt{3} \, \frac{\alpha_1 - \alpha_2}{\alpha_1 + \alpha_2}.$$

Zu $\operatorname{tg} \varphi$ ergibt sich dann $\cos \varphi$.

b) Bestimmung des $\cos \varphi$ mittels der Kurve $\frac{\alpha_2}{\alpha_1} = f(\cos \varphi)$.

Am einfachsten gestaltet sich die Bestimmung des $\cos \varphi$ durch Bildung des Quotienten $\frac{\alpha_2}{\alpha_1} = \frac{N_2}{N_1}$ und Ablesung des zugehörigen Wertes $\cos \varphi$ aus der Kurventafel Fig. 72.

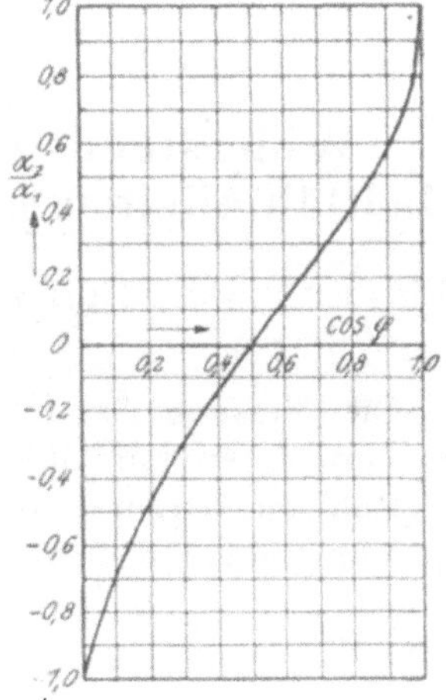

Fig. 72.

Die Ableitung dieser Kurve erfolgt einfach nach den Gl. (21) und (22). Man nimmt für φ verschiedene Werte an, z. B. $\varphi = 0^\circ$, 30°, 60°, 90°, usw., bildet N_1 und N_2, sowie den Quotienten $\frac{N_2}{N_1} = \frac{\alpha_2}{\alpha_1}$ und trägt letzteren als f $(\cos \varphi)$ auf.

Für Sternschaltung erhält man so für einige Werte von φ folgende Tabelle:

φ	$\cos \varphi$	$N_1 = - i E \cos (150^\circ + \varphi)$	$N_2 = i \cdot E \cos (30^\circ + \varphi)$	$\frac{N_2}{N_1} = \frac{\alpha_2}{\alpha_1}$
0	1	$i \cdot E \cdot \frac{1}{2} \cdot \sqrt{3}$	$i \cdot E \cdot \frac{1}{2} \cdot \sqrt{3}$	1,0
30°	$1/2 \cdot \sqrt{3}$	$i \cdot E \cdot 1$	$i \cdot E \cdot \frac{1}{2}$	0,5
60°	$\frac{1}{2}$	$i \cdot E \cdot \frac{1}{2} \cdot \sqrt{3}$	$i \cdot E \cdot 0$	0
90°	0	$i \cdot E \cdot 1/2$	$- i E \cdot 1/2$	— 1,0

c) Kontrolliert kann der $\cos\varphi$ werden, der sich nach den Methoden a und b ergeben hat, unter Benutzung der Gleichung

$$N = \sqrt{3} \cdot E \cdot J \cos\varphi$$

$$\cos\varphi = \frac{N}{\sqrt{3} \cdot JE} \quad \ldots \ldots \quad (24)$$

Übereinstimmende Werte zwischen dieser Methode und den anderen erhält man nur bei reinen Sinuskurven. Bei Abweichungen von der Sinusform gibt letztere Gleichung meist um einige Prozent geringere Werte.

Dritter Abschnitt.

Widerstandsbestimmung, Messung von Leitfähigkeiten und Temperaturkoeffizienten.

Widerstandsbestimmung durch Strom- und Spannungsmessung.

Die Messung des Ohmschen Widerstandes läßt sich immer am einfachsten mit Gleichstrom ausführen.

Ruft ein Strom i an den Enden eines Widerstandes x den Spannungsabfall e hervor, so ergibt sich:

$$x = \frac{e}{i} \quad \ldots \ldots \ldots \quad (25)$$

Zu unterscheiden sind folgende Schaltungen:

a) Nach Fig. 73. Der Strom im Widerstande x beträgt

$$i_1 = i - i_2 = i - \frac{e}{g},$$

wo g der Widerstand des Voltmeters V ist. Somit:

$$x = \frac{e}{i - \frac{e}{g}} \quad \ldots \ldots \quad (25a)$$

Bei kleinen Widerständen x und Verwendung eines Voltmeters mit hohem Widerstand g kann die Gl. (25) anstatt der korrigierten verwendet werden; in diesem Falle wird der Voltmeterstrom klein gegen den Strom im Widerstand x.

b) Nach Fig. 74. Die Spannung am Widerstande x ist infolge des Spannungsabfalles im Amperemeter A vom Widerstande g_A

$$e_1 = e - i_1 g_A.$$

Somit:

$$x = \frac{e - i_1 \cdot g_A}{i_1} \quad \ldots \ldots \quad (25\text{b})$$

Bei Messung großer Widerstände wird der Spannungsabfall im Amperemeter vernachlässigbar sein, so daß die Gl. (25) verwendet werden kann.

Anwendung der Widerstandsmessung nach dieser Methode. Sie eignet sich sowohl zur Messung von mittleren und kleineren

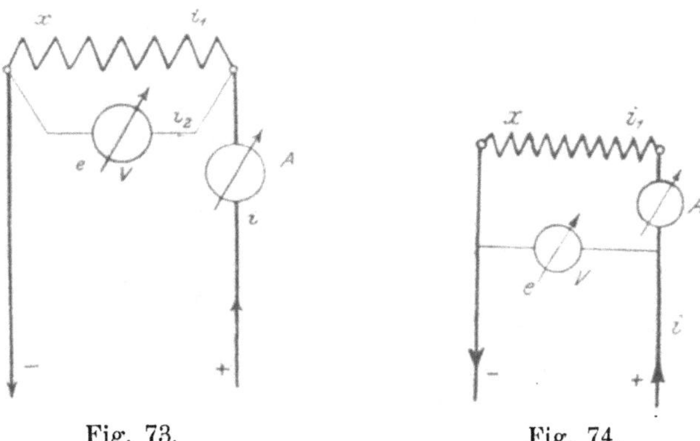

Fig. 73. Fig. 74.

Widerständen (Schaltung nach Fig. 73), wie Glühlampen, Anker, Feldspulen, als auch zur Bestimmung hoher und höchster Widerstände (Schaltung nach Fig. 74), wie Isolationen. Passende Wahl von Stromstärken und Instrumenten ist Bedingung. Im letztgenannten Fall werden Meßspannungen bis 1000 V und hochempfindliche Galvanometer benutzt.

Auf die Meßgenauigkeit haben Einfluß die Übergangswiderstände an den Verbindungsstellen.

Widerstandsbestimmung durch Vertauschung.

Da bei dieser Methode stets zwei Messungen vorzunehmen sind, so ist Bedingung, daß die verwendete Stromquelle eine konstante EMK liefert (Akkumulatoren).

Zu unterscheiden sind folgende Schaltungen:

a) Nach Fig. 75. 1. Das Voltmeter V (Galvanometer) mit dem Widerstande g wird zur Messung der Spannungsverluste im Widerstande x und im Vergleichswiderstand r benutzt, x und r liegen dabei in Serie. Ist r regulierbar, so reguliert man in beiden Fällen auf gleichen Voltmeterausschlag ein. Dann ist:

$$\boldsymbol{x = r} \quad . \quad . \quad . \quad . \quad . \quad . \quad . \quad . \quad (26)$$

2) Ist $r \gtreqless x$ und nicht regulierbar, so ist der Galvanometerstrom, also auch dessen Ausschlag, proportional den Spannungsverlusten in den Widerständen x und r. Setzt man ein Instrument mit gleichmäßiger Teilung (Drehspulgalvanometer) voraus, so gilt, wenn i_{gx} und i_{gr} die Galvanometerströme, i_x und i_r die Ströme in den Widerständen, je nachdem das Instrument an x oder r liegt, bedeuten:

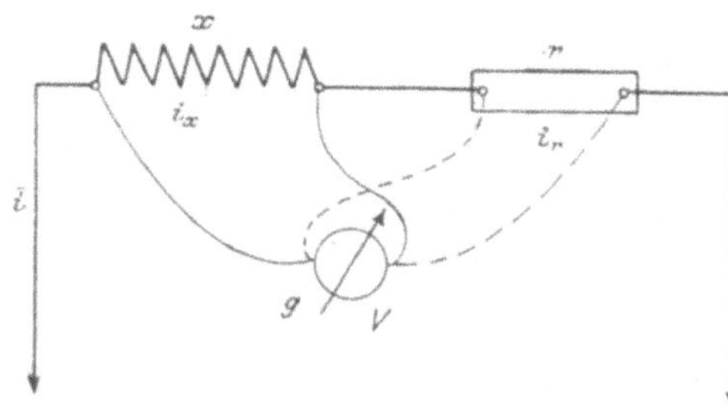

Fig. 75.

$$i_{gx} = \frac{i_x \cdot x}{g} = c \cdot \alpha_x,$$

$$i_{gr} = \frac{i_r \cdot r}{g} = c \cdot \alpha_r.$$

Wenn der Widerstand des Instruments genügend hoch ist, so kann der Galvanometerstrom in beiden Fällen vernachlässigt werden. Man kann dann setzen:

$$i_x = i_r = i.$$

Division beider Ausdrücke gibt $\frac{x}{r} = \frac{\alpha_x}{\alpha_r}$, woraus folgt:

$$\boldsymbol{x = r \cdot \frac{\alpha_x}{\alpha_r}} \quad . \quad . \quad . \quad . \quad . \quad . \quad . \quad . \quad (26\text{a})$$

Der Widerstand r soll wenigstens angenähert so groß wie x sein.

b) Nach Fig. 76. 1. Mittels des Schalters U wird einmal der Widerstand x mit dem Amperemeter (Galvanometer) A in Serie gelegt, dann der Widerstand r. Ist r regulierbar, so stellt man auf gleiche Ablenkung ein. Dann ist wie oben:

$$x = r.$$

2. Wenn $r \gtreqless x$ ist, so gilt (g = Widerstand des Instrumentes) unter Vernachlässigung des inneren Widerstandes der Batterie:

$$i_x \cdot (g + x) = i_r \cdot (g + r),$$

$$c\,\alpha_x (g + x) = c \cdot \alpha_r (g + r),$$

$$x = \frac{\alpha_r}{\alpha_x} \cdot (g + r) - g \quad . \; . \; . \quad (27)$$

Ist r und x sehr groß im Vergleich zu g, so vereinfacht sich die Gleichung:

$$x = r\,\frac{\alpha_r}{\alpha_x} \quad . \; . \; . \; . \; . \; . \quad \mathbf{(27\,a)}$$

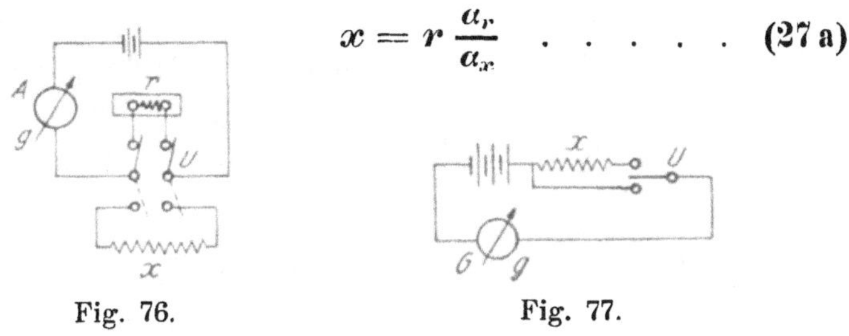

Fig. 76. Fig. 77.

3. Man kann auch folgenden Weg einschlagen, wenn der Instrumentwiderstand g klein ist gegen x. Beobachtet man bei $r_1\,\Omega$ einen Ausschlag α_1, bei $r_2\,\Omega$ einen Ausschlag α_2 und bei $x\,\Omega$ einen Ausschlag α_x, wobei r_1 und r_2 so zu wählen sind, daß $\alpha_1 > \alpha_x > \alpha_2$ wird, so gilt die Gleichung

$$x = r_1 + \frac{\alpha_1 - \alpha_x}{\alpha_1 - \alpha_2} \cdot (r_2 - r_1) \quad . \; . \; . \; . \quad (27\,b)$$

c) Nach Fig. 77 (Abänderung der Methode b). Der Widerstand r ist weggelassen, an seine Stelle tritt Instrument G mit hohem Widerstand g (am besten ein Präzisionsvoltmeter). Bedeuten α_x und α_g die Instrumentausschläge je nach der Stellung von U, so ergibt sich:

$$x = g \cdot \left(\frac{\alpha_g}{\alpha_x} - 1\right) \quad . \; . \; . \; . \; . \; . \quad \mathbf{(28)}$$

Anwendung dieser Methoden. Abgesehen von dem Fall, daß $r = x$ eingestellt werden kann, liefern die Schaltungen nach Fig. 75 (für kleine und mittlere Widerstände) und Fig. 76 (für mittlere und hohe Widerstände) mäßig genaue Resultate. Schaltung nach Fig. 77 wird nur zur Messung hoher und höchster Widerstände benutzt (Isolationsmessung).

Nullmethoden zur Widerstandsbestimmung.

a) Wheatstonesches Viereck.

Allgemeines. Die älteste Nullmethode ist die Messung von Widerständen im Wheatstone-Viereck nach Fig. 78. Es sind drei bekannte Widerstände a, b und r mit dem unbekannten x zu einem Viereck verbunden, in dessen eine Diagonale AC die Meßbatterie E eingeschaltet ist, während ein Galvanometer G in der zweiten Diagonale BD, der sogenannten Brücke, liegt.

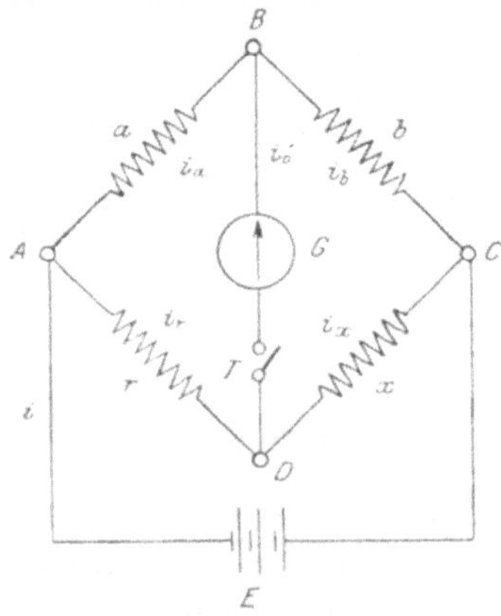

Fig 78.

Wenn die Brücke (das Galvanometer) stromlos, also $i_0 = 0$ ist, so sind die Produkte der gegenüberliegenden Widerstände einander gleich:

$$a \cdot x = b \cdot r.$$

Folglich gilt für den unbekannten Widerstand x:

$$x = r \cdot \frac{b}{a} \quad . \quad . \quad . \quad . \quad . \quad (29)$$

Beweis. Ist $i_0 = 0$, so ist:
1) $i_a = i_b$ und $i_r = i_x$;
2) der Spannungsverlust von A nach B gleich dem Spannungsverlust von A nach D, also: $i_a \cdot a = i_r \cdot r$;
3) der Spannungsverlust von B nach C gleich dem Spannungsverlust von D nach C, also: $i_b \cdot b = i_x \cdot x$.

Durch Teilung der beiden letzten Gleichungen erhält man:

$$\frac{i_a \cdot a}{i_b \cdot b} = \frac{i_r \cdot r}{i_x \cdot x}.$$

Mit Berücksichtigung von $i_a = i_b$ und $i_r = i_x$ erhält man (Gl. 29).

Häufig wird der Widerstand $a + b$ in Form eines Drahtes von überall möglichst gleichem Widerstand bzw. Querschnitt ausgeführt. Da dann die Beziehung gilt $\frac{b}{a} = \frac{l_2}{l_1}$, so kann man an Stelle des Widerstandsverhältnisses in Gl. (29) das Längenverhältnis einführen. Längs des Drahtes wird ein Gleitkontakt (B in Fig. 79) verschoben, bis das Galvanometer stromlos wird. Zu bemerken ist noch:

1. Für viele genaue Messungen zieht man Brücken aus Widerstandssätzen vor, da bei der anderen Ausführung das Längenverhältnis nicht immer mit dem Widerstandsverhältnis übereinstimmt.

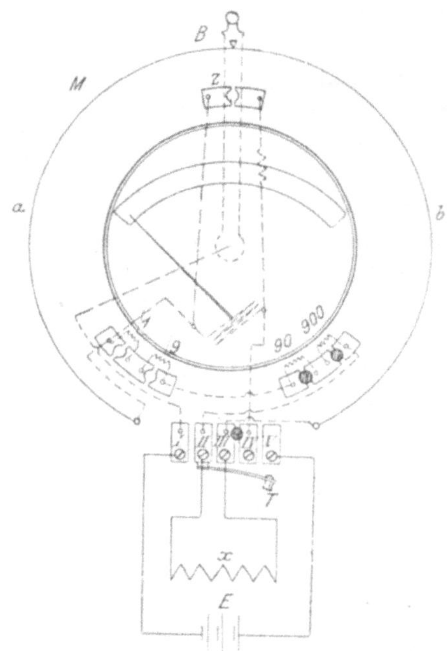

Fig. 79.

2. Größte Genauigkeit bei einer Messung wird erzielt, wenn die vier Zweige der Brücke annähernd gleichen Widerstand haben.

3. Die Brückengleichung bleibt bestehen, wenn Batterie und Galvanometer vertauscht werden (Fig. 81).

4. Die Meßgenauigkeit dieser Methode wird nicht beeinflußt von Spannungsschwankungen der Batterie.

Anwendung. Geeignet ist die Methode vorwiegend zur Messung von mittleren und größeren Widerständen (1 $\div$ 1000 Ω). Für kleine Widerstände (unter 1 Ω)

Fig. 80.

bilden die Übergangswiderstände, sowie die der Zuleitungs- und Verbindungsdrähte eine Fehlerquelle. Man verwendet in diesem Falle die Brückenanordnungen von Hockin & Matthiessen, sowie von Thomson.

Ausführungen. Die Ausführung einer Drahtbrücke in runder Form zeigen die Fig. 79 und 80. (Universalgalvanometer von Siemens & Halske). Das Galvanometer ist ein Drehspulinstrument, wodurch der Apparat auch für Strom- und Spannungsmessungen verwendet werden kann. Auf dem Meßdraht M wird der Kontakt B so lange verschoben bis das Galvanometer beim Schließen des Tasters T keinen Ausschlag mehr gibt. Das Verhältnis $\frac{b}{a}$ kann direkt bei der betreffenden Stellung von B abgelesen werden. Der Widerstand r wird so gestöpselt, daß er entweder 1, 10, 100 oder 1000 Ω beträgt. Die Messung wird am genauesten, wenn bei stromlosem Galvanometer die Abschnitte b und a ungefähr gleich sind. r ist also so zu wählen, daß $r \sim x$ ist. I, II, III, IV, V sind Kontaktplatten. Für Widerstandsmessungen muß der Stöpsel zwischen III und IV gesteckt und der bei z gezogen sein. Auf dem Deckel des Instrumentes sind alle für die verschiedenen möglichen Messungen erforderlichen Schaltungen eingeätzt. Die Schaltung zeigt Fig. 81.

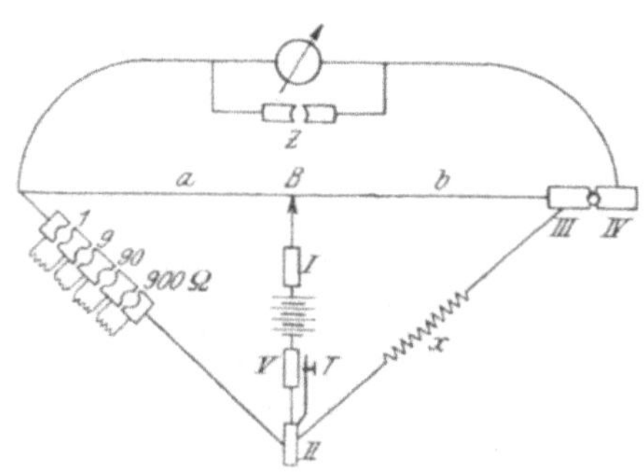

Fig. 81.

Das Instrument ist geeignet für Widerstände bis 30 000 Ω. Die Meßbatterie muß für hohe Widerstände stark genug sein, so daß kleine Verschiebungen von B noch merkliche Differenzen des Zeigerausschlages bewirken. Der Meßstrom darf jedoch 0,5 A nicht übersteigen.

b) Brückenmessung nach Hockin & Matthiessen.

In Fig. 82 ist AC der Meßdraht, r der bekannte Vergleichswiderstand, der dem unbekannten Widerstand x entsprechend ebenfalls klein sein muß. Der Widerstand x sei z. B. ein dicker Draht (Kupferstab für Ankerwicklungen). Man grenzt auf dem Draht ein Stück l_x ab, verbindet Punkt 1 desselben mit dem Galvanometer und verschiebt den Schleifkontakt B, bis das Galvanometer stromlos ist: Stellung B_1.

Ebenso werden noch drei andere Messungen vorgenommen, wobei sich bei stromlosem Galvanometer jeweils die Punkte entsprechen: 2 und B_2, 3 und B_3, 4 und B_4. Für den Widerstand x des Kupferstabes, der zwischen den Punkten 1 und 2 liegt, findet man:

$$x = r \cdot \frac{l_1}{l_2} \quad (30)$$

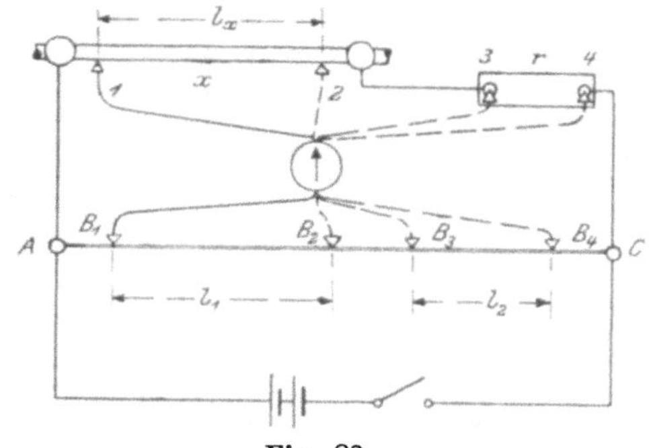

Fig. 82.

Beweis: Für stromloses Galvanometer sind die Potentiale in den Punkten 1 und B_1 einander gleich. Dasselbe gilt für die Punkte 2 und B_2 usw. Bezeichnet i_1 den Strom im Meßdraht AC, i_2 den Strom in x und r, V_1, V_2, V_3, V_4 die entsprechenden Potentiale, so gilt:

$$\left.\begin{aligned} V_1 - V_2 &= i_1 \cdot r_{l_1} = i_2 \cdot x \\ V_3 - V_4 &= i_1 \cdot r_{l_2} = i_2 \cdot r \end{aligned}\right\}$$ dabei sind r_{l_1} und r_{l_2} die den Längen l_1 und l_2 des Meßdrahtes entsprechenden Widerstände.

Division ergibt: $\frac{x}{r} = \frac{r_{l_1}}{r_{l_2}} = \frac{l_1}{l_2}$ und die obige Gleichung.

Anwendung. Der Einfluß der Zuleitungen und Übergangswiderstände an den Kontaktstellen der Widerstände ist hier vollkommen ausgeschaltet. Vorausgesetzt, daß der Meßdraht homogen und überall von gleichem Querschnitt ist und daß die Stromquelle während der Messung konstant bleibt, ist die Methode für die Bestimmung kleiner Widerstände recht genau. Ein Nachteil ist der, daß vier Einstellungen nötig sind.

c) Doppelbrücke von Thomson.

In Fig. 83 ist AC der Meßdraht, dessen Widerstand und Temperaturkoeffizient (falls er nicht aus Manganin ist) genau bekannt sind; x ist der unbekannte Widerstand, a, b, c, d sind bekannte Vergleichswiderstände, welche zueinander die Beziehung haben müssen:

$$\frac{a}{b} = \frac{c}{d}.$$

Bei richtiger Wahl dieses Widerstandsverhältnisses findet man durch Verschieben des Schleifkontaktes B einen Punkt auf dem Meßdraht, bei welchem das Galvanometer stromlos ist; in dem Fall gilt die Gleichung:

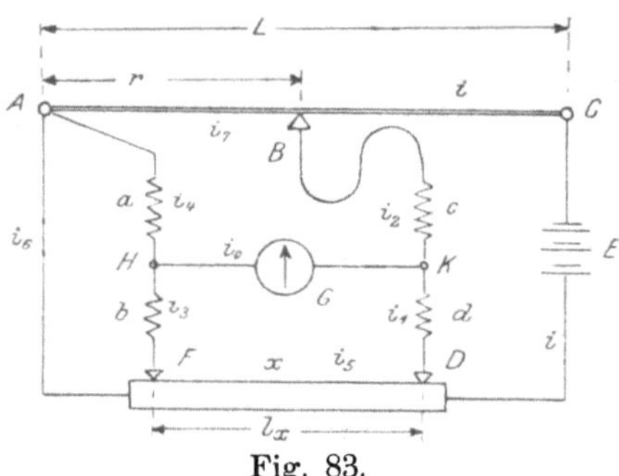

Fig. 83.

$$\frac{x}{r} = \frac{b}{a} = \frac{d}{c};$$

daraus folgt:

$$\boldsymbol{x = r \cdot \frac{b}{a} = r \cdot \frac{d}{c}} \quad \textbf{(31)}$$

Dabei ist $r = R \cdot \frac{\overline{AB}}{\overline{AC}}$, wenn R der Widerstand des ganzen Meßdrahtes AC ist. x ist der durch die sogenannten Spannungsdrähte F und D abgegrenzte Widerstand des Stückes l_x.

Beweis. Aus Fig. 83 ergibt sich für $i_0 = 0$:

$$i_1 = i_2, \qquad i_3 = i_4,$$
$$i_1 + i_5 = i, \qquad i_7 + i_2 = i,$$

folglich:

$$i_5 = i_7.$$

Ferner muß der Spannungsverlust von D nach K derselbe sein, wie von D über F nach H, und von H über A nach B muß ebenfalls der gleiche Spannungsverlust auftreten, wie von K nach B, also:

$$i_1 \cdot d = i_5 \cdot x + i_3 \cdot b,$$
$$i_1 \cdot c = i_3 \cdot a + i_5 \cdot r.$$

Dividiert man beide Gleichungen, so ergibt sich:

$$\frac{d}{c} = \frac{i_5 \cdot x + i_3 \cdot b}{i_3 \cdot a + i_5 \cdot r},$$

$$\frac{d}{c} \cdot i_3 \cdot a + \frac{d}{c} \cdot i_5 \cdot r = i_5 \cdot x + i_3 \cdot b;$$

setzt man für $\frac{d}{c}$ den Ausdruck $\frac{b}{a}$ ein, so wird:

$$\frac{b}{a} \cdot i_3 \cdot a + \frac{b}{a} \cdot i_5 \cdot r = i_5 \cdot x + i_3 \cdot b,$$

$$\frac{b}{a} \cdot i_5 \cdot r = i_5 \cdot x,$$

$$x = r \cdot \frac{b}{a} = r \cdot \frac{d}{c}.$$

Anwendung. Diese Methode kann verwendet werden zur Messung sehr kleiner Widerstände (Ankerwiderstände). Übergangswiderstände sind eliminiert.

Ausführungen. Siemens & Halske (Fig. 84). M ist der Meßdraht, der aus Manganin hergestellt wird und ungefähr 0,01 Ω Widerstand hat. Manganin hat einen Temperaturkoeffizienten von — 0,000 05 % für 1° C; innerhalb der normalen Temperaturschwankungen bleibt also der Widerstand des Meßdrahtes praktisch unverändert. Die Teilung des Meßdrahtes ist so ausgeführt, daß bei der jeweiligen Stellung von B der Widerstand r am Meßdraht gleich abgelesen werden kann. T_1 und T_2 sind Taster für das Galvanometer und die Batterie. Mit der Siemensschen Doppelbrücke lassen sich Widerstände zwischen 0,000 001 Ω und 0,1 Ω messen; es gilt die Gl. (31) und es muß die Bedingung erfüllt sein:

$$\frac{b}{a} = \frac{d}{c}.$$

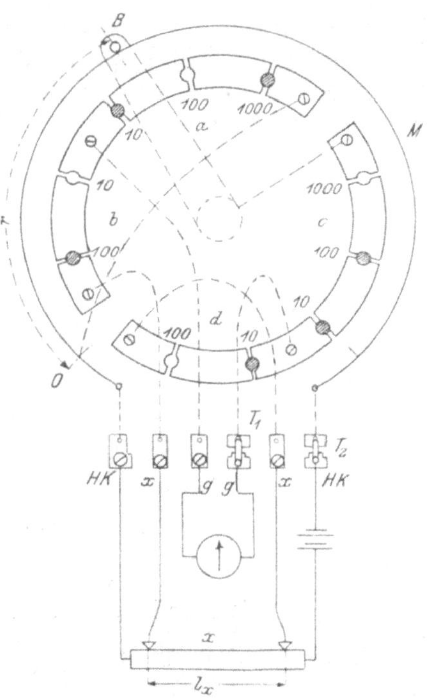

Fig. 84.

Siemens & Halske führen auch eine Doppelkurbelmeßbrücke aus, die in Thomsonschaltung einen Meßbereich von 0,000 0001 ÷ 1 Ohm, in Wheatstoneschaltung einen solchen von 0,1 ÷ 100 000 Ohm besitzt.

Hartmann & Braun Fig. 85. Die Brücke ist ebenfalls für die Messung von Widerständen zwischen 0,000 001 und 0,1 Ω geeignet. Für Widerstände, welche größer als 0,1 Ω sind, wird die gestrichelte Schaltung ausgeführt, wodurch die Vergleichswiderstände vertauscht werden, so daß in diesem Fall die Gleichung gilt:

$$x = \frac{a}{b} \cdot r .$$

Für Widerstände unter 0,1 Ω gilt die normale Gl. (31). Auch bei dieser Ausführung muß $\frac{b}{a} = \frac{d}{c}$ gemacht werden, und der Widerstand r ist beim Schleifkontakt direkt ablesbar. Die Brücke besitzt bei K besondere Einspannklemmen, um dicke Kupferstäbe einzuspannen, und ihre Spannungsdrähte sind mit Schneiden S versehen, deren Abstand l voneinander maßgebend für den gemessenen Widerstand ist.

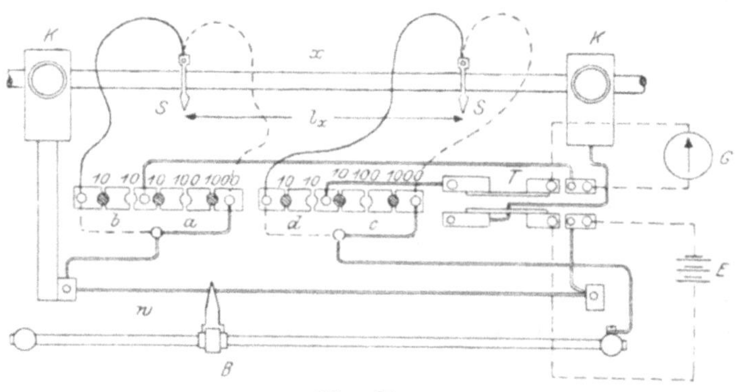

Fig. 85.

Die Weston Co. baut eine kombinierte Wheatstone-Thomsonbrücke mit verdeckten Kontakten und springenden Zahlen. Hervorzuheben ist bei dieser Ausführung die Einfachheit, mit der ohne jede Schaltungsänderung nur durch Einstecken eines einzigen Stöpsels von der Thomson- auf die Wheatstoneschaltung übergegangen werden kann.

Bestimmung der Leitfähigkeit.

Zur Ermittlung der Leitfähigkeit, insbesondere von kurzen, dicken Drähten (Kupferstäben und -drähten für Ankerwicklungen) eignen sich alle Methoden, welche für die Messung kleiner Widerstände verwendbar sind (Thomsonsche Brücke, Widerstandsmessung aus Strom und Spannung usw.).

Aus dem gemessenen Widerstand x eines Stückes von der Länge l_x (in m) und dem Querschnitt q (in mm²) bestimmt sich der spezifische Widerstand c (Widerstand des gleichen Materials von 1 m Länge und 1 mm² Querschnitt) zu:

$$c = \frac{x \cdot q}{l_x}$$

und die spezifische Leitfähigkeit λ zu:

$$\lambda = \frac{1}{c} = \frac{l_x}{x \cdot q} \quad (32)$$

Der Querschnitt q ist an möglichst vielen Stellen zu bestimmen und der Mittelwert in Rechnung zu setzen.

Genauer ist die Bestimmung von q durch Wägung. Das Stück (Fig. 86) wird zuerst in Luft (G_l kg), dann in destilliertem Wasser von 20° C gewogen (G_w kg). Somit Rauminhalt

$$V = G_l - G_w \text{ in dcm}^3$$

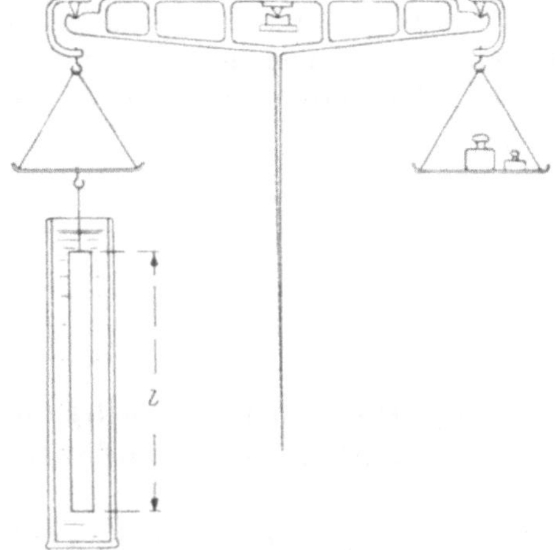

Fig. 86.

und $$q = 1{,}003 \cdot \frac{V}{l_x} \cdot 10^3 \text{ in mm}^2.$$

l_x ist in m einzusetzen. Die Korrektion 0,003 berücksichtigt die Wasserdichte und den Auftrieb in Luft.

Bestimmung des Temperaturkoeffizienten.

Der Widerstand r_2 eines Leiters bei t_2° berechnet sich, wenn sein Widerstand r_1 bei t_1° bekannt ist, nach der Gleichung:

$$r_2 = r_1 (1 + \alpha \cdot (t_2 - t_1)).$$

α ist in der Formel der Temperaturkoeffizient, d. i. die Widerstandsänderung, welche ein Widerstand von 1 Ohm bei einer Temperaturänderung von 1° C erfährt. α bestimmt sich aus der Gleichung zu:

$$\alpha = \frac{r_2 - r_1}{r_1 \cdot (t_2 - t_1)} \quad \ldots\ldots\ldots \quad (33)$$

Zur Ermittlung von α sind also zwei Widerstandsmessungen bei verschiedenen Temperaturen erforderlich (Widerstandsmessung nach Thomson oder Hockin & Matthiessen; erstere ist besser, da nur eine Einstellung erforderlich ist).

Man legt den Draht in ein Petroleumbad von t_1^0 und bestimmt gleichzeitig r_1. Das Petroleumgefäß stellt man in ein Wasserbad, welches am besten bis zum Sieden des Wassers erhitzt wird, da während desselben die Temperatur konstant bleibt. Man wartet, damit der Draht auch sicher die Temperatur des Petroleums angenommen hat, einige Zeit nach Siedebeginn, mißt dann t_2 des Petroleums, sowie r_2 und berechnet α.

Vierter Abschnitt.

Widerstandsmessungen an elektrischen Maschinen. Prüfung der Isolierung.

Messung von Magnetwiderständen.

a) Bei Stillstand der Maschinen.

Gleichstromnebenschluß- und synchrone Wechsel-(Drehstrom-)Maschinen. Die Magnetwiderstände derselben sind nach den für Widerstände mittlerer Größe in den Fig. 73, 75, 78 erläuterten Methoden zu bestimmen. Am bequemsten ist die Messung durch Bestimmung des Spannungsverlustes in denselben bei einer bekannten Stromstärke (Fig. 73).

Bei Verwendung der Wheatstoneschen Brücke (Fig. 78) ist zu beachten, daß infolge der Selbstinduktion der Magnetwicklung bei einer Änderung der durch diese fließenden Stromstärke eine elektromotorische Kraft induziert wird, welche störend auf das Galvanometer einwirkt. Der Taster T, durch dessen Öffnen und Schließen man sich überzeugt, ob die Brücke stromlos ist (ob also das Verhältnis $a : b = r : x$ erfüllt ist), muß zur Messung von Widerständen mit Selbstinduktion stets im Galvanometerzweig liegen, keinesfalls darf zu diesem Zweck die Anordnung so getroffen sein (vgl. Fig. 79/80), daß T den Meßstromkreis beim Öffnen und Schließen unterbricht. Ist die Brücke stromlos und der Taster richtig im Galvanometerzweige angeordnet, so entsteht beim Öffnen und Schließen desselben natürlich auch keine EMK im induktiven Widerstand x.

Asynchrone Motoren. Die Messung der Widerstände von deren Wicklungen s. S. 102.

b) Während des Betriebes.

Allgemeines. Die Magnetwiderstände von allen Maschinen, welche Gleichstrom für die Erregung verwenden, können während des Betriebes nach der Methode Fig. 73 gemessen werden.

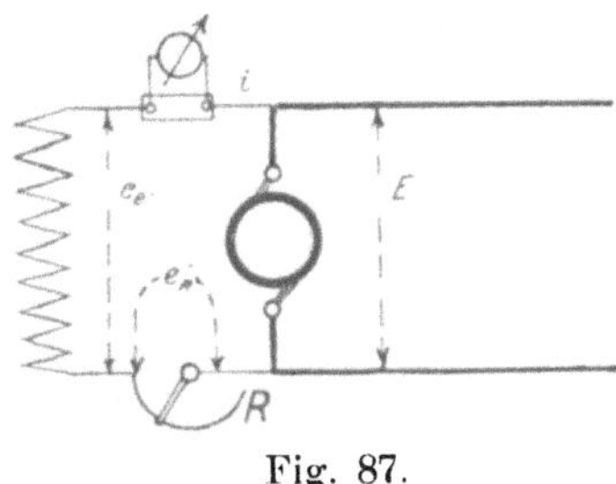

Fig. 87.

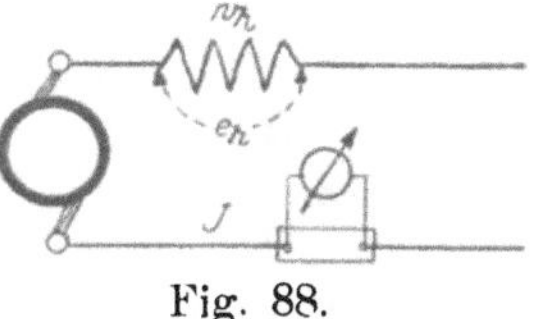

Fig. 88.

Gleichstrommaschinen. 1. Nebenschlußmaschinen. Schaltung gemäß Fig. 87. Es wird der Strom i und Spannungsverlust e_e gemessen, somit:

$$r_e = \frac{e_e}{i}.$$

Ebenso läßt sich der im Regler eingeschaltete Widerstand R bestimmen durch Messung von e_R, der Spannung an R. Es ergibt sich:

$$R = \frac{e_R}{i}.$$

Weiter ist der gesamte Widerstand des Nebenschlußkreises:

$$r_e + R = \frac{e_e}{i} + \frac{e_R}{i} = \frac{E}{i}.$$

2. Hauptstrommaschinen. Schaltung nach Fig. 88. Der Widerstand r_h der Magnetwicklung w_h ist:

$$r_h = \frac{e_h}{J}.$$

Besitzt die Hauptstrommaschine einen Regulierwiderstand parallel zum Magnetwiderstand zwecks Regelung ihrer Spannung, dann ist nach Fig. 89 das Amperemeter so zu schalten, daß nur der Strom in w_h allein gemessen wird.

3. Maschinen mit gemischter Schaltung. Je nach der Ausführung der Nebenschlußwicklung als kurzer oder langer Nebenschluß ist Schaltung nach Fig. 90 I oder 90 II zu ver-

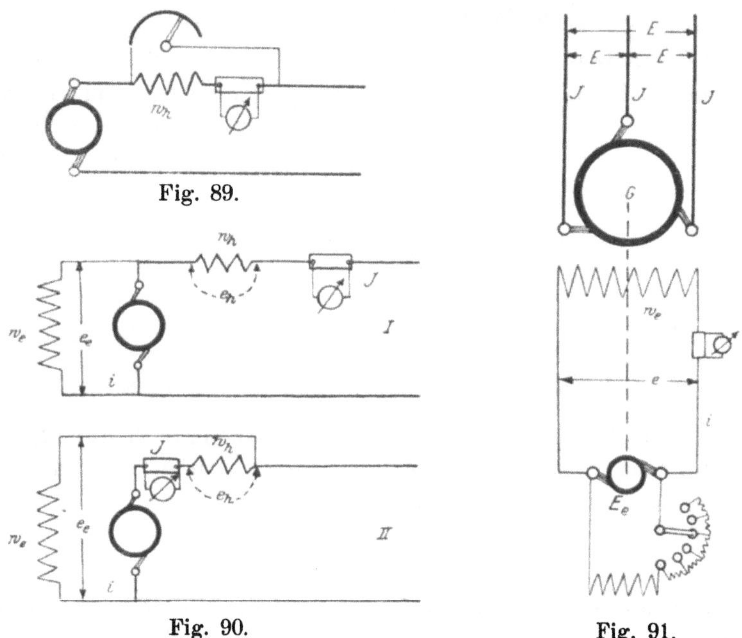

Fig. 89.

Fig. 90.

Fig. 91.

wenden. Die Widerstände r_e und r_h der Nebenschluß- bzw. Hauptstromwicklungen w_e und w_h ergeben sich zu:

$$r_e = \frac{e_e}{i}, \qquad r_h = \frac{e_h}{J}.$$

Synchronmaschinen. In Fig. 91 ist E_e die Gleichstromerregermaschine. Es ist auch hier der Widerstand r_e der Magnetwicklung w_e während des Betriebes meßbar:

$$r_e = \frac{e}{i}.$$

Messung von Ankerwiderständen.

a) Bei Gleichstrommaschinen.

Allgemeines. Ankerwiderstände sind immer kleine Widerstände. Sie müssen deshalb nach Hockin & Mathiessen oder mit der Doppelbrücke nach Thomson gemessen werden. Letztere Methode wird meistens angewandt, da bei ihr nur eine Einstellung erforderlich ist. Dies ermöglicht eine schnelle Messung des Ankerwiderstandes, was besonders für dessen Bestimmung im warmen Zustande (nach dem Stillsetzen der Maschine) von Wichtigkeit ist.

Außer den genannten Methoden kommen noch die Widerstandsbestimmungen aus Strom und Spannung Fig. 73 und nach der Vergleichsmethode Fig. 75 in Betracht. Beide liefern jedoch nicht so genaue Resultate, wie die Thomsonsche Doppelbrücke.

Bei der Messung können zwei Wege eingeschlagen werden:

1. Methode. Man läßt sämtliche Bürsten zur Stromzuführung auf dem Kollektor aufliegen und legt die Spannungsdrähte der Doppelbrücke (bzw. das Voltmeter bei den anderen Methoden) an zwei Lamellen, die unter entgegengesetzten Bürsten liegen. Man erhält nach dieser Messung sofort den wahren Ankerwiderstand. Die Genauigkeit der Meßresultate wird jedoch dadurch sehr in Frage gestellt, daß der ungleiche Bürstenübergangswiderstand eine ungleiche Stromverteilung in den verschiedenen Ankerstromzweigen (bei Parallel- und bei Serienparallelschaltung) bedingt.

2. Methode. Man führt den Strom nur an zwei bestimmten Stellen (Lamellen) zu; an diese sind auch die Spannungsdrähte der Doppelbrücke (bzw. das Voltmeter bei den anderen Methoden) anzuschließen. Der Nachteil ungleicher Stromverteilung ist hier nicht vorhanden. Die erwähnten Lamellen werden so bestimmt, daß sie die Ankerwicklung in zwei parallele Hälften teilen. Man mißt dann $^1/_4$ des Widerstandes aller Ankerelemente in Hintereinanderschaltung. Somit gilt:

Ist der nach dieser Methode gemessene Widerstand r_x und hat die Maschine $2a$ parallele Ankerzweige, so ist der wirkliche Widerstand des Ankers im Betriebe bei einfach geschlossener Wicklung

$$r_a = \frac{r_x \cdot 4}{(2a)^2} = \frac{r_x}{a^2} \quad \ldots \ldots \ldots \quad (34)$$

bei mehrfach (m-fach) geschlossener Wicklung

$$r_a = \frac{r_x \cdot 4}{m \cdot (2a)^2} = \frac{r_x}{m \cdot a^2} \quad \ldots \ldots \quad (34\,a)$$

Anwendung kann die letztgenannte Methode finden bei allen Wicklungen ohne Äquipotentialverbindungen.

In den nachstehenden Ableitungen gelten folgende Bezeichnungen[1]):

a = halbe Zahl der parallelen Ankerstromzweige.

b = beliebig gewählte ganze Zahl, deren Summe oder Differenz mit s durch $2p$ teilbar sein muß.

K = Zahl der Kollektorlamellen.

s = Zahl der wirksamen Spulenseiten auf dem Ankerumfange.

b_1 = Zahl der Leiter pro Spulenseite.

p = Zahl der Polpaare.

m = Zahl der einzelnen Wicklungen bei mehrfach geschlossener Ankerwicklung.

y = Wicklungsschritt.

y_1, y_2 Teilschritte. ($y = y_1 \pm y_2$).

y_k = Kollektorschritt.

y_p = Potentialschritt bei Äquipotentialverbindungen.

x = diejenige Zahl, die man zu einer Ausgangslamelle hinzuzählen muß, um eine Lamelle zu erhalten, die mit jener die Wicklung in zwei gleiche Hälften teilt.

n = die Zahl, die mit K multipliziert und von

$$x' = \frac{K}{2} \cdot y_k \quad \text{oder} \quad x' = \frac{K-1}{2} \cdot y_k$$

abgezogen, einen Rest (dieser Rest ist eben die gesuchte Zahl x, s. die folgenden Ausführungen) ergibt kleiner als K.

Es sei noch an folgende Sätze und Gleichungen erinnert:

1. Haben K und y_k den gemeinsamen Teiler m, so ist die Wicklung m-fach geschlossen.

2. Die Teilschritte y_1 und y_2 müssen ungerade Zahlen sein.

---

1) Bezeichnungen und Wicklungsformeln nach Arnold, Die Gleichstrommaschine, Verlag J. Springer, Berlin.

Wicklungen ohne Äquipotentialverbindungen[1]).

Die Anwendung der Methode 2 wird im nachstehenden für solche Wicklungen erläutert.

Für jede Wicklung ohne Äquipotentialverbindungen gilt die Regel: **Um diejenige Lamelle zu finden, welche mit einer beliebig gewählten die Ankerwicklung in zwei gleiche Hälften teilt, ist der Kollektorschritt so oft um den Kollektor zurückzulegen, als die halbe Zahl der Lamellen beträgt, also** $\frac{K}{2}$ **mal.**

Legt man nämlich den Kollektorschritt Kmal zurück, so trifft man wieder auf die Ausgangslamelle.

Für gerades bzw. ungerades K gelten die Gleichungen:

$$\left. \begin{aligned} x' &= \frac{K}{2} \cdot y_k \\ x' &= \frac{K-1}{2} \cdot y_k \end{aligned} \right\} \quad \ldots \ldots \ldots \quad (35)$$

In letzterem Falle, K ungerade, wird die Wicklung nicht genau in zwei Hälften geteilt, weil auf der einen Seite immer eine Spule mehr vorhanden ist (vgl. auch die Beispiele). Im allgemeinen ist jedoch die Gesamtzahl der induzierten Spulenseiten ziemlich groß, so daß der gemessene Widerstand r_x der Kombination $\frac{s+2}{2}$ Spulenseiten parallel geschaltet zu $\frac{s-2}{2}$ Spulenseiten, wenig abweicht von dem Werte r_x', für welchen in jedem Zweig genau $\frac{s}{2}$ Spulenseiten liegen müssen. Übrigens kann r_x' durch Rechnung bestimmt werden. Es verhält sich:

$$r_x' : r_x = \frac{\frac{s}{2} \cdot \frac{s}{2}}{\frac{s}{2} + \frac{s}{2}} : \frac{\frac{s+2}{2} \cdot \frac{s-2}{2}}{\frac{s+2}{2} + \frac{s-2}{2}}.$$

Daraus:

$$r_x' = r_x \frac{s^2}{s^2 - 4} {}^{2)} \quad \ldots \ldots \ldots \quad (36)$$

Damit die Zahl der Schwankungen des erzeugten Gleichstromes nicht zu groß wird, muß eine bestimmte geringste Lamellenzahl überhaupt vor-

---

1) Wettler, ETZ 1902, S. 8.

2) Merkwürdigerweise findet man in der Literatur die falsche Gleichung angegeben $r_x' = r_x \cdot \frac{s^2}{s^2 - 1}$ (s = Zahl der wirksamen Spulenseiten). Diese Gleichung wäre nur richtig, wenn s die Zahl der Spulen bedeuten würde.

handen sein. Nach Arnold sind bei einer Schwankung des Gleichstromes von 1,1% pro Polpaar 15 Lamellen nötig.

Beispiel. Es sei $p = 2$ und damit $K = 30$ als geringste Zahl gewählt; um ungerade Lamellenzahl zu erhalten, sei $K = 31$ ausgeführt. Die Zahl der Spulenseiten beträgt dann $s = 62$. In der einen Hälfte der Wicklung liegen somit 32, in der anderen 30 Spulenseiten. Jede Spulenseite habe $r\ \Omega$ Widerstand. Der gemessene Widerstand r_x beträgt:

$$r_x = \frac{32\,r \cdot 30\,r}{(30\,r + 32\,r)} = 15{,}48\,r.$$

Bei genauer Teilung würde sich ergeben: $r_x' = \frac{31\,r \cdot 31\,r}{(31\,r + 31\,r)} = 15{,}5\,r.$

Der geringe Unterschied von 1,29‰ zwischen r_x und r_x' ist zu vernachlässigen.

In den späteren Beispielen wurde nur der Übersichtlichkeit wegen K stets klein angenommen.

x' ist vielfach größer als K. Man zieht dann K n mal von x' ab und erhält die gesuchte Zahl x.

$$\left.\begin{aligned} &\textbf{K gerade:} && x = x' - n \cdot K = \frac{K}{2} \cdot y_k - n \cdot K \\ &\textbf{K ungerade:} && x = x' - n \cdot K = \frac{K-1}{2} \cdot y_k - n \cdot K \end{aligned}\right\} \quad (37)$$

Weiter ergibt sich für:

$$\alpha)\ x' < K \cdots n = 0 \qquad x = x' \quad \ldots\ldots \quad (37\,\text{a})$$

$$\beta)\ x' > K \cdots K \text{ gerade: } n = \frac{\frac{K}{2} \cdot y_k}{K} = \frac{y_k - 1}{2} \quad (37\,\text{b})$$

Begründung der letzten Umformung: Für eine einfach geschlossene Wicklung müssen K und y_k teilerfremd sein. Ist, wie vorausgesetzt, K gerade, so muß y_k ungerade sein. Um n als ganze Zahl zu erhalten, muß gebildet werden $\frac{y_k - 1}{2}$.

Setzt man den Wert für n aus Gl. (37b) in Gl. (37) für K gerade ein, so erhält man leicht:

$$x = \frac{K}{2},$$

d. h.: Bei gerader Lamellenzahl liegen die beiden Lamellen, welche die Wicklung in zwei Hälften teilen, immer um die Hälfte der gesamten Lamellen entfernt, also auf demselben Durchmesser, einander gegenüber.

$$\gamma)\ x' > K \cdots K \text{ ungerade: } n = \frac{\frac{K-1}{2} \cdot y_k}{K} \quad (37\,\text{c})$$

Geht in diesem Falle die Division nicht auf, so ist für n die ganze Zahl zu nehmen. Die Stellen hinter dem Komma sind zu streichen. Beispiel: Für $K = 11$ und $y_k = 8$ gibt Gl. (37c) $n = 3{,}63$, also gilt $n = 3$.

Die Gleichungen (37, 37a, b, c) lassen sich sinngemäß für jede Wicklung ohne Äquipotentialverbindungen anwenden.

Schleifenwicklung. Nach Arnold gelten die Wicklungsformeln:

$$\left.\begin{aligned} y_1 &= \frac{s \pm b}{2p} \pm \frac{2a}{p}, \\ y_2 &= \frac{s \pm b}{2p}, \\ y &= y_1 - y_2 = \pm \frac{2a}{p}, \\ a &= p,\ 2p,\ 3p \cdots \text{ einfache und mehrfache Parallelschaltung,} \\ y_k &= \pm \frac{a}{p}. \end{aligned}\right\} \quad (38)$$

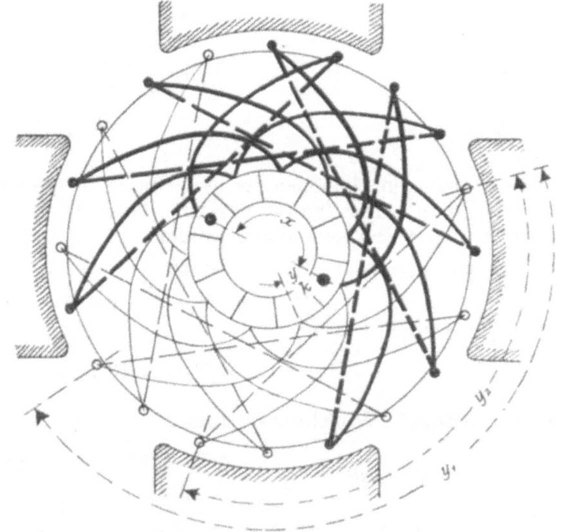

Fig. 92.

Beispiel 1. K gerade $= 10$ $\quad s = 20 \quad p = 2 \quad a = 2$
$y_1 = 9 \quad y_2 = 7 \quad y = 2 \quad y_k = 1$.

Es wird $n = 0$ und $x = x'$ [Gl. (37)]:

$$x = \frac{K}{2} \cdot y_k = 5.$$

Es ist (wie auch für die weiteren Beispiele) gleichgültig, ob x links oder rechts herum gezählt wird. Die Wicklungshälften sind in Fig. 92 usw. verschieden stark ausgezogen.

Beispiel 2. K ungerade $= 11 \quad s = 22 \quad p = 2 \quad a = 2$

$$y_1 = 9 \quad y_2 = 7 \quad y_k = 1.$$

Es ergibt sich nach den Gl. (37) $n < 1$, folglich ist zu setzen:

$$n = 0 \quad \text{und} \quad x = x' = \frac{K-1}{2} \cdot y_k = 5.$$

In Fig. 93 sind die zusammengehörigen Lamellen mit schwarzen Punkten gezeichnet. Zählt man von der Ausgangslamelle nach rechts

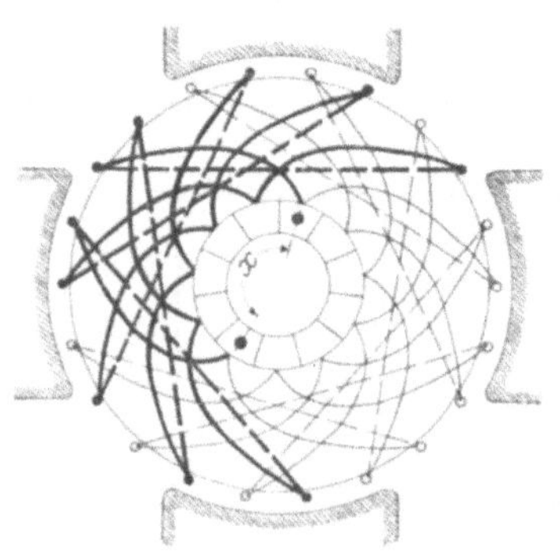

Fig. 93.

Fig. 94.

herum, so gelangt man auf die neben der bezeichneten befindliche Lamelle. Das Meßergebnis ist in beiden Fällen dasselbe, wenn nicht, so kann aus beiden Resultaten das Mittel genommen werden.

Beispiel 3. K ungerade $= 11 \quad s = 22 \quad p = 2 \quad a = 2p$

$$y_1 = 9 \quad y_2 = 5 \quad y = 4 \quad y_k = 2.$$

Es ergibt sich wieder:

$$n = 0 \quad \text{und} \quad x = \frac{K-1}{2} \cdot y_k = 5 \cdot 2 = 10 \text{ (Fig. 94).}$$

Wellenwicklung. Wicklungsformeln:

$$\left.\begin{array}{l} y = y_1 + y_2 = \dfrac{s \pm 2a}{p}, \\ a = 1 \text{ Reihen-}, \quad a = p \text{ Parallel-}, \\ a \gtreqless p \text{ Reihenparallelschaltung}, \\ y_1 \sim y_2 \sim \dfrac{y}{2}, \\ y_k = \dfrac{K \pm a}{p}. \end{array}\right\} \quad . \quad . \quad . \quad (39)$$

Beispiel 4.

K ungerade $= 11$ $s = 22$ $p = 2$ $a = 1$ (Reihenschaltung)

$y_1 = 7$ $y_2 = 5$ $y_k = 6$.

Anwendung der Gl. (37) und (37c) ergibt:

$$n = \frac{\frac{K-1}{2} y_k}{K} = \frac{\frac{11-1}{2} \cdot 6}{11} = 2{,}73 \cdots = 2,$$

$$x = \frac{K-1}{2} \cdot y_k - nK = \frac{11-1}{2} \cdot 6 - 2 \cdot 11 = 8.$$

Es ist wiederum gleichgültig, ob man in der Fig. 95 von der oberen bezeichneten nach rechts oder nach links herum weiter schreitet.

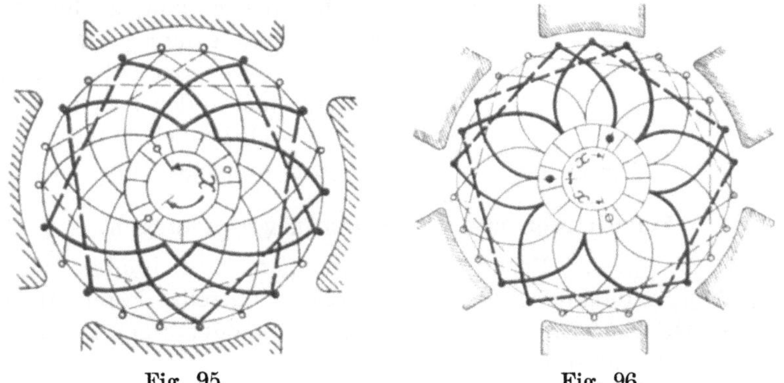

Fig. 95. Fig. 96.

Beispiel 5.

K ungerade $= 13$ $s = 26$ $p = 3$ $a = 2$ (Reihenparallelschaltung)

$y_1 = y_2 = 5$ $y = 10$ $y_k = 5$.

Nach den Gl. (37) und (37c) erhält man:

$$n = \frac{\frac{K-1}{2} y_k}{K} = \frac{\frac{13-1}{2} \cdot 5}{13} = 2{,}30 = 2,$$

$$x = \frac{K-1}{2} \cdot y_k - n \cdot K = \frac{13-1}{2} \cdot 5 - 2 \cdot 13 = 4.$$

Beide Lamellen, zu welchen man von einer Ausgangslamelle gelangen kann, sind gekennzeichnet (Fig. 96).

Mehrfach geschlossene Wicklungen. Die Gl. (35) und (37) sind auch für diese gültig.

Beispiel 6. K ungerade $= 15$ $s = 30$ $p = 3$ $a = 3$

$y_1 = 7$ $y_2 = 5$ $y = 12$ $y_k = 6$.

K und y_k haben den gemeinschaftlichen Teiler 3, es sind daher drei geschlossene Wicklungen vorhanden, welche in der Fig. 97 auch einzeln hervorgehoben sind.

Die Gl. (37) ergeben:

$$n = 2 \quad \text{und} \quad x = 12.$$

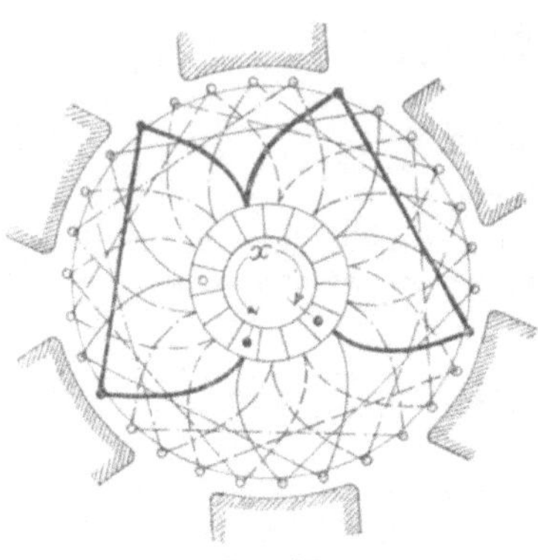

Fig. 97.

Wie aus Fig. 97 hervorgeht, wird nur eine der drei Wicklungen gemessen; um die beiden anderen Wicklungen ebenfalls zu messen, muß man die Zuführungsdrähte der Thomsonbrücke jedesmal um eine Lamelle nach rechts oder links verschieben.

Die Werte von x für die Widerstandsmessung nach dieser Methode (zwei parallele Ankerhälften) sind in der Tabelle S. 99 der Übersichtlichkeit halber nochmals zusammengestellt.

Wicklungen mit Äquipotentialverbindungen.

Allgemeines. Bei diesen Wicklungen sind immer solche Lamellen miteinander verbunden, welche dasselbe Potential besitzen. Die Entfernung von solchen zusammengehörigen Lamellen wird als Potentialschritt y_p bezeichnet.

Wie bereits erwähnt, kann bei Wicklungen mit Äquipotentialverbindungen die Widerstandsmessung in zwei parallelen Hälften nicht vorgenommen werden. Bestimmt man den Widerstand nach den folgenden Angaben, so ist weiter zu beachten:

Bei Wicklungen mit Äquipotentialverbindungen ist der gemessene Widerstand r_x gleich dem Ankerwiderstand r_a der betriebsfertigen Maschine.

$$r_x = r_a \quad \text{. . . . .} \quad (40)$$

Schleifenwicklung. Bedingung für Äquipotentialverbindungen: $\frac{K}{p}$ muß eine ganze Zahl sein. Der Potentialschritt ist

$$y_p = \frac{K}{p}.$$

Strom- und Spannungsdrähte der Doppelbrücke liegen an Lamellen, welche um $\frac{y_p}{2}$, bzw. um $\frac{y_p - 1}{2}$ voneinander entfernt

Werte von x für Trommelwicklungen (ohne Äquipotentialverbindungen).

Art der Wicklung	Zahl der Kollektorlamellen K	a	x	n	Bemerkungen
Schleifenwicklung . . .	gerade Zahl	$\gtreqless 1$	$x = \frac{K}{2}$	0	Wenn in den für n angegebenen Gleichungen die Division nicht aufgeht, ist für n die ganze Zahl des Dezimalbruches zu nehmen
Wellenwicklung einfach geschlossen					
Wellenwicklung mehrfach geschlossen					
Schleifenwicklung . . .	ungerade	$\gtreqless 1$	$x = \frac{K-1}{2}$	0	$y_k = 1$
Schleifenwicklung . . .	ungerade	$\gtreqless 1$	$x = \frac{K-1}{2} \cdot y_k - n \cdot K$	$n = \frac{\frac{K-1}{2} \cdot y_k}{K}$	$y_k > 1$
Wellenwicklung einfach geschlossen	ungerade	$\gtreqless 1$	$x = \frac{K-1}{2} \cdot y_k - n \cdot K$	$n = \frac{\frac{K-1}{2} \cdot y_k}{K}$	
Wellenwicklung mehrfach geschlossen	ungerade	$\gtreqless 1$	$x = \frac{K-1}{2} \cdot y_k - n \cdot K$	$n = \frac{\frac{K-1}{2} \cdot y_k}{K}$	

sind, je nachdem y_p gerade oder ungerade ist. Die Entfernung der Meßdrähte kann auch ein ungerades Vielfaches dieser Werte betragen.

Wellenwicklung. Bedingung für Äquipotentialverbindungen: $a > 1$. Bei Reihenparallelschaltung ist die Zahl der Bürsten (Stromabnahmestellen) gleich der Zahl der parallelen Ankerstromzweige $2a$. Man kann nach Arnold auch nur zwei Bürsten ver-

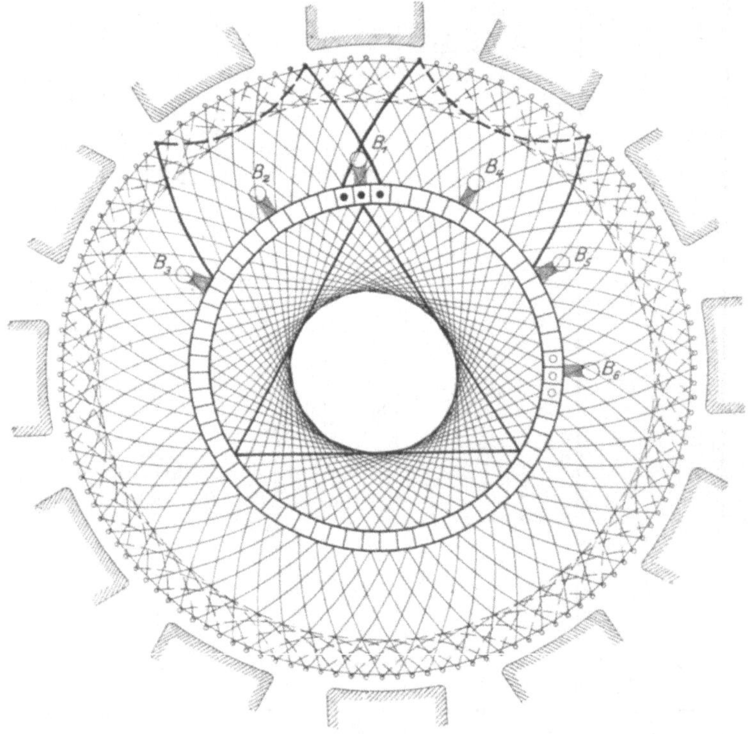

Fig. 98.

wenden, diese müssen aber dann je a Lamellen gleichzeitig bedecken. Grund: Die neben der normalen Lamelle gelegenen Lamellen sind immer nur durch eine Spule mit den Bürsten gleicher Polarität verbunden, und der Widerstand dieser einen Spule ist gegenüber dem Gesamtwiderstand des Ankers klein.

In Fig. 98 sind z. B. die Lamellen neben derjenigen, auf welcher die Bürste B_1 liegt, durch die dicker gezeichneten Spulen mit den gleichpoligen Bürsten B_3 und B_5 verbunden.

Ferner ergibt sich für Wellenwicklungen mit Äquipotentialverbindungen:

1. Der Potentialschritt beträgt $y_p = \frac{K}{a}$.

2. Die Stromabnahmestellen ungleicher Polarität sind immer um $\frac{K}{2p}$ oder ein ungerades Vielfaches von $\frac{K}{2p}$ Lamellen voneinander entfernt.

Zur Widerstandsmessung schließt man die Stromzuführungsdrähte an zwei Bürsten ungleicher Polarität an, welche a nebeneinander liegende Lamellen gleichmäßig bedecken. Die anderen Bürsten sind sämtlich abzuheben. Die Spannungsdrähte müssen ebenfalls diese a Lamellen berühren. Der gemessene Widerstand ist $r_x = r_a$.

Beispiel: In Fig. 98 ist $K = 63$, $p = 6$, $a = 3$, $y_p = \frac{63}{3} = 21$. Infolgedessen sind $2a$ Stromabnahmestellen vorhanden, welche um $\frac{K}{2p} = \frac{63}{12} = 5{,}25$ Lamellen voneinander entfernt sind. Die Anschlußstellen für die Messung können auch um ein ungerades Vielfaches von $\frac{K}{2p}$ auseinander liegen.

Als Anschlußstellen für die Messung werden B_1 und B_6 gewählt. Entfernung 15,75 Lamellen. Auf die beiden Bürstenstifte werden drei Bürsten aus Kupfer zur Stromzuführung aufgesetzt. Diese bedecken die drei nebeneinander liegenden Lamellen, mit denen auch die Spannungsdrähte zu verbinden sind. Die anderen Bürsten werden abgehoben.

b) Bei Synchronmaschinen.

Allgemeines. Die Ankerwiderstände von ein- und mehrphasigen Wechselstrommaschinen sind je nach der Spannung, für welche die Wicklung bestimmt ist, von kleiner bis mittlerer Größenordnung, so daß auch hier die bei Gleichstrommaschinen genannten Meßmethoden, insbesondere jene mit der Thomsonschen Brücke, in Frage kommen. Bei Dreiphasenmaschinen ist zwischen Stern- und Dreieckschaltung zu unterscheiden.

Sternschaltung. Ist der Knotenpunkt zugänglich, so können die Phasenwiderstände r_1, r_2, r_3 gemessen werden, bei nicht zugänglichem Knotenpunkt sind die verketteten Widerstände zu messen (Fig. 99).

$$R_1 = r_1 + r_2\,, \qquad R_2 = r_2 + r_3\,, \qquad R_3 = r_3 + r_1\,.$$

Hieraus ergeben sich durch Einsetzen die Werte der einzelnen Phasen zu:

$$r_1 = \frac{R_1 + R_3 - R_2}{2}, \quad r_2 = \frac{R_1 + R_2 - R_3}{2}, \quad r_3 = \frac{R_3 + R_2 - R_1}{2}.$$

Dreieckschaltung. Die Phasenverbindungen werden geöffnet und die Phasenwiderstände r_1, r_2, r_3 einzeln gemessen (Fig. 100). Ist die Lösung der Verbindungen nicht möglich, so erfolgt die Messung an den Punkten 1 und 2, 2 und 3, 3 und 1 (Fig. 101)

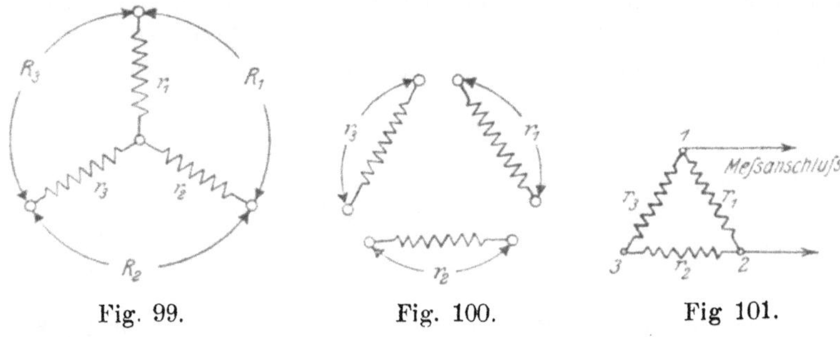

Fig. 99. Fig. 100. Fig 101.

Dabei liegt immer eine Phase parallel zu zwei in Serie geschalteten. Sind die drei erhaltenen Resultate nicht sehr verschieden, so ist der Phasenwiderstand:

$$r = r_1 = r_2 = r_3 = \frac{3}{2} \cdot R.$$

Darin ist $R = R_1 = R_2 = R_3$ der gemessene Widerstand.

Weichen R_1, R_2, R_3 stärker voneinander ab, so dienen zur Bestimmung von r_1, r_2, r_3 die Gleichungen:

$$\frac{1}{R_1} = \frac{1}{r_1} + \frac{1}{r_2 + r_3}, \quad \frac{1}{R_2} = \frac{1}{r_2} + \frac{1}{r_3 + r_1}, \quad \frac{1}{R_3} = \frac{1}{r_3} + \frac{1}{r_1 + r_2}.$$

c) Bei Asynchronmotoren.

Stator- und Rotorwicklungen haben ebenfalls kleine Widerstände, so daß hinsichtlich der Messung der Phasen in Stern- und Dreieckschaltung auf das bei Synchronmaschinen Gesagte verwiesen werden kann. Bei Kurzschlußankern ist eine Widerstandsbestimmung weder zweckmäßig noch üblich.

Messung des Bürstenübergangs-, Bürsten- und Gesamtankerwiderstandes.

Der Bürstenübergangswiderstand[1]. Von Einfluß auf die Größe desselben sind: Das Material von Bürsten und Kommutator, der Druck, mit dem die Bürsten aufliegen, die spezifische Stromstärke an der Übergangsstelle, die Kommutatorgeschwindigkeit, sowie die Beschaffenheit der Kommutatoroberfläche. Diesen Punkten ist bei der Messung entsprechend Rechnung zu tragen, d. h. der Übergangswiderstand $r_ü$ ist möglichst unter den beim Betrieb vorliegenden Verhältnissen zu messen. Verfahren:

a) Man setzt auf einen Bürstenstift eine Bürste isoliert, eine zweite direkt auf (die anderen Bürsten sind abzuheben), dann wird bei normaler Drehzahl und Drehrichtung ein Meßstrom $i = J$, $^3/_4 J$ usw. (J normaler Betriebsstrom) durch beide geleitet und der Spannungsverlust $e_ü$ zwischen beiden Bürsten möglichst nahe an den Übergangsstellen gemessen. $r_ü'$ pro Bürste ist dann $r_ü' = \frac{e_ü}{2\,i}$, und der Übergangswiderstand im Betriebe ist, da stets eine positive und eine negative Bürste in Betracht kommen (vgl. a. Gl. 41a: $2k$-Bürstenstifte!):

$$r_ü = 2\,r_ü' = \frac{e_ü}{i} \quad . \; . \; . \; . \; . \; . \; . \; . \quad (41)$$

b) Bei insgesamt $2\,k$ Bürstenstiften (angenommen sei 1 Bürste pro Stift) hebt man $(2\,k - 2)$ Bürsten ab, löst die Verbindung der noch aufliegenden zwei **gleichpoligen** Bürsten und mißt bei normaler Drehrichtung und Drehgeschwindigkeit den durch den Meßstrom $i = J$, $^3/_4 J$, $^1/_2 J$ usw. hervorgerufenen Spannungsabfall $e_ü$, wie unter a). $r_ü'$ pro Bürste ist: $r_ü' = \frac{e_ü}{2\,i}$, und sonach ergibt sich bei k Stiften gleicher Polarität als gesamter Übergangswiderstand:

$$\boldsymbol{r_ü = \frac{2\,r_ü'}{k} = \frac{e_ü}{i \cdot k}} \quad . \; . \; . \; . \; . \quad \mathbf{(41\,a)}$$

Bei dieser Messung ist noch ein kleiner Teil der Ankerwicklung vom Meßstrom durchflossen, der Widerstand desselben kann vernachlässigt werden.

[1] Über die Messung desselben s. auch Erläuterungen zu den Normalien des VdE, ferner ETZ 1900, S. 429; ETZ 1906, S. 450; ETZ 1906, S. 892.

Der Bürstenwiderstand. Bei Metallbürsten ist der Bürstenwiderstand $r_{bü}$ verschwindend klein, bei Kohlenbürsten infolge des höheren spezifischen Widerstandes etwas höher. Bei der Messung an der Maschine ist darauf zu achten, daß der Übergangswiderstand $r_ü$ nicht mitgemessen wird.

Meistens werden jedoch $r_ü$ und $r_{bü}$ nicht getrennt gemessen, sondern die Summe $r_{bü} + r_ü$ bestimmt. Die Messung ist dieselbe, wie bei den beschriebenen Methoden a und b. Das Voltmeter ist an die betreffenden Bürsten so anzuschließen, daß sowohl der Spannungsabfall in den Bürsten, wie im Übergangswiderstand gemessen wird.

Wegen der Kleinheit von $r_{bü}$ kann auch angenähert gesetzt werden: $r_{bü} + r_ü \sim r_ü$.

Der Gesamtankerwiderstand. Stehen besondere Hilfsmittel, wie Thomsonbrücke usw., nicht zur Verfügung (z. B. wenn eine Messung an bereits montierten Maschinen vorgenommen werden soll), so kann der Gesamtwiderstand des Ankers $R_a = r_a + r_ü + r_{bü}$ folgendermaßen ermittelt werden:

Bei normaler Drehzahl läßt man die Maschine unerregt laufen. Man mißt an den Ankerklemmen die Remanenzspannung e'. Treibt man durch den Anker einen Meßstrom $i = J$, $^3/_4 J$, $^1/_2 J$ usw., so zeigt das Voltmeter an:

$$e_1 = e' + i \cdot R_a .$$

Kehrt man die Stromrichtung von i um, so mißt man

$$e_2 = e' - i \cdot R_a .$$

Aus beiden Messungen folgt

$$R_a = \frac{e_1 - e_2}{2i} \qquad \text{(41 b)}$$

Die Bestimmung ist, wie angegeben, für verschiedene Meßströme i durchzuführen, da speziell der Übergangswiderstand wesentlich vom Strome abhängt.

Prüfung der Isolierung.

Allgemeines. Früher beurteilte man die Güte der Isolation von Maschinen und Apparaten nach der Größe des Isolationswiderstandes. Derselbe hängt jedoch sehr von dem augenblicklichen Zustande der Maschine, sowie von der Höhe der zur Messung verwendeten Spannung ab. Aus diesen Gründen wird heute die Bestimmung dieses Widerstandes nicht mehr vorgeschrieben (vorgenommen wird letztere dagegen bei Installationen und Leitungsanlagen), wohl aber eine Prüfung auf Isolierfestigkeit (Durchschlagsprobe), die nach der Fertigstellung der Maschine durchzuführen ist. Außerdem prüft man aber auch schon während der Fabrikation, ob die einzelnen Teile die ihnen später zukommenden Spannungen aushalten.

Prüfung fertiger Maschinen. Die in den Normalien des VdE. (vgl. die § 26 bis 32) vorgeschriebenen Prüfungsspannungen können aus der folgenden Tabelle entnommen werden.

Gegenstand	Betriebsspannung E	Prüfspannung E'	Kleinste vorgeschriebene Prüfspannung E'_{min}
Maschinen und Transformatoren	$E \leqq 40$ V	$E' = 500$ V	$E'_{min} = E'$
	$E = 40$ V ÷ 5000 V	$E' = 2{,}5\ E$	$E'_{min} = 1000$ V
	$E = 5000$ V ÷ 7500 V	$E' = E + 7500$	—
	$E = 7500$ V ÷ 50000 V	$E' = 2\ E$	—
	$E > 50000$ V	Prüfung n. besonderer Vereinbarung	
Fremderregte Magnetwicklungen	Erregerspannung e	$E' = 3\ e$	$E'_{min} = 1000$ V
Sekundäranker von Asynchronmotoren	Anlaßspannung E	$E' = 2{,}5\ E$	$E'_{min} = 500$ V
Kurzschlußanker	Prüfung ist nicht erforderlich		

Zu bemerken ist:

1. Die angeführten Prüfspannungen gelten unter der Annahme, daß die Prüfung mit Wechselstrom vorgenommen wird (effektive Werte bei sinusförmigem Verlauf). Wird Gleichstrom zur Prüfung benutzt, so muß die Prüfspannung 1,4 mal so hoch genommen werden, wie angegeben.

2. Die Dauer der Prüfung beträgt 1 Minute. Vornahme möglichst im warmen Zustande der Maschine (also am besten im Anschluß an die Dauerprobe).

3. Zu prüfen sind: α) Die Wicklungen gegen das Gestell; β) elektrisch getrennte Wicklungen gegeneinander, wobei als Prüf-

spannung immer die höchste sich nach der Tabelle ergebende Spannung zu nehmen ist.

4. Maschinen und Transformatoren sollen eine um 30 % erhöhte Betriebsspannung 5 Minuten lang aushalten können.

Die Prüfung selbst kann mit Anordnungen, ähnlich den in Fig. 102 und 103 dargestellten, vorgenommen werden.

Prüfung einzelner Teile. a) Gleichstromprüfung nach Fig. 102. Anwendbar bei fertigen Ankern und Magnetgestellen. Zum Schutz gegen zu starken Strom infolge Durchschlagens der Isolation wird ein Widerstand W in die Leitung gelegt. Ist die Isolation der Wicklung gegen das Eisen des Ankers gut, dann ist $i = 0$ oder jedenfalls verschwindend klein, und die volle Spannung $E_1 = E$ wirkt auf die Isolierung. Wird an irgendeiner Stelle die Isolierung durchschlagen,, so entsteht ein stärkerer Strom, der aber wegen des Widerstandes W keine gefährliche Höhe erreichen kann. Die durchgeschlagene Stelle wird sichtbar durch die dort auftretende Rauchbildung und durch Schwarzbrennen der Isolierung. Dasselbe Verfahren kann man auch anwenden, um die Isolierung der einzelnen Spulen eines Gleichstromankers gegeneinander zu messen, bevor der Kommutator am Anker befestigt ist.

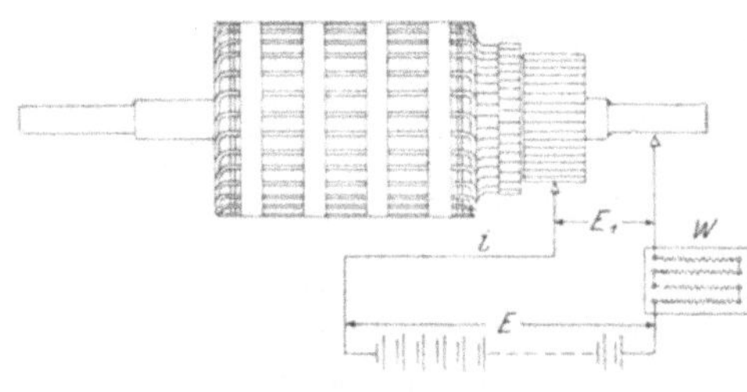

Fig. 102.

E_1 wird durch ein an diese Stelle geschaltetes Voltmeter gemessen. Tritt ein Durchschlagen der Isolation ein, so sinkt E_1 sofort wegen des Spannungsverlustes im Widerstand W.

b) Wechselstromprüfung. 1. Nach Fig. 103 läßt man die Sekundärspannung der Wicklung S_2 eines kleinen Transformators auf die Isolation wirken. Die Primärspule S_1 des Transformators liegt an einem kleinen Wechselstromgenerator G, der mit einem Gleichstrommotor M gekuppelt ist. Durch Veränderung der Umlaufszahl von M und durch Regulieren des Magnetstromes von G ist die Primärspannung in weiten Grenzen veränderlich, und die herauftransformierte Sekundärspannung kann auf beliebige Werte eingestellt werden. Ist die Isolation gut, so bleibt der Strom $i_2 = 0$ oder entsprechend dem Isolationsstrom außerordentlich schwach. Beim Durchschlagen der Isolation entsteht aber ein starker Strom i_2, der sofort durch gleichzeitiges starkes Anwachsen des Primärstromes i_1, bemerkt wird. Der Strom i_2 erhitzt schließlich die schadhafte Stelle und macht sie dadurch in derselben Weise kenntlich wie bei der vorigen Methode.

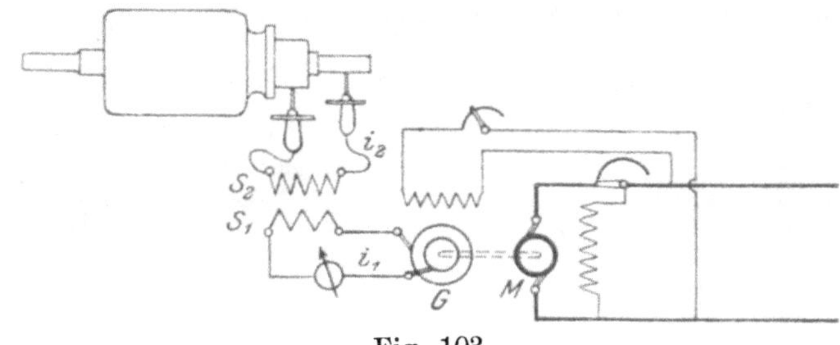

Fig. 103.

2. Magnetspulen und Formspulen für Anker können in einer Einrichtung nach Fig. 104 geprüft werden. Man legt die fertig gewickelten Spulen F über den mittleren Kern des Unterteiles B und setzt dann das Oberteil A auf, welches eine Spule besitzt, an die Wechselstrom angeschlossen wird. Diese Spule ist die Primärwicklung eines Transformators, dessen Sekundärwicklung die aufgeschobenen Formspulen F sind. Ist die Isolierung dieser Spulen, in denen durch das Wechselfeld elektromotorische Kräfte induziert werden, gut, so entsteht in ihnen kein Strom, weil ihre Enden offen sind. Sobald aber infolge eines Isolierfehlers an einer Stelle ein Durchschlag erfolgt, entsteht bei dem geringen Widerstand der Spulen ein stärkerer Strom, der den Transformator sekundär belastet und sofort sichtbar wird, wenn man in die Primärspule ein Amperemeter schaltet. Dieses zeigt durch Steigen des Zeigerausschlags einen erfolgten Durchschlag an.

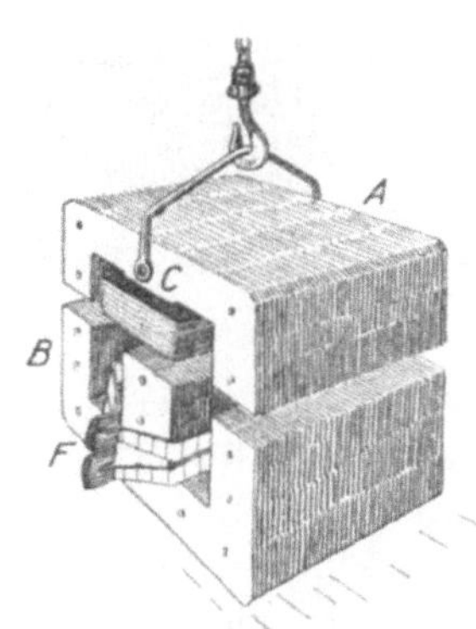

Fig. 104.

Mit dem Prüftransformator von Siemens & Halske nach Fig. 105 kann man ebenfalls die eben beschriebene Prüfung vornehmen. Der Transformator besteht aus zwei Teilen, dem unteren U-förmigen Teil B, welcher bei C die Primärspule besitzt, und dem oberen abnehmbaren

Jochstück A, über welches die zu prüfenden Formspulen F zu mehreren nebeneinander geschoben werden können. Die Firma Siemens & Halske liefert zur Veränderung der Induktion in den Prüfspulen einen besonderen Reguliertransformator, an den man die Spule C anschließt. Der Transformator dient aber auch zum Prüfen ganzer Anker. Dies geschieht nach Fig. 106 durch Aufsetzen des Ankers auf den Magneten von Fig. 105, dessen Oberteil A abgenommen wurde, oder auch durch das umgekehrte Verfahren nach Fig. 108. Ein erfolgter Isolationsdurchschlag wird auch

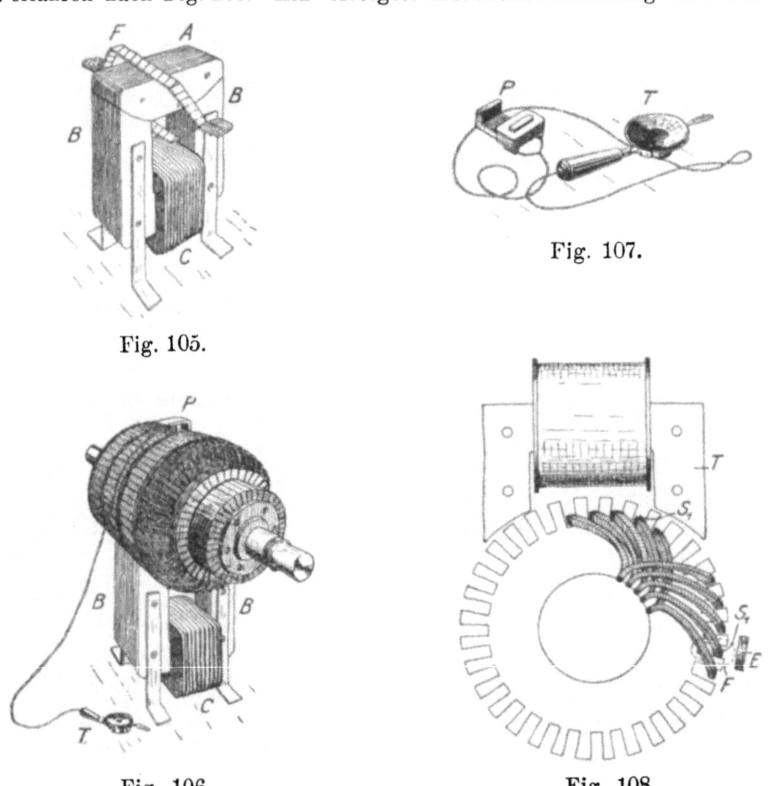

Fig. 105.

Fig. 106.

Fig. 107.

Fig. 108.

hier wieder durch ein Ansteigen des Primärstromes in der Spule des Magneten angezeigt. Um die schadhafte Spule selbst zu finden, benutzt man in Fig. 108 ein kleines Eisenstück E; dieses wird, sobald man es über eine schadhafte Spule bringt, durch deren Magnetfeld angezogen. Durch Drehen des Ankers und Aufsetzen des Transformators auf immer neue Stellen kann man alle Spulen der Reihe nach untersuchen. Um aber auch sehr geringe Isolationsfehler, deren Widerstand nur einen schwachen Strom in der betreffenden Spule zuläßt, finden zu können, führen Siemens & Halske die Einrichtung nach Fig. 107 aus. Man setzt dann, wie Fig. 106

zeigt, oder in Fig. 108 an Stelle des Eisenstückes die kleine, mit U-förmigem Eisenkörper versehene Induktionsspule auf den Anker und kann durch die Anwendung des Telephons, welches an diese Spule angeschlossen wird, schon geringe Durchschlagsströme erkennen.

3. Bei **Wechselstromankern** kann man sogar die Primärwicklung des Transformators sparen und nur einen unbewickelten Eisenblechkörper K auf den Ankerkörper nach Fig. 109 aufsetzen. Man muß dann eine der Ankerspulen, hier z. B. S_1 verwenden,

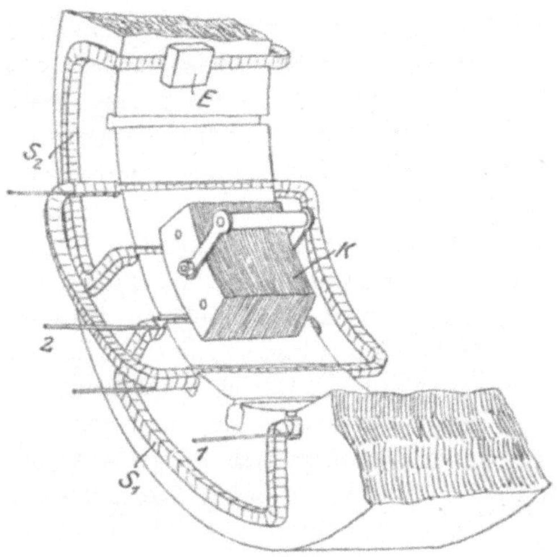

Fig. 109.

um sie mit Wechselstrom zu speisen, der an ihre Enden *1* und *2* angeschlossen wird. Das Feld der Spule S_1 findet in K seinen Rückschluß und induziert in den umliegenden Spulen die Prüfspannung. Auch hier verwendet man zum Aufsuchen von schadhaften Spulen das Eisenstück E, welches z. B. von S_2 angezogen werden würde, wenn diese Spule durchgeschlagen ist. Den Körper K setzt man dann an genügend vielen Stellen des Ankers auf, so daß alle Spulen durchgeprüft werden.

Fünfter Abschnitt.

Messung von Umlaufs-, Wellen-, Wechsel- und Schlupfzahlen.

Bestimmung der Umlaufszahl elektrischer Maschinen.

Umlaufzähler. Diese besitzen ein kleines, aus Zahnrädern bestehendes Zählwerk, welches meist umschaltbar für mehrere Bereiche eingerichtet ist, und werden eine bestimmte Zeit (ein bis zwei Minuten) an die Maschinenwelle gehalten.

Tachometer. Zum Unterschiede von den Umlaufzählern zeigen die Tachometer sofort beim Anhalten an die Welle deren augenblickliche Drehzahl, bezogen auf die Minute, an; außerdem macht sich jede Schwankung derselben am Zeiger bemerkbar. Wirkungsweise: Die Fliehkraft eines im Innern des Apparates befindlichen kleinen Zentrifugalregulators hat die Kraft einer Spiralfeder zu überwinden. Der Regulatorausschlag wird mittels Hebel auf den Zeiger übertragen, der über der empirisch geeichten Skala spielt. Außer als Handtachometer werden diese Apparate auch für Riemen- oder Schnurbetrieb ausgeführt.

Bei der Messung mit Handtachometer ist zu beachten, daß beim Anhalten Tachometer- und Wellenachse in eine Richtung fallen müssen, um ein Gleiten zu vermeiden.

Elektrische Tachometer (Ferntachometer). Durch die Welle, deren Drehzahl gemessen werden soll, wird eine kleine magnetelektrische Maschine angetrieben. Diese besitzt Stahlmagnete, also ein konstantes Feld, in dem sich ein kleiner Anker dreht, dessen Spannung dann genau proportional der Umlaufszahl ist. Da also die Spannung $E = c \cdot n$ ist, so kann ein an den Anker angeschlossenes Voltmeter mit einer Teilung versehen werden, auf der (anstatt der Volts) die Drehzahl (pro Minute) abgelesen werden kann. Die Allgemeine Elektrizitäts-Gesellschaft verwendet für elektrische Ferntachometer Gleichstromdynamos mit Fremderregung.

Die Tachometer besonders und auch schon die Umlaufzähler verbrauchen Leistung zu ihrer Bewegung. Bei großen Maschinen ist natürlich der Betrag dieser Leistung vollständig verschwindend.

Bei sehr kleinen Maschinen würde jedoch eine unkontrollierbare Belastung eintreten. Man kann bei solchen Maschinen die folgende Methode anwenden.

Stroboskopische Zählung der Umläufe. Sie eignet sich besonders gut für kleine und kleinste Maschinen (Nähmaschinenmotoren, Ventilatormotoren). Der zu untersuchende Motor erhält eine weiße Scheibe A (Fig. 110), welche ein schwarzes Segment trägt. Die weiße Scheibe B besitzt einen Ausschnitt und kommt auf die Welle eines kleinen Hilfsmotors, dessen Drehzahl regelbar und der wie bei Fig. 111 mit einem Tachometer gekuppelt ist. Beide Motoren werden so aufgestellt, daß die Wellenachsen in eine Richtung fallen und die Scheiben A und B einander zugekehrt sind. Bei gleicher, aber entgegengesetzter Umlaufszahl beider Motore kommen Segment und Ausschnitt stets an zwei um 180^0 auseinanderliegenden Stellen zur Deckung. Man sieht dann zwei scheinbar stillstehende Segmente. Bei der doppelten Drehzahl des Hilfsmotors erblickt man ebenso $(2+1)$ Segmente bei der s-fachen Umlaufszahl $(s+1)$ Segmente. Damit ergibt sich die Drehzahl n des zu untersuchenden Motors, wenn n_1 diejenige des Hilfsmotors und $S = s + 1$ die scheinbare Zahl der Segmente ist, zu:

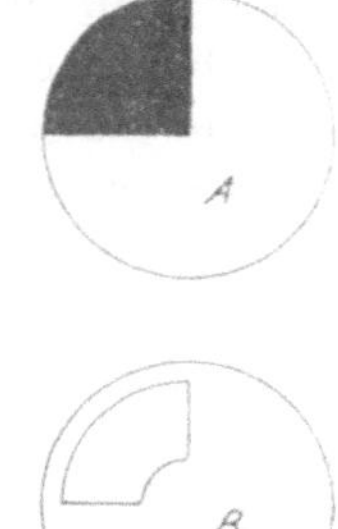

Fig. 110.

$$n = \frac{n_1}{S-1} \quad . \quad . \quad . \quad . \quad . \quad . \quad . \quad (42)$$

Beträgt die Umlaufszahl des Hilfsmotors mehr oder weniger als ein ganzes Vielfaches von n, so drehen sich die Segmente langsam in bzw. gegen dessen Drehsinn. Man muß also so lange regulieren, bis die Segmente scheinbar stille stehen.

Für gleiche Drehrichtung beider Motoren würde man bei der s-fachen Umlaufzahl des Hilfsmotors $S = s - 1$ Segmente erblicken. Somit:

$$n = \frac{n_1}{S+1}.$$

Bestimmung der Wechsel- und Wellenzahl von Wechselströmen.

Allgemeines. Die Wellen- oder Periodenzahl ν (pro Sekunde) eines Wechselstromes steht mit der synchronen Umlaufszahl n pro Minute in dem Zusammenhange:

$$\nu = p \cdot \frac{n}{60} \quad \ldots \ldots \ldots \quad (43)$$

p ist darin die Polpaarzahl der Maschine. Die Wechselzahl ist das Doppelte der Periodenzahl, also 2ν.

Zur Messung von ν bedient man sich heute allgemein der Frequenzmesser. Ältere Methoden sind die stroboskopischen.

Stroboskopische Methode. Anordnung nach Fig. 111: Ein kleiner Elektromotor trägt auf der einen Seite die mit einem schwarzen Sektor versehene Scheibe A und ist außerdem mit

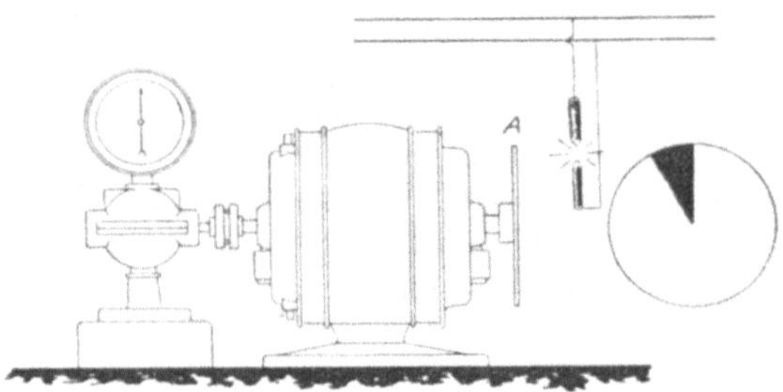

Fig. 111.

einem Tachometer gekuppelt. Läßt man gewöhnliches Licht auf die rotierende Scheibe A fallen, so erkennt man den Sektor nicht mehr. Verwendet man dagegen das Licht einer Bogenlampe, die von dem zu messenden Wechselstrome gespeist wird, so wird man, wenn die Drehzahl in einem bestimmten Verhältnis zur Wechselzahl steht, einen oder mehrere Sektoren deutlich erkennen. Der Grund hierfür ist das Aufleuchten der Lampe, das mit den Strommaximas zusammen fällt. Dreht sich die Scheibe A während eines jeden Stromwechsels gerade einmal, so erblickt man nur einen Sektor, da dieser im Augenblick des Aufleuchtens immer an derselben Stelle angekommen ist. Dreht sich A nur $^1/_2$ mal während eines Wechsels, so sieht man zwei Sektoren usf. Diese stehen scheinbar still. Ist die Zahl der scheinbaren Sektoren S, die abgelesene Drehzahl n, so ergibt sich die Wechselzahl zu $\frac{n}{60} \cdot S$, also die Periodenzahl ν zu

$$\nu = \frac{n \cdot S}{120} \quad \ldots \ldots \ldots \quad (44)$$

Dreht sich die Scheibe etwas schneller oder langsamer, als der Wechselzahl des Stromes entspricht, so scheinen die Sektoren sich mit der bzw. gegen die Umlaufrichtung der Scheibe zu bewegen. Die Drehzahl des Motors muß also regelbar sein und ist so einzustellen, daß die Sektoren scheinbar stillstehen.

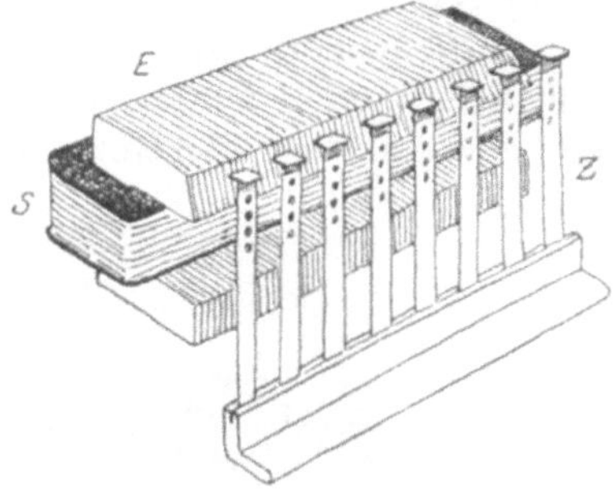

Fig. 112.

Frequenzmesser. a) Nach Kempf von Hartmann & Braun[1]). Er beruht nach Fig. 112 auf einer von Wechselstrommagneten bewegten Gruppe von Stahlzungen. Der zu untersuchende Wechselstrom wird durch eine Spule S geleitet, die einen aus Eisenblech aufgebauten Magnetkörper E umfaßt. Vor den Polen dieses Magnetkörpers sind eine Anzahl Stahlzungen Z eingespannt, so daß sie mit dem einen Ende frei schwingen können. Die Stahlzungen sind verschieden lang und werden nur dann von dem Wechselfeld des Eisenkörpers in deutlich erkennbare Schwingungen versetzt, wenn die Wechselzahl des Feldes mit der Eigenschwingungszahl der Federn übereinstimmt. Die einzelnen Federn tragen oben kleine weiße Plättchen (Fig. 114) und schwingen vor einer Skala.

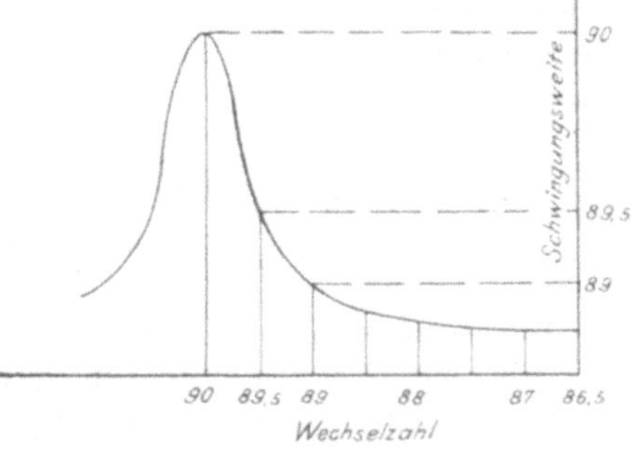

Fig. 113.

[1]) ETZ 1900, S. 9 und ETZ 1904, S. 44.

In Fig. 113 ist der photographisch ermittelte Zusammenhang zwischen der Schwingungsweite der Feder und der Wechselzahl des Stromes dargestellt. Man erkennt, daß eine solche Feder sehr scharf die ihr zukommende Wechselzahl anzeigt, denn schon bei 89,5 Wechseln schwingt sie nur halb so weit als bei 90.

In Fig. 114 ist angenommen, daß die Wechselzahl 100 beträgt. Die Schwingung dieser Feder ist sehr deutlich, während die unmittelbar daneben liegenden zwar auch noch mitschwingen, aber längst nicht so stark.

b) Nach Frahm von Siemens & Halske. Ebenfalls auf dem Resonanzprinzip beruhend, wird dieser entweder mit gewöhnlichen oder mit polarisierten Elektromagneten ausgeführt. Bei gewöhnlichen Elektromagneten werden die Zungen in jeder

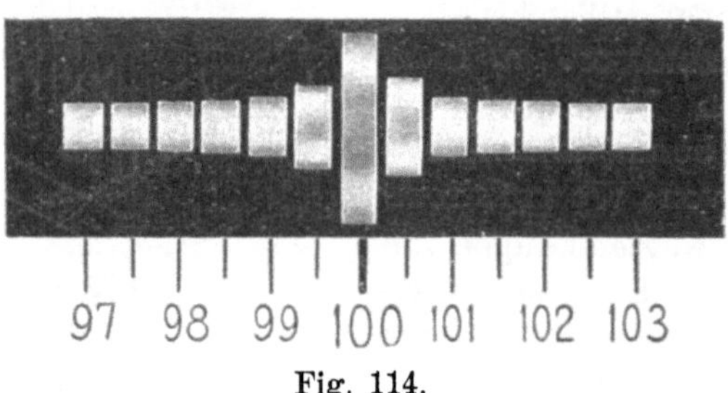

Fig. 114.

vollen Periode zweimal angezogen, während bei polarisierten Elektromagneten nur eine Verstärkung und Schwächung des Magnetfeldes und somit in der gleichen Zeit nur eine einmalige Anziehung eintritt. Bringt man einen gewöhnlichen und einen polarisierten Elektromagneten im Instrument unter, so kann man bei wechselweiser Verwendung derselben mittels eines Umschalters zwei Meßbereiche erhalten, die im Verhältnis 1 : 2 stehen.

Ausführungen für 7,5 bis 300 Perioden, bzw. 15 bis 600 Perioden bei Verwendung von gewöhnlichen bzw. polarisierten Elektromagneten. Zum Anschluß an verschiedene Spannungen 65, 100, 130, 180 V usw. haben die Instrumente verschiedene Klemmen. Durch eine mechanische Reguliervorrichtung kann die Größe des Schwingungsbildes so verändert werden, daß auch bei Abweichungen von $\pm$ 20 % von der Normalspannung die normale Amplitude erzielt werden kann.

c) Voltmeter als Frequenzmesser. Prinzip: Gibt man einem Voltmeter einen hohen induktiven Widerstand statt eines induktionsfreien Vorschaltwiderstandes, so sind seine Einstellungen bei konstanter Spannung von der Periodenzahl abhängig, so daß es zur Frequenzbestimmung benutzt werden kann.

Darauf beruht der elektrodynamische Frequenzmesser von Hartmann & Braun. Derselbe ist im Aufbau dem in Fig. 42 beschriebenen Phasenmesser sehr ähnlich, besitzt jedoch eine andere Schaltung (Fig. 115). Die beiden Stromkreise (Kondensator C, zwei Pole von P und bewegliche Spule S einerseits, Drosselspule D und die zwei anderen Pole andererseits) sind an die Spannung E angeschlossen. Die betreffende Frequenz wird mittels Zeiger auf eine annähernd proportionale Skala übertragen. Spannungsänderungen bis $\pm$ 30 % haben keinen Einfluß, ebenso nicht die Kurvenform des Wechselstromes (letzteres gilt auch von den Frequenzmessern nach dem Resonanzprinzip). Ausführungen für folgende Polwechselzahlen: 25 $\div$ 35, 45 $\div$ 55, 65 $\div$ 75, 90 $\div$ 110, 110 $\div$ 130, 30 $\div$ 120.

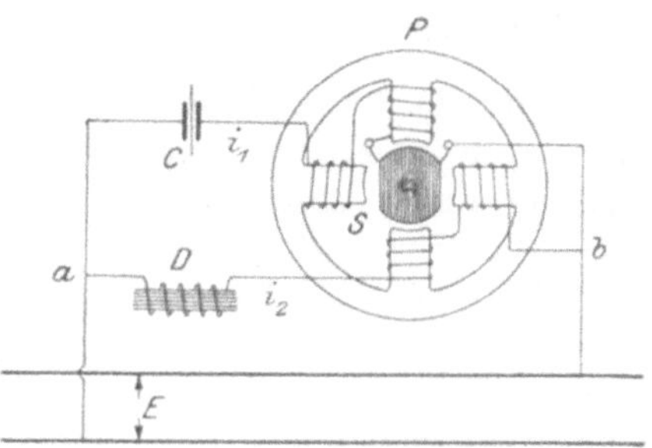

Fig. 115.

Messung der Schlüpfung asynchroner Drehfeldmotoren.

Allgemeines. Als Schlüpftouren n_σ bezeichnet man den Unterschied zwischen der synchronen Drehzahl, gegeben durch $n = \frac{60 \cdot \nu}{p}$ (ν = Periodenzahl des Statorstromes) und der Rotorumlaufszahl n_r. Somit:

$$n_\sigma = n - n_r .$$

Der Schlüpftourenzahl n_σ entspricht die Periodenzahl des Rotors:

$$\nu_\sigma = \frac{p \cdot n_\sigma}{60} .$$

Als Schlüpfung σ bzw. als prozentuale Schlüpfung σ bezeichnet man die Ausdrücke:

$$\left.\begin{aligned} \sigma &= \frac{n_\sigma}{n} = \frac{\nu_\sigma}{\nu} \\ \sigma\,\% &= \frac{n_\sigma}{n} \cdot 100 = \frac{\nu_\sigma}{\nu} \cdot 100 \end{aligned}\right\} \quad . \quad . \quad . \quad . \quad (45)$$

Für die Messung der Schlüpfung sind eine große Anzahl von Methoden ausgearbeitet worden. Die direkte Bestimmung von σ durch Messung von $n_\sigma = n - n_r$ und n ($n = \frac{60\,\nu}{p}$ mit Frequenzmesser durch Messung von ν, n_r mit Tachometer bestimmen) liefert insbesondere bei schwachen Belastungen von großen Motoren ungenaue Resultate, da n und n_r nur wenig verschieden sind. Man verwendet besser folgende Verfahren.

a) Mittels einer Magnetnadel. Diese hält man in die Nähe einer der zu den Schleifringen des Läufers führenden Leitungen oder bei Kurzschlußankern in die Nähe des Wellenendes, da das immer vorhandene, über die Welle gehende schwache Streufeld genügt, um die Nadel in Schwingungen zu setzen.

Es werden die in t Sekunden erfolgten vollen Nadelschwingungen z (t mittels Stoppuhr feststellen) gemessen. Dann ist:

$$\nu_\sigma = \frac{z}{t} \quad \text{und} \quad \sigma\,\% = \frac{\nu_\sigma}{\nu} \cdot 100 = \frac{z}{t \cdot \nu} \cdot 100\,.$$

b) Mit aperiodischem, polarisiertem Galvanometer. Man schaltet am besten ein Drehspul-Gleichstrominstrument nach Fig. 116 in den Läuferkreis. Das Instrument muß für den Läuferstrom ausreichend sein und wird zu einem passenden Meßwiderstand R_m parallel geschaltet.

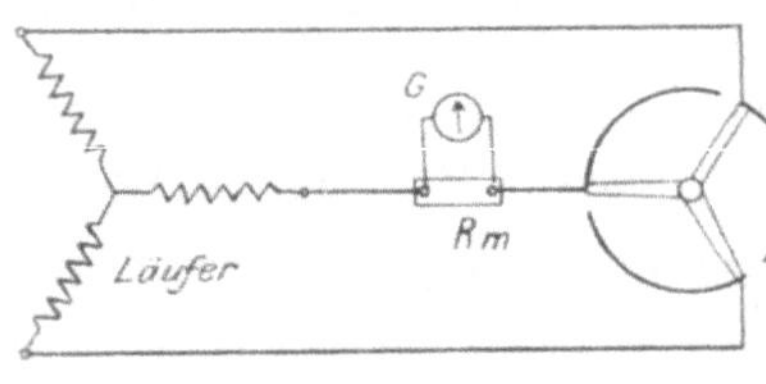

Fig. 116.

Der Nullpunkt des Galvanometers muß sich in der Mitte der Skala befinden. Man zählt dann, wie bei a, die Ausschläge z nach einer Seite während einer Zeit t.

Man kann auch hier das Streufeld, das durch die Welle verläuft, benutzen, indem man das Galvanometer an eine Induktionsspule anschließt, die man in der Nähe der Maschine so aufstellt, daß Wellen- und Spulenachse zusammenfallen. Das Streufeld induziert dann in der Spule eine EMK von der Rotorperiodenzahl. Diese Art der Messung ist für Schleifring- und Kurzschlußanker geeignet (s. a. unter Apparat von Dietze).

Beispiel: In 20 Sekunden wurden 40 Ausschläge gezählt, ν betrug 50 Perioden. Es ergibt sich $\nu_\sigma = 2$ und $\sigma = \frac{200}{50} = 4\,\%$.

c) Mit Induktionsspule und Telephon (nach Dr. von Hoor)[1]. Nach Fig. 117 wird eine der drei Leitungen L, welche vom Läufer zum Anlasser führen, in einer Schleife um die Induktionsspule S gewunden. Man hört dann in dem an S angeschlossenen Telephon die Zahl z' der Strommaxima bzw. der Stromwechsel während einer Zeit t. Es ist dann $\nu_\sigma = \frac{z'}{2\,t}$ und $\sigma\,\% = \frac{z'}{2t \cdot \nu} \cdot 100$.

Noch einfacher läßt sich die eben beschriebene Methode mit einem Apparat nach Dietze, ausgeführt von Hartmann & Braun,

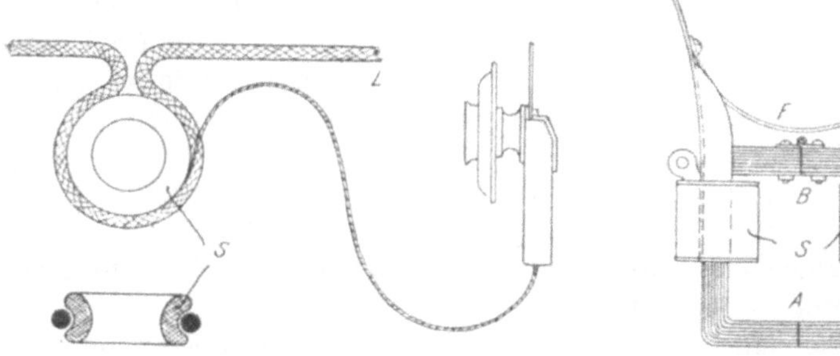

Fig. 117. Fig. 118.

anwenden. Ein nach Fig. 118 aus Blech hergestellter, bei B mit Gelenk versehener Eisenblechkörper E läßt sich durch Druck auf die Griffe bei A aufklappen und kann dann über die stromführende Leitung geschoben werden. Die Feder F schließt den Eisenköper wieder, und das Wechselfeld der stromdurchflossenen Leitung induziert die beiden Spulen S, deren Stromstöße ebenfalls mit dem Telephon gehört werden können. Sonst ist die Methode dieselbe wie die nach Fig. 117.

d) Stroboskopische Methoden. α) Man befestigt auf der Welle des zu untersuchenden $2p$-poligen Motors eine weiße Scheibe mit schwarzem radialen Strich und beleuchtet diese mit

[1] Zeitschrift für Instrumentenkunde 1899, S. 211. Zeitschrift für Elektrotechnik (Wien) 1899.

einer von der Stromquelle des Motors gespeisten Bogenlampe (vgl. Fig. 111). Bei synchroner Tourenzahl erblickt man einen $2\,p$-strahligen stillstehenden Stern, bei Belastung dreht sich dieser scheinbar rückwärts. Zählt man in t Sekunden z'' Umläufe des Sterns, so beträgt

$$\nu_\sigma = \frac{z'' \cdot p}{t} \quad \text{und} \quad \sigma\,\% = \frac{z'' \cdot p}{t \cdot \nu} \cdot 100\,.$$

β) Stroboskopischer Schlüpfungsmesser der Allgemeinen Elektrizitäts-Gesellschaft nach Benischke[1]).

Von der Stromquelle des zu untersuchenden $2\,p$-poligen Motors, der eine schwarze, mit s radialen, weißen Strichen versehene Scheibe trägt, wird ein kleiner $2\,p_s$-poliger Synchronmotor gespeist. Dieser trägt eine mit r radialen Schlitzen versehene Scheibe. Betrachtet man durch diese Schlitze die Scheibe des $2\,p$-poligen Motors, so scheinen sich die weißen Strahlen derselben langsam rückwärts zu drehen. Zählt man in t Sekunden z'' Vorbeigänge eines weißen Strahles gegen einen festen Punkt, so ermittelt sich die Schlüpftourenzahl (pro Minute) zu

$$n_\sigma = \frac{z''}{t} \cdot \frac{p}{p_s} \cdot \frac{r}{s} \cdot 60 \quad \text{und} \quad \sigma\,\% = \frac{n_\sigma}{n} \cdot 100\,.$$

Im allgemeinen wird $s = 2\,p$ für kleine und $s = p$ für große Schlüpfungen gewählt.

e) Für eine Anzahl weiterer Methoden zur Bestimmung der Schlüpfung sei auf die betreffende Literatur verwiesen[2]).

---

[1]) ETZ 1899, S. 142; 1904, S. 392.

[2]) Differentialtourenzähler von Siemens & Halske ETZ 1899, S. 764. Schlüpfungszähler von Schwarzkopf-Ziehl ETZ 1901, S. 1026. Schlupfzähler von Schneckenberg ETZ 1911, S. 1162.

Sechster Abschnitt.

Magnetische Messungen: Bestimmung des Streuungskoeffizienten und der Feldverteilung, sowie der Wellenform von Wechselströmen.

Streuung und Streuungskoeffizienten.

Allgemeines. In irgendeinem Teil eines magnetischen Kreises werden nicht alle von den magnetisierenden Amperewindungen erzeugten Kraftlinien Φ_e vorhanden sein. Eine Anzahl derselben, die Streulinien Φ_x, schließen sich durch die Luft, ohne den betreffenden Teil zu durchsetzen. Als Streuungskoeffizienten τ_a (Anker), τ_j (Joch) usw. bezeichnet man das Verhältnis aller erzeugten Kraftlinien Φ_e zu den in dem betreffenden Teile des Kreises vorhandenen Kraftlinien Φ_a (Anker), Φ_j (Joch). Es sind somit

$$\tau_a = \frac{\Phi_e}{\Phi_a} \quad \text{und} \quad \tau_j = \frac{\Phi_e}{\Phi_j} \quad . \quad . \quad . \quad . \quad (46)$$

die Streukoeffizienten von Anker und Joch. Diese Verhältnisse sind stets größer als 1.

Es sei hier darauf hingewiesen, daß man für den Streuungskoeffizienten noch zwei weitere Definitionen in der technischen Literatur findet. Man bezeichnet ihn:

a) Als das Verhältnis der Streukraftlinien Φ_x zu den erzeugten Kraftlinien Φ_e.

b) Als das Verhältnis der in einem Teile vorhandenen Kraftlinien zu Φ_e.

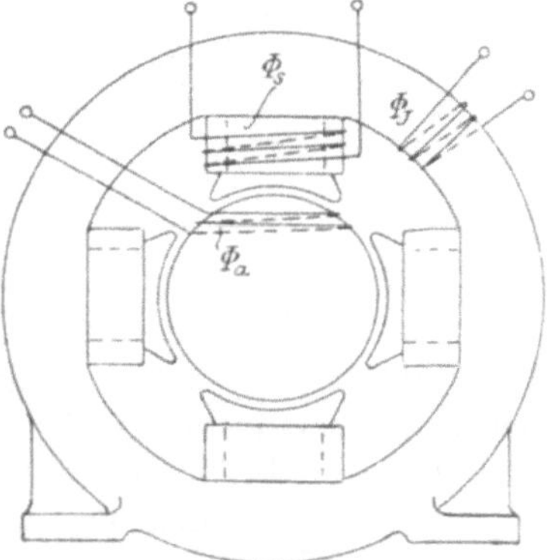

Fig. 119.

Die Ermittlung der Streukoeffizienten geschieht mittels Prüfspulen, welche nach den Fig. 119 und 122 angeordnet werden. Man mißt dann die in denselben durch plötzliche Änderung der Kraftlinien (Änderung des Magnetisierungsstromes) entstehende Induktion. Am wichtigsten ist die Bestimmung des Ankerstreukoeffizienten τ_a. Folgende Punkte sind besonders zu beachten:

a) Der magnetische Widerstand des Ankereisens nimmt entsprechend der Sättigung zu, während jener des Streuweges (Luftweges) annähernd konstant bleibt. Ist das Ankereisen gesättigt, so bewirkt eine Vergrößerung der magnetisierenden Amperewindungen auf den Schenkeln (Erhöhung des Magnetisierungsstromes) wohl noch eine Erhöhung von Φ_x, also auch eine solche von $\Phi_e = \Phi_a + \Phi_x$, dagegen nur eine unwesentliche der Ankerkraftlinien Φ_a. Der Streukoeffizient

$$\tau_a = \frac{\Phi_e}{\Phi_a} = \frac{\Phi_a + \Phi_x}{\Phi_a}$$

wächst also mit der Sättigung. Da diese außerdem noch von der Belastung der Maschine abhängig ist, so empfiehlt es sich τ_a sowohl bei verschiedenen Sättigungen, als auch bei verschiedenen Ankerströmen festzustellen.

b) Der Magnetisierungsstrom darf nie ganz ausgeschaltet werden, sondern ist stets nur um einen gewissen Betrag zu vermindern. Würde man ersteres tun, so würden während des

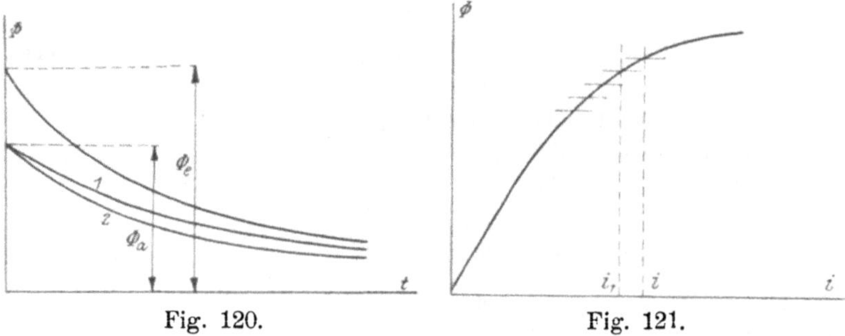

Fig. 120. Fig. 121.

Ausschaltvorgangs alle möglichen Sättigungen auftreten. Der gemessene Streuungskoeffizient wäre also ein Mittelwert, aber nicht jener für eine bestimmte Sättigung.

Fig. 120 zeigt den Verlauf der Kraftflüsse Φ_e und Φ_a beim Ausschalten des Magnetisierungsstromes in Abhängigkeit von der Zeit. Die Kurven 1 und 2 geben den Verlauf von Φ_a wieder und zwar gilt Kurve 2 für den Fall, daß $\tau_a = \frac{\Phi_e}{\Phi_a}$ konstant wäre. Kurve 1 entspricht der Wirklichkeit: $\tau_a = \frac{\Phi_e}{\Phi_a}$ ist für $t = 0$ am größten und wird erst von einem gewissen Zeitpunkt ab konstant (nämlich dann, wenn der geradlinige Teil der Magnetisierungskurve erreicht ist). Unter Benutzung der Magnetisierungskurven können diese „Auslaufkurven" berechnet werden. Ändert man den Magnetisierungsstrom von i auf i_1, so gilt gemäß der Beziehung

$$i \cdot r + L \frac{di}{dt} = 0$$

die Gleichung $$i_1 = i e^{-\frac{r}{L} t}.$$

Die den Werten i und i_1 entsprechenden Sättigungen Φ und Φ_1 folgen aus der Magnetisierungskurve Fig. 121. Der Widerstand r und der Selbstinduktionskoeffizient L können für den Magnetstromkreis auch berechnet werden, folglich ergibt sich aus der Gleichung t. Man verfährt so für mehrere Abschnitte

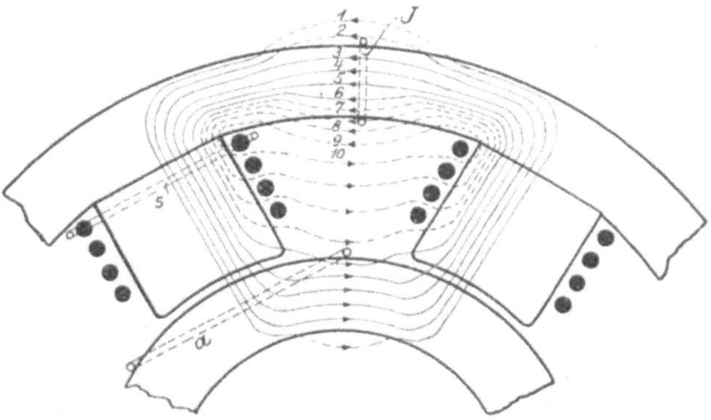

Fig. 122.

der Kurve Fig. 121. Allgemein gesprochen darf die Änderung des Magnetisierungsstromes so groß sein, daß die betreffende Änderung der Auslaufkurve noch annähernd gerade ist.

c) Aus Fig. 122 ist ersichtlich, daß die Meßspule s für die Schenkel möglichst weit oben, nach dem Joch zu, gelegt werden muß, damit alle in den Schenkeln erzeugten Kraftlinien durch sie hindurchgehen. Für den Anker muß die Lage der Meßspule a so sein, daß sie genau in der Mitte zwischen je zwei Polen aufgelegt wird, ihre Breite muß also gleich der Polteilung sein.

d) Der Magnetisierungsstrom muß in allen Schenkelspulen gleichzeitig geändert werden. (In den Figuren ist stets nur ein Magnetschenkel der Einfachheit halber gezeichnet.) Es verlaufen durch jeden Schenkel zwei Kraftflußkreise. Ändert man nur den Strom in einem Schenkel, so würden die benachbarten Kraftflußkreise Störungen und Verschiebungen hervorrufen, so daß die Verteilung des Kraftflusses nicht mehr derjenigen in der arbeitenden Maschine entsprechen würde.

Ballistische Methode. In Fig. 123 ist G das ballistische, also ungedämpft schwingende Spiegelgalvanometer, dessen Ablesung mit Fernrohr und Skala S erfolgt (vgl. S. 5).

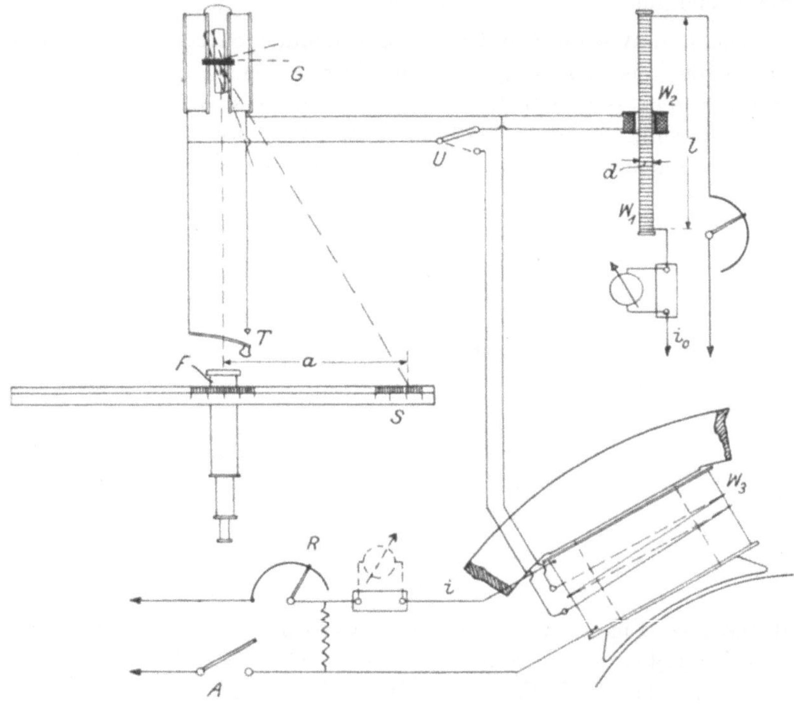

Fig. 123.

Ist allgemein Φ der Kraftfluß einer Prüfspule, an welche das Galvanometer angeschlossen ist, mit w Windungen, so sendet die induzierte EMK $e = -w \frac{d\Phi}{dt}$ durch das Instrument eine Elektrizitätsmenge Q:

$$Q = \int_{t=t_1}^{t=t_2} \frac{e}{r}\, dt = -\frac{w}{r} \int_{\Phi=\Phi_1}^{\Phi=\Phi_2} d\Phi = \frac{w}{r} \cdot (\Phi_1 - \Phi_2) = c\alpha .$$

Daraus:

$$\Phi_1 - \Phi_2 = \frac{c \cdot \alpha \cdot r}{w} \quad \ldots\ldots \quad (47)$$

r ist der Widerstand des Stromkreises, c und α die Konstante und der Ausschlag des Instruments.

Weiter ist W_1 eine Eichspule zur Bestimmung der Konstanten des Galvanometers, W_2 eine kleine Prüfspule, welche nur aus sehr feinen Windungen besteht und sehr kurz ist im Vergleich zur Spule W_1. Die Wickellänge l der Spule W_1 muß wenigstens zehnmal so groß sein als ihr Durchmesser d; dann ist in ihrer Mitte, wo die Spule W_2 aufgeschoben ist, ein Feld von der Stärke:

$$H_0 = \frac{0{,}4\,\pi \cdot w_1 \cdot i_0}{l},$$

dabei ist i_0 der Strom in Ampere, l die Wickellänge in cm, w_1 die Windungszahl von W_1.

a) Bestimmung des magnetischen Kraftflusses Φ_e. Man schaltet i_0 plötzlich aus (hier muß und darf ganz ausgeschaltet werden, da W_1 kein Eisen enthält) dann induziert der verschwindende Kraftfluß $\Phi_0 = H_0 \cdot q = \frac{c \cdot \alpha_0 \cdot r_0}{w_2}$ ($q = \frac{d^2 \pi}{4} =$ Querschnitt der Spule W_1, d in cm einsetzen, r_0 Widerstand des Galvanometerkreises, wenn Spule W_2 eingeschaltet ist, w_2 Windungszahl von W_2) der Spule W_1 die Spule W_2. Der entstehende Stromstoß verursacht einen Galvanometerausschlag α_0, der mit dem Fernrohr abgelesen wird. Man dämpft dann das Galvanometer, das noch eine Reihe von Schwingungen ausführen würde, durch Niederdrücken des Tasters T. Dadurch schließt man die Windungen des Galvanometers kurz und es entstehen durch die Bewegungen des Systems im Feld Ströme in den Windungen, welche die Schwingungsenergie rasch verzehren.

Durch Umlegen des Umschalters U verbindet man darauf G mit der Prüfspule W_3, Windungszahl w_3, auf dem Magnetschenkel. Durch plötzliches Ausschalten des Magnetisierungsstromes i wird W_3 induziert und der Ausschlag α_1 beobachtet. (Hier kann ebenfalls ganz ausgeschaltet werden, da es sich um die Bestimmung von Kraftlinienzahlen, nicht aber um das Verhältnis von Kraftlinienzahlen handelt, das wiederum von dem Widerstandsverhältnis des magnetischen Kreises abhängig ist.) Unter Benutzung der oben abgeleiteten Gl. (47) folgt (in dieser ist $\Phi_1 = \Phi_e$ und $\Phi_2 = 0$ zu setzen, r_1 ist jetzt der Widerstand des Galvanometerkreises): $\Phi_e = \frac{c \cdot \alpha_1 \cdot r_1}{w_1}$ und aus dem Verhältnis $\frac{\Phi_e}{\Phi_0}$ ergibt sich $\Phi_e = \Phi_0 \frac{\alpha_1}{\alpha_0} \cdot \frac{w_2}{w_3} \cdot \frac{r_1}{r_0}$.

Die Bestimmung des gesamten Schenkelflusses ist auf diese Weise nur möglich bei kleinen Maschinen. Bei größeren Maschinen muß man stets einen Widerstand parallel (vgl. Abb. 123) zu der Magnetwicklung schalten. Der durch das Verschwinden des Kraftflusses Φ_e beim Ausschalten von i entstehende Selbstinduktionsstromstoß verläuft über diesen Widerstand, und die Isolierung der Spulen ist vor dem Durchschlagen geschützt.

b) Bestimmung des Streuungskoeffizienten. Will man nur diesen bestimmen, so sind die Spulen W_1 und W_2 überflüssig. Das Instrument legt man einmal an die Prüfspule s, dann an die Spule a in Fig. 122. Haben beide Spulen gleiche Windungszahl und hat der Galvanometerkreis in beiden Fällen den gleichen Widerstand r, so entspricht einer Stromänderung $(i_1 - i_2)$ im ersten Falle (Galvanometer an s) eine Kraftlinienänderung $(\Phi_{e1} - \Phi_{e2})$ in den Magneten und ein Instrumentenausschlag α_s. Der gleichen Stromänderung entspricht im zweiten Falle (Galvanometer an a) eine Kraftlinienänderung $(\Phi_{a1} - \Phi_{a2})$ im Anker und ein Ausschlag α_a. Nach Gl. (47) ergibt sich dann:

$$\tau_a = \frac{\Phi_{e1} - \Phi_{e1}}{\Phi_{a2} - \Phi_{a2}} = \frac{\alpha_s}{\alpha_a}.$$

Nullmethode von Goldschmidt[1]. Diese ist bedeutend einfacher als die ballistische Methode. Soll durch das Gleichstrommillivoltmeter V (Fig. 124) kein Strom hindurchgehen, dann müssen sich die Spannungen in den gegeneinander geschalteten Prüfspulen gegenseitig aufheben. Die bei einer Änderung des Magnetstromes induzierten Spannungen sind proportional dem Produkt aus Kraftfluß (bzw. Kraftflußänderung) und Windungszahl.

Sind an der Schenkelprüfspule w_s, an der Ankerprüfspule w_a Windungen eingeschaltet, so gilt, wenn die erwähnte Bedingung erfüllt sein soll:

$$\Phi_e \cdot w_s = \Phi_a \cdot w_a ,$$

[1] ETZ 1902, Heft 15.

folglich $$\tau_a = \frac{\Phi_e}{\Phi_a} = \frac{w_a}{w_s} \quad \ldots \ldots \quad (48)$$

Man versieht das Instrument mit zwei angespitzten Zuführungsdrähten, um die Isolation der Prüfwindungen zu durchstechen zwecks leichter Änderung der eingeschalteten Windungszahlen w_s und w_a. Da man meist nicht genügend viel Windungen umlegen kann, muß man aus den Ausschlägen interpolieren.

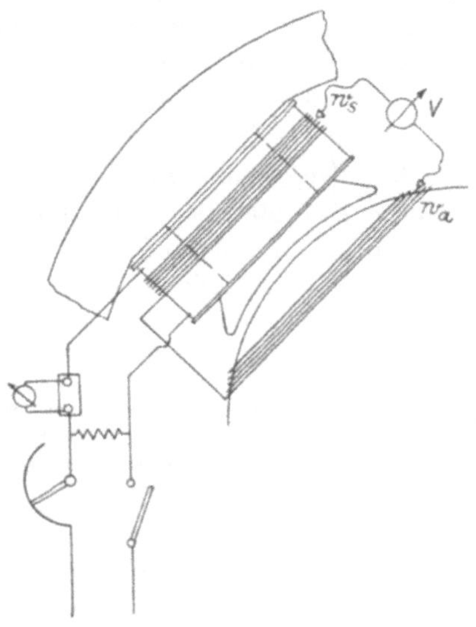

Fig. 124.

Beispiel: Es sei bei $w_s = 4$ und $w_a = 5$ der Ausschlag von V $\alpha_1 = +2$ Skalenteile, bei Änderung der Windungen in $w_s = 5$ und $w_a = 6$ ergibt sich $\alpha_2 = -1$ Skalenteile. Aus den Ergebnissen folgt:

$$\tau_{a1} = \frac{5}{4} = 1{,}25$$

und

$$\tau_{a2} = \frac{6}{5} = 1{,}2$$

τ_a selbst liegt zwischen beiden Werten, und zwar hat die Messung einen Unterschied von

$$(\tau_{a1} - \tau_{a2}) = 0{,}05$$

ergeben bei einer Ausschlagsänderung des Instruments um drei Skalenteile. Wie ohne weiteres einzusehen ist, ergibt sich für den Fall, daß kein Zeigerausschlag stattfindet:

$$\tau_a = \tau_{a2} + \frac{1}{3} \cdot (\tau_{a1} - \tau_{a2}) = 1{,}217\,.$$

Um das unbequeme Durchstechen der Drähte zu vermeiden, ist von Veprek die in Fig. 125 gezeichnete Anordnung für die

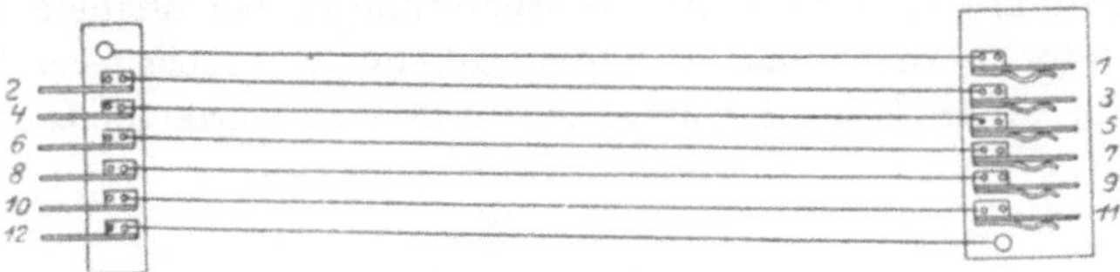

Fig. 125.

Prüfspulen mit Steckkontakten angegeben. Die einzelnen Drähte sind direkt in einem Kabel vereinigt und lassen sich deshalb leicht und schnell auflegen.

Bestimmung des Streuungskoeffizienten bei Asynchronmotoren.

Allgemeines. Es werden bezeichnet mit:
Φ_1 die vom Stator erzeugte Gesamtkraftlinienzahl,
Φ_{12} die vom Stator auf den Rotor übertragene Kraftlinienzahl,
$\Phi_{x1} = \Phi_1 - \Phi_{12}$ die Statorstreulinienzahl,
Φ_2 die vom Rotor erzeugte Gesamtkraftlinienzahl,
Φ_{21} die vom Rotor auf den Stator übertragene Kraftlinienzahl,
$\Phi_{x2} = \Phi_2 - \Phi_{21}$ die Rotorstreulinienzahl.

Bei den Drehfeldmotoren unterscheidet man den Streukoeffizienten des Stators τ_1, des Rotors τ_2 und den Gesamtstreukoeffizienten τ. Ähnlich wie bei den Gleichstrommaschinen, gibt es auch hier verschiedene Erklärungen des Begriffes Streukoeffizient, welche in der folgenden Tabelle zusammengestellt sind (verschiedene Indizes bezeichnen die einzelnen Definitionen).

Heyland	Blondel	Hopkinson
$\tau_1 = \frac{\Phi_{x1}}{\Phi_{12}}$	$\tau_1' = \frac{\Phi_{12}}{\Phi_1}$	$\tau_1'' = \frac{\Phi_1}{\Phi_{12}}$
$\tau_2 = \frac{\Phi_{x2}}{\Phi_{21}}$	$\tau_2' = \frac{\Phi_{21}}{\Phi_2}$	$\tau_2'' = \frac{\Phi_2}{\Phi_{21}}$
$\tau = \tau_1 + \tau_2 + \tau_1 \tau_2$	$\tau' = \frac{1 - \tau'_1 \tau'_2}{\tau'_1 \cdot \tau'_2}$	$\tau'' = \tau_1'' \cdot \tau_2''$

Entsprechende Umrechnungen ergeben leicht die Übereinstimmung der Definitionen nach Heyland, Blondel und Hopkinson.

Bestimmung der Streuungskoeffizienten durch Messung des Übersetzungsverhältnisses. Man legt an den Stator pro Phase die Spannung e_1 und mißt die Spannung e_2 bei offenem Rotor. Der Motor verhält sich wie ein ruhender, unbelasteter Transformator. Wäre keine Streuung vorhanden, so würde die Gleichung gelten:

$$\frac{e_2}{e_1} = \frac{s_2}{s_1},$$

in welcher s_1 und s_2 die Drahtzahlen pro Stator- und Rotorphase bedeuten. e_2 ergibt sich aber bei der Messung kleiner als der der Gleichung entsprechende Wert: $e_2 = e_1 \cdot \frac{s_2}{s_1}$. Der gemessene Wert e_2 und der berechnete müssen sich nun verhalten, wie die auf den Rotor übertragenen zu den im Stator vorhandenen Kraftlinienzahlen. Somit gilt:

$$\frac{\Phi_{12}}{\Phi_{12} + \Phi_{x1}} = \frac{1}{1 + \tau_1} = \frac{e_2}{e_1 \cdot \frac{s_2}{s_1}}.$$

Ebenso erhält man, wenn man an den Rotor pro Phase e_2' anlegt, am offenen Stator eine Spannung e_1'. Ähnlich wie vorher besteht die Beziehung:

$$\frac{\Phi_{21}}{\Phi_{21} + \Phi_{\lambda 2}} = \frac{e_1'}{e_2' \cdot \frac{s_1}{s_2}} = \frac{1}{1 + \tau_2}$$

Aus beiden Gleichungen bestimmen sich die Koeffizienten τ_1 τ_2 und damit τ.

Bestimmung des Streuungskoeffizienten aus Leerlaufs- und Kurzschlußstrom. Die eben beschriebene Methode gilt nicht genau genug für den Betriebszustand. Bei hoher Belastung des Motors ist die Sättigung der Zähne eine sehr große. Der Widerstand des Streuweges ist dann bedeutend größer als bei Leerlauf (die Streuung setzt sich zusammen aus Stirn-, Nuten- und Zahnkopfstreuung). Die Folge ist, daß der Streuungskoeffizient bei Belastung kleiner ist als bei Leerlauf. Die Theorie ergibt für τ den Wert:

$$\tau = \frac{i_o}{i_k - i_o} \quad \text{. . . . . . . (49)}$$

i_k ist darin der Kurzschlußstrom, i_o der zur gleichen Spannung gehörige Leerlaufsstrom des Motors pro Phase. (Bestimmung von Leerlaufs- und Kurzschlußstrom s. Abschnitt: „Aufnahme charakteristischer Kurven".) i_o kann mit Annäherung als Magnetisierungsstrom betrachtet werden. Allgemein üblich ist es geworden i_k und i_o für die normale Spannung des Motors zu bestimmen. Da der Kurzschlußstrom nicht für diese Spannung gemessen werden kann, so ist zu seiner Ermittlung nach Gl. (74) zu verfahren.

In $\tau = \tau_1 + \tau_2 + \tau_1 \cdot \tau_2$ kann das Glied $\tau_1 \cdot \tau_2$ vernachlässigt werden. Man erhält dann:

$$\tau_1 = \tau_2 = \frac{\tau}{2} \quad \text{. . . . . . . (49a)}$$

Feldverteilung unter den Polen.

Allgemeines. Aus Fig. 126 (Stück eines Magnetpoles mit den gegenüberstehenden Zähnen des Ankers) ist ersichtlich, daß die Dichte der Kraftlinien dort am größten ist, wo der kürzeste Weg durch Luft, also der geringste magnetische Widerstand, vorhanden ist. Dies ist vor den Zähnen der Fall. Nach den Polkanten zu nimmt die Dichte der Kraftlinien allmählich ab. Die Feldverteilungskurve bei Leerlauf wird den Verlauf der Wellenlinie I Fig. 126 haben, deren Schwankungen etwas übertrieben sind, weil in Wirklichkeit die Zähnezahl unter einem Pol größer ist als in Fig. 126. Auch sind die Feldschwankungen, unmittelbar unter dem Pol gemessen, kleiner als auf der Ankeroberfläche. Es genügt daher die Aufnahme einer mittleren Kurve III, welche punktiert eingetragen ist.

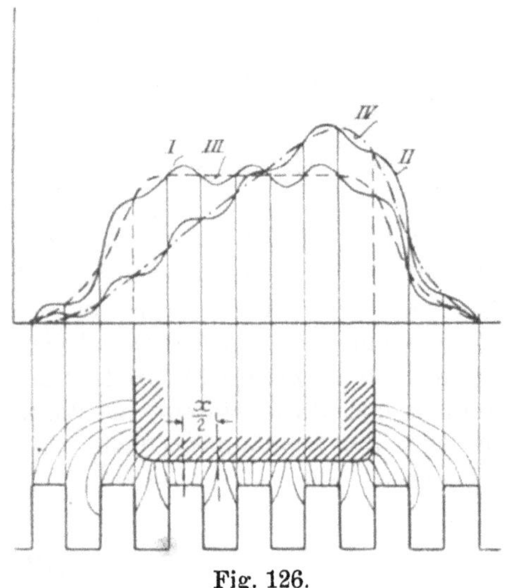

Fig. 126.

Bei Belastung der Maschine bewirkt das von den quermagnetisierenden Amperewindungen des Ankers erzeugte Feld eine Verschiebung der Kraftflußverteilung nach Kurve II (mittlerer Wert Kurve IV). Die eine Polkante ist dann stärker gesättigt als die andere. Diese Feldverzerrung ist ein Grund zur Verschiebung der Bürsten bei Belastungsänderungen. Anwendung besonderer Polschuhformen, insbesondere aber von Wendepolen, welche zwischen den Hauptpolen sitzen und vom Ankerstrom erregt werden, ermöglicht eine fast vollkommene Beseitigung der Feldverschiebung bei Belastung (vgl. Fig. 127; die Feldverteilungskurve entspricht hier der Kurve IV in Fig. 126). Man erhält dadurch bei allen Belastungen unveränderliche Bürstenstellung und außerdem die Möglichkeit, soweit die Erwärmung der Maschine es erlaubt, sie vorübergehend ohne Feuern am Kollektor überlasten zu können.

Bei Maschinen mit Wendepolen ist zu beachten, daß nur solche Methoden für die Aufnahme der Feldverteilung zur Anwendung gelangen können, welche eine Vornahme der Messung an der laufenden, normal arbeitenden Maschine gestatten. Grund: Die Kurzschlußströme in den Spulen, welche gerade unter den Bürsten vorbeigleiten, rufen besondere Felder hervor, die auf die Wendepolfelder einwirken. Diese Kurzschlußströme entstehen natürlich nur bei laufender Maschine.

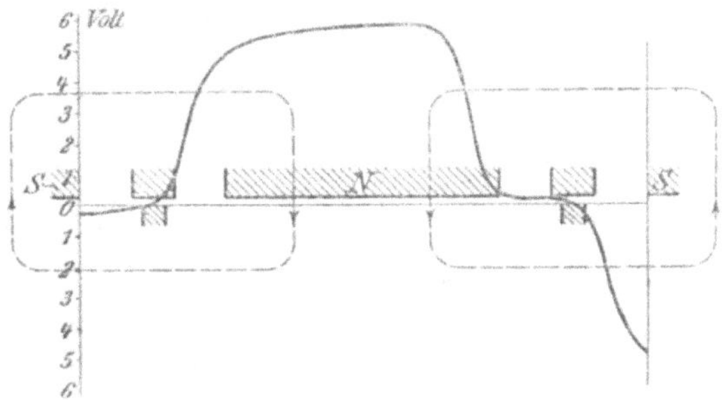

Fig. 127.

Aufnahme der Feldkurve mittels Wismutspirale bei stillstehender Maschine. Fig. 128 zeigt die Ausführung von Hartmann & Braun. Eine bifilar gewickelte Spule aus sehr feinem, reinem Wismutdraht ist zum Schutze zwischen zwei Glimmerblättchen eingekittet. Die Enden der Spule führen zu zwei an

Fig. 128.

einem Hartgummigriff befindlichen Klemmen. Die Gesamtdicke von Spirale und Glimmerschutz beträgt etwa 1 mm. Man kann sie also auch für sehr enge Lufträume elektrischer Maschinen verwenden.

Wismut hat die Eigenschaft seinen Ohmschen Widerstand zu ändern, wenn es in ein magnetisches Feld gebracht wird. Diese Änderung erfolgt gesetzmäßig mit der Dichte des Magnetfeldes. Kennt man also die Eichkurve einer solchen Wismutspirale (Fig. 129), welche die Widerstandszunahme x in Abhängigkeit von der Kraftlinienzahl für 1 cm², also von der Sättigung $\mathfrak{B}$, darstellt, so kann man rückwärts aus der beobachteten Widerstandsänderung x in einem zu untersuchenden Felde auf die Induktion $\mathfrak{B}$ schließen.

Die Eichkurve ist leicht aufzunehmen: Man bestimmt die Sättigung $\mathfrak{B}$ ballistisch (S. 122) und mißt gleichzeitig den Widerstand der Spule. Da der Widerstand des Wismuts aber auch

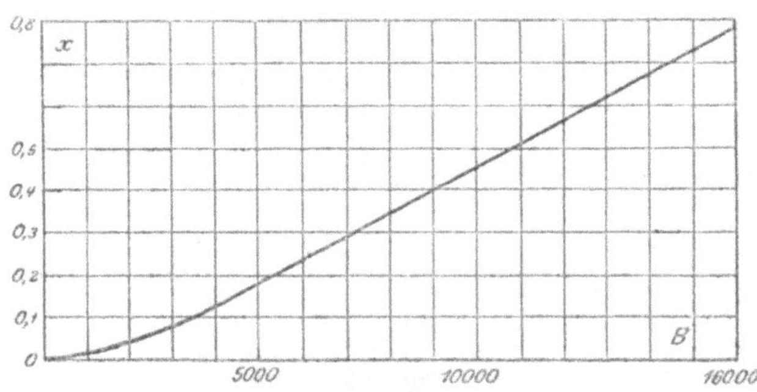

Fig. 129.

von der Temperatur abhängig ist, so muß die Eichkurve auf eine bestimmte Temperatur bezogen werden. Die Korrektur der Temperatur erfolgt nach der Gleichung:

$$\mathfrak{B} = \mathfrak{B}_1 \cdot (1 + \alpha\,(t - t_1)) \quad . \quad . \quad . \quad . \quad . \quad (50)$$

Hierbei ist: $\mathfrak{B}_1$ die aus der Eichkurve für die bei der Messung herrschende Temperatur t_1 abgelesene Induktion, t die Temperatur bei Aufnahme der Eichkurve, $\mathfrak{B}$ die korrigierte Induktion, $\alpha = 0{,}00354$ der Temperaturkoeffizient für Wismut.

Bei laufenden Maschinen läßt sich die Temperatur zwischen Pol und Anker, welche stets höher ist als die der Außenluft, nicht messen. Deshalb kann man die Wismutspirale bei der laufenden Maschine nicht anwenden.

Um die rechnerische Korrektion der Temperatur zu vermeiden, führen Hartmann & Braun die Schaltung nach Fig. 130 aus. Diese ist in elektrischer Beziehung gleichbedeutend mit Fig. 78 (Wheatstonesche Brücke). Für stromloses Galvanometer gilt auch hier:

$$a \cdot x = b \cdot r.$$

Die Widerstände r und b werden aber zunächst vor der Messung der Temperatur entsprechend korrigiert, indem der Schleifkontakt C_1 auf den

Punkt der Skala S_1 gestellt wird, welcher der am Thermometer abgelesenen Temperatur gleich ist. C_3 muß auf dem Anfangspunkt der Skala S_3 stehen, dann wird C_2 auf S_2 verschoben, bis das Galvanometer stromlos ist. Bringt man die Spirale x nun in das zu messende Feld, so wird die eintretende Widerstandsänderung einen Galvanometerausschlag zur Folge

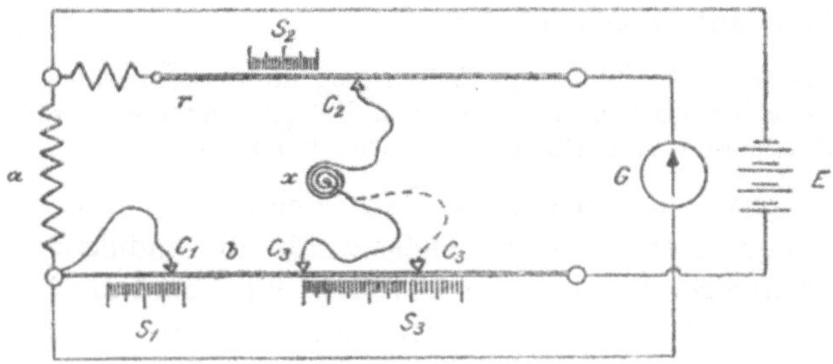

Fig. 130.

haben, der durch Verschieben von C_3 zum Verschwinden gebracht wird. Die Feldstärke B kann auf der Skala S_3 dann direkt abgelesen werden.

Vornahme der Messungen. Die an einem beweglichen Arm befestigte Spirale wird parallel zur Achse der Maschine bewegt. An einer in Grad geteilten Scheibe kann die Entfernung von einer Ausgangslage festgestellt werden. Bei der Aufnahme ist zu beachten, daß die Spirale immer nur um die halbe Zahnteilung $\frac{x}{2}$ (Fig. 126) unter dem Pol verschoben werden darf, damit man in richtiger Reihenfolge die hoch- und tiefliegenden Punkte der wellenförmigen Kurve erhält.

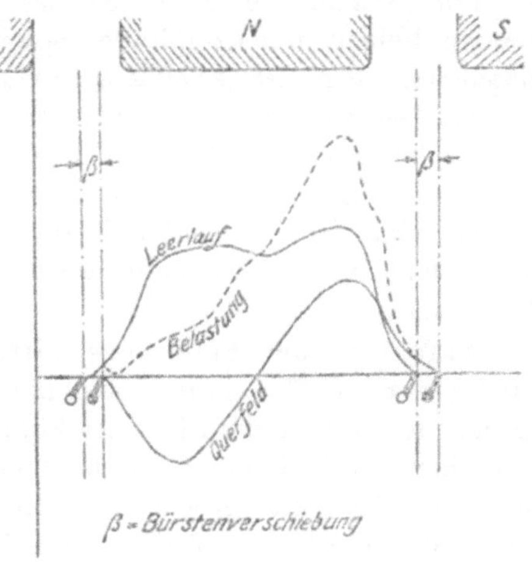

Fig. 131.

Aufnahme des Leerlauffeldes. Die Magnete sind dabei mit der für Leerlauf zur Erzeugung der normalen Betriebsspannung erforderlichen Stromstärke zu erregen (Fig. 131).

Aufnahme des Ankerquerfeldes. Der Erregerstrom wird ausgeschaltet, die Bürsten in die Betriebsstellung geschoben und durch den stillstehenden Anker ein Strom von der Stärke des normalen Betriebsstromes geleitet (Fig. 131). Aus Querfeld und Leerlaufsfeld resultiert die Feldverteilung bei Belastung als Summe der beiden aufgenommenen Felder.

Die schwache sattelförmige Einsenkung des Leerlauffeldes in Fig. 131 rührt davon her, daß mitten unter dem Pol im Anker der Kraftfluß nach zwei entgegengesetzten Richtungen auseinandergeht.

Der Inhalt der Fläche, den die Feldkurven mit den Koordinaten einschließen, ist maßgebend für die Induktion, weil er die Kraftlinienzahl unter dem Pol darstellt. Sind die Feldkurven bekannt, so ist der gesamte von einem Pol in den Anker eintretende Kraftfluß Φ_a gegeben durch den Ausdruck, wenn l die Ankerlänge ist und $\mathfrak{B}$ die zu den Winkeln α gehörigen Ordinaten bedeuten:

$$\Phi_a = l \int_{\alpha = 0^\circ}^{\alpha = 180^\circ} \mathfrak{B}\, d\alpha.$$

Für $\mathfrak{B}$ sind die Ordinaten des Leerlaufs-, oder des resultierenden Feldes, welche mit der Spirale aufgenommen und in Abhängigkeit von der jeweiligen Stellung (α) derselben aufgetragen wurden, einzusetzen. Obiger Ausdruck ist nichts anderes als der Inhalt der Fläche, welche die Feldverteilungskurven bei Leerlauf bzw. bei Belastung mit der Abszissenachse einschließen (Fig. 131). Dabei wird der Flächeninhalt der Feldkurve bei Belastung infolge der Ankerrückwirkung etwas kleiner sein, als jener der Leerlaufkurve.

Aufnahme der Feldkurve mittels schmaler Prüfspule bei stillstehender Maschine. a) Eine schmale Prüfspule von der Länge des Ankers wird in einer Führung verschiebbar angeordnet, mit einem ballistischen Galvanometer verbunden und in den Luftspalt der Maschine geschoben. Zieht man die Spule aus dem Luftspalt, so ist der Ausschlag des Instrumentes ein Maß für die Größe der von ihr umfaßten Kraftlinienzahl an der betreffenden Stelle des Ankerumfanges. Die vorhandenen Feldstärken können aus den Maßen der Spule berechnet werden. Die Aufnahme der Feldkurven bei Leerlauf und Belastung erfolgt wie oben angegeben.

Bei kleinen Maschinen kann man auch den beim Ausschalten der Erregung auftretenden Induktionsstoß im Prüfspulenkreis messen, welcher ebenfalls ein Maß für die an der betreffenden Stelle vorhandene Feldstärke ist. Für große Maschinen wären zum Schutze der Erregerwicklung gegen Durchschlagen parallel zu dieser entsprechende Widerstände zu schalten.

b) Fig. 132 zeigt eine weitere Vorrichtung zur Ermittlung der Feldverteilung. Bei dieser wird jedoch die Feldstärke bestimmt durch die Ablenkung, welche die vom Strom i durchflossene Spule S in einem magnetischen Feld erfährt. i wird während der Aufnahme mittels des Regulierwiderstandes R genau konstant gehalten und der Spule S über die Federn f_1 und f_2 zugeführt. Diese suchen S in eine bestimmte Ausgangslage zurückzudrehen. Die Ablenkung aus letzterer wird mittels des auf der Spulenachse befindlichen Spiegels, Skala a und Fernrohr F festgestellt und ist proportional der Stärke des Feldes an der betreffenden Stelle. Die Anordnung wird an einem drehbaren Arm bei A befestigt und die jeweilige Stellung der Spule mit Hilfe des Zeigers Z und der Gradteilung T bestimmt. Die im Fernrohr beobachteten Ablenkungswinkel in Abhängigkeit von der Lage der Spule zu den Polen aufgetragen, ergeben ein genaues Bild der Feldverteilung. Um aus der Feldverteilung $\mathfrak{B}$ selbst zu finden, muß man den Apparat eichen, indem man ihn in ein bekanntes Feld bringt und bei dem gleichen Strom i, der während der Beobachtung an der Maschine in der Spule floß, die Ablenkung im Fernrohr bestimmt.

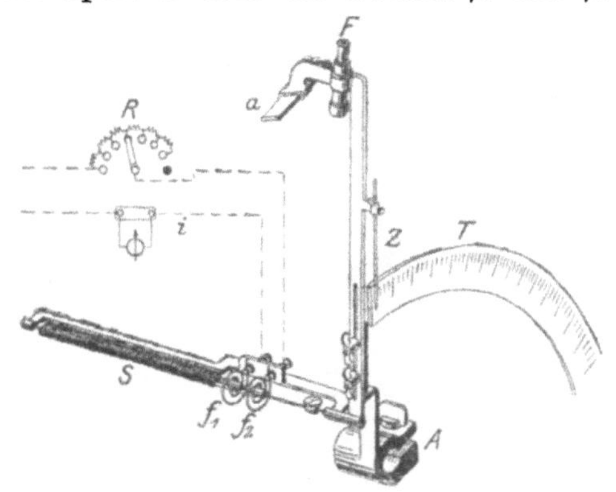

Fig. 132.

Aufnahme der Feldkurve mit rotierender Prüfspule. Genaue Untersuchungen der Feldverteilung kann man mittels einer auf den Anker aufgelegten Prüfspule von wenigen Windungen nach Fig. 133 vornehmen. Der Wickelschritt der Spule muß gleich der Polteilung sein. Die Spulenenden sind mit zwei Schleifringen verbunden. An diese ist ein Kontaktgeber (Joubertsche Scheibe S. 139) *KA* und ein ballistisches Galvanometer *BG* angeschlossen (*C* ist ein Kondensator, *W* sind Widerstände), und es können so die Augenblickswerte der in der Spule induzierten EMK für die verschiedenen Lagen der Spule zum Feld aufgenommen werden.

Die Aufnahmen des Leerlauf- und Belastungsfeldes erfolgen natürlich bei rotierendem Anker. Man kann jedoch auch das Ankerfeld allein aufnehmen, indem man bei unerregtem Hauptfelde den vom normalen Strom durchflossenen Anker rotieren läßt. Die Prüfspule wird dann von dem senkrecht zum Hauptfelde stehenden Ankerfelde induziert.

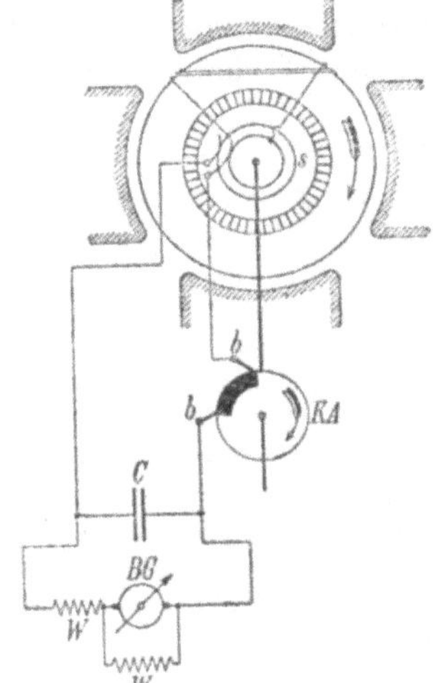

Fig. 133.

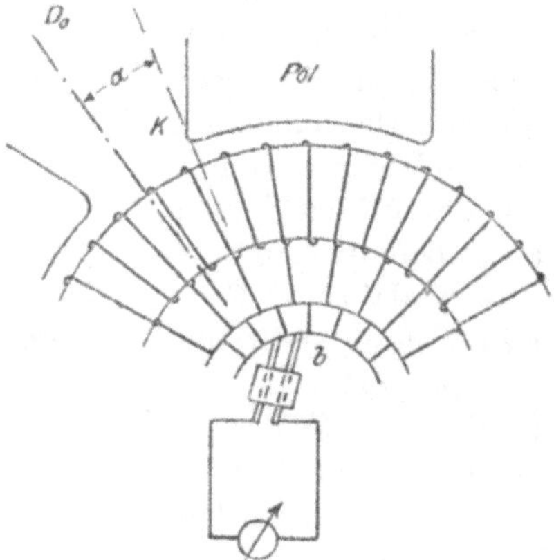

Fig. 134.

Anstatt an die Schleifringe einen Kontaktgeber anzuschließen, kann man mit ihnen auch einen Oszillographen in Verbindung bringen. Mittels eines Vorschaltwiderstandes wird die Ablenkung der Meßschleife reguliert. Den Maßstab für die aufgezeichneten Ordinaten (induzierten Spannungen) findet man leicht, wenn man den Apparat bei unverändertem Vorschaltwiderstand auf eine bekannte Gleichstromspannung umschaltet. Man erhält dann eine zur Abszissenachse parallele Linie und damit den Maßstab.

Aufnahme der Feldkurve durch Messung der Spannung zwischen den Kommutatorlamellen. Auch hier muß die Maschine laufen und kann außerdem im richtigen Betriebszustande untersucht werden. Zwei schmale Hilfsbürsten (Fig. 134) aus hartem Kupfer werden auf den Kommutatorlamellen verschoben und die Spannung *e*, welche zwischen diesen gemessen wird, in Abhängigkeit von α (Entfernung von einer Ausgangslage bzw. von der neutralen Zone) aufgetragen: $e = f(\alpha)$ (Fig. 135). α wird wieder mit einer Gradteilung bestimmt. Die Größe der Spannung e ist abhängig von der Zahl der zwischen den Hilfsbürsten liegenden Spulenseiten und von der Stellung der letzteren im Feld. Bei der Durchführung einer Messung ist

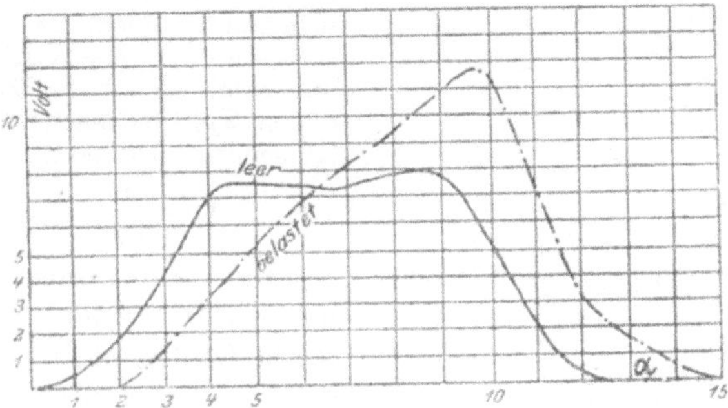

Fig. 135.

die Entfernung der Bürsten konstant zu halten, dann ist auch die Zahl der Spulenseiten konstant und die Kurve $e = f(\alpha)$ gibt die Feldverteilung im Voltmaßstab wieder.

Steht die eine Bürste auf Lamelle u, so ist die andere auf Lamelle $(u + v)$ zu setzen. v ist je nach Schaltungs- und Wicklungsart aus folgender Tabelle zu entnehmen. Die Bezeichnungen y_k, a, p s. S. 92.

Wicklungsart	Ausführung als:	v	Gemessene Spannung e, herrührend von s' Spulenseiten
Schleifenwicklung $y_k = \pm \frac{a}{p}$	einfache oder mehrfache Parallelschaltung $a = p,\ 2p,\ 3p \cdots$	$v = y_k = \pm 1, 2, 3 \cdots$	$s' = 2$
Wellenwicklung $p \cdot y_k = K \pm a$	$a = 1$ Reihenschaltung $a = p$ Parallelschaltung $a \gtrless p$ Reihenparallelschaltung	$v = K \pm a = \pm a$	$s' = 2p$

Weiterhin ist noch zu bemerken:

a) Da v bei Schleifenwicklung gleich y_k genommen wird, so ist e die Spannung zweier Spulenseiten, welche von zwei Polen induziert werden. Um die Feldverteilung eines Poles zu erhalten, ist aufzutragen:

$$e' = \frac{e}{2} = f(\alpha).$$

b) Bei Wellenwicklungen sind die Bürsten um $p \cdot y_k = K \pm a = v$ voneinander entfernt. Zählt man K Lamellen zur Lamelle u, so kommt man auf u zurück, man kann also setzen $u + v = u + K \pm a = u \pm a$ und somit $v = \pm a$. Dabei rührt e von $2p$ Spulenseiten her. Es ist somit aufzutragen

$$e' = \frac{e}{2p} = f(\alpha).$$

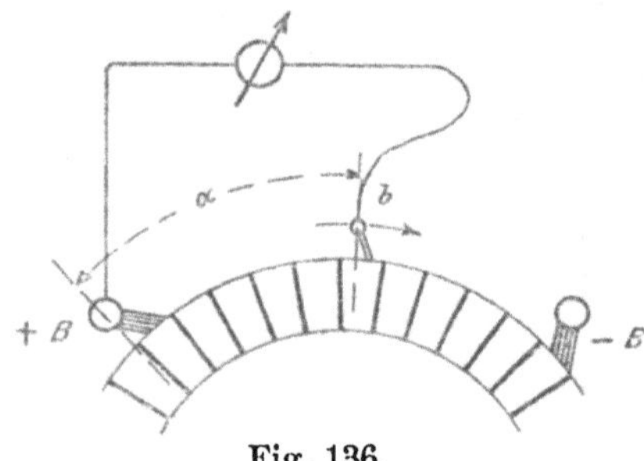

Fig. 136.

Die Aufnahmen können ausgeführt werden sowohl bei leerlaufender, als bei verschieden belasteter Maschine (Fig. 135). Im letzteren Falle ist der Spannungsverlust in den zwischen den Hilfsbürsten liegenden Spulen zu berücksichtigen. Derselbe ist zu e zu addieren bzw. von e zu subtrahieren, je nachdem die Maschine als Generator oder als Motor läuft.

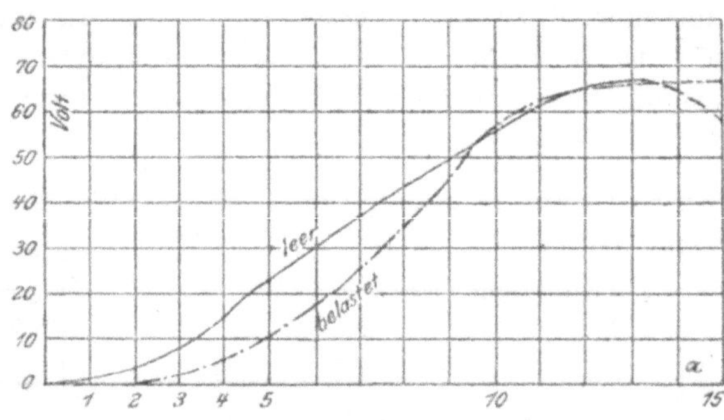

Fig. 137.

Die Umrechnung des Voltmaßstabes in Sättigungswerte $\mathfrak{B}$ erfolgt am einfachsten dadurch, daß man an einer beliebigen Stelle α bei stillstehender Maschine und normal erregten Magneten (Ankerstrom = 0) die Feldstärke $\mathfrak{B}$ mittels der Wismutspirale bestimmt.

Auch aus der **Potentialkurve des Kommutators** lassen sich die Feldverteilungskurven ableiten. Das Voltmeter (Fig. 136) ist einerseits fest mit der normalen Bürste $+B$ verbunden und liegt anderseits an der kleinen verschiebbaren Hilfsbürste $-b$. Fig. 137 zeigt die Potentialkurven bei Leerlauf und Belastung. Die bei verschiedenen Stellungen α der Hilfsbürste gemessene Spannung e_k wird gleich der Maschinenspannung E, wenn die Hilfsbürste mit der anderen Hauptbürste $-B$ zusammenfällt. Wird α größer als eine Polteilung, so nimmt e_k wieder ab.

Beide Kurven (Fig. 137) sind nichts anderes als die Summe der Ordinaten der entsprechenden Kurven in Fig. 135. Man braucht also in Fig. 137 von jeder Ordinate nur die vorhergehende abzuziehen und die Differenz in Abhängigkeit von α aufzutragen, um Fig. 135 zu erhalten.

Bestimmung der Wellenform von Wechselströmen.

Allgemeines. Die Bestimmung der Feldverteilung nach den bisher angegebenen Methoden wird für Wechselstrommaschinen unausführbar. Wie nachstehend gezeigt wird, hat die Art der

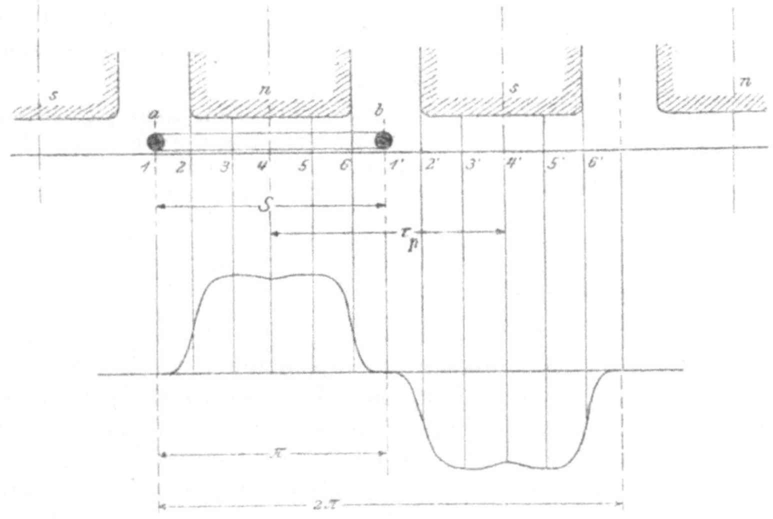

Fig. 138.

Wicklung (je nachdem die Spulenbreite $S \gtreqless$ als die Polteilung τ_p) ist und je nachdem eine Ein- oder Mehrlochwicklung vorliegt Einfluß auf die induzierte Spannung.

Es seien die beiden Fälle angenommen $S = \tau_p$ und $S < \tau_p$ (Einlochwicklung).

1. $S = \tau_p$. Wie sich an Hand der Fig. 138 ergibt, verläuft die Kurve der in den Spulenseiten a und b induzierten Spannungen genau so wie die Kurve der Feldverteilung. Die Spannungen sind also gleich Null, wenn die Spule in der gezeichtenen Lage sich befindet und erreichen ihre Höchstwerte, wenn a und b unter den Polen liegen. Der Spannungsverlauf ist in a und b derselbe, die einander entsprechenden Ordinaten liegen natürlich spiegelbildlich zur Abszissenachse. Bezeichnen E_{at} und E_{bt} die Augenblickswerte der induzierten Spannungen zur Zeit t, welche seit dem Verlassen der Ausgangslage verstrichen ist, so ergibt sich die resultierende Spannung E_t der beiden Seiten zu:

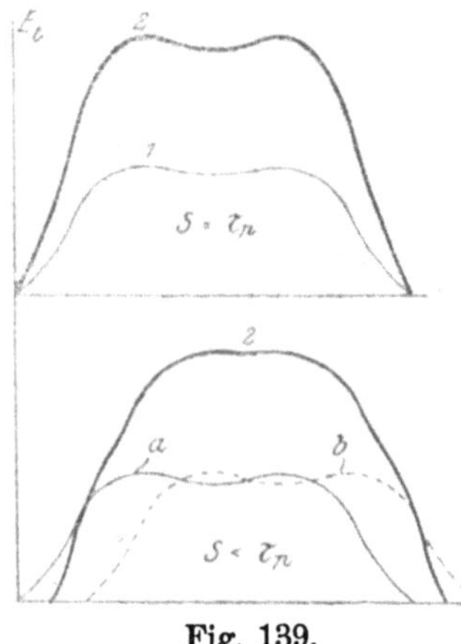

Fig. 139.

$$E_t = E_{at} - (-E_{bt}) = E_{at} + E_{bt}.$$

In Abb. 139 stellt die Kurve 2 die resultierende Spannung, Kurve 1 diejenige der Spulenseiten a und b dar.

E_t kann sowohl in Abhängigkeit von der Zeit aufgetragen werden, $E_t = f(t)$, als auch in Abhängigkeit von dem Winkel α, den die Spulenseite mit ihrer Ausgangslage einschließt: $E_t = f(\alpha)$. Der Winkel α, der zurückgelegt wurde, ist ja proporional der Zeit t. Dabei ist zu beachten, daß α' räumlichen Graden ein Winkel $\alpha = p \cdot \alpha'$, in elektrischen Graden gemessen, entspricht.

2. $S < \tau_p$. a und b liegen zu gleichen Zeiten in verschiedenen Feldern. Die resultierende Spannung E_t ergibt sich wie oben als die Differenz der hintereinander geschalteten Spannungen in a und b: $E_t = E_{at} + E_{bt}$. Der Verlauf der Kurven a und b ist der gleiche, jedoch sind sie gegeneinander verschoben (Fig. 139).

Es folgt, daß die Form der resultierenden Spannungskurven nicht nur von der Feldverteilung, sondern auch von der Wicklungsart abhängig ist. Die resultierende Spannung ist also nicht mehr identisch mit der Kurve der Feldverteilung.

Analyse von Wechselstromkurven. Wenn auch das Bestreben der Technik darauf gerichtet ist, Maschinen zu bauen, welche möglichst sinusförmige Spannungen bzw. Ströme liefern, so wird doch durchaus nicht immer der angestrebte Verlauf erzielt. Nach Fourier kann man jede beliebige periodische Kurve zerlegen in eine „Grundschwingung" von sinusförmigem Verlauf und in eine Reihe von ebenfalls sinusförmigen „Oberschwingungen" von der doppelten, dreifachen ... $n$fachen Frequenz. Es sind eine Anzahl von Auflösungsverfahren bekannt, ihre Erläuterung würde jedoch hier zu weit führen[1]).

Es soll nur noch darauf hingewiesen werden, daß bei den maschinell erzeugten Wechselströmen und -spannungen die positive Kurvenhälfte ebenso verläuft wie die negative, und zwar sind zwei um eine halbe Periode auseinanderliegende Werte der Augenblicksgrößen einander gleich, haben aber entgegengesetztes Vorzeichen. Derartige Kurven enthalten außer der Grund- nur die ungeradzahligen Oberschwingungen, also noch die 1., 3., 5. ... Harmonische.

Apparate zur Kurvenaufnahme.

Joubertsche Scheibe[2]). Die grundlegende Erfindung, auf der sich die späteren Apparate aufbauten, war die Joubertsche Scheibe (Fig. 140). Eine drehbare Scheibe aus Isoliermaterial trägt bei S ein Metallstück, das mit dem Metallring r verbunden ist. Auf letzterem schleift die Bürste b_1. Die Bürste b_2 ist isoliert an einem drehbaren Arm befestigt. An einer Gradteilung kann die jeweilige Lage der Bürsten zueinander bestimmt werden. Die Umdrehungszahl n_1 der drehbaren Scheibe wird am besten so gewählt, daß

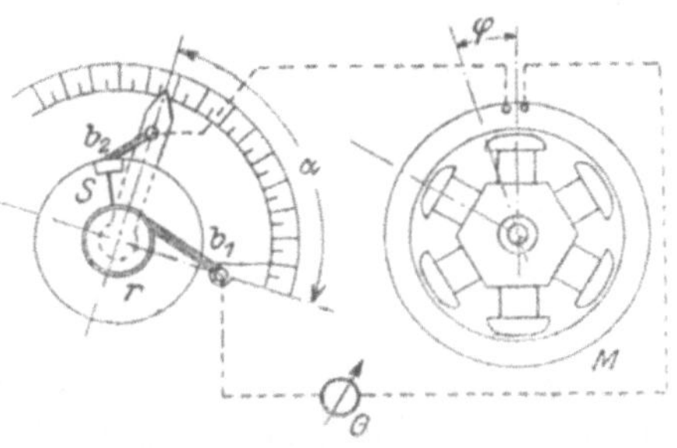

Fig. 140.

$$n_1 = n \cdot p$$

ist (n Umdrehungszahl der zu untersuchenden Maschine, p deren Polzahl). In jeder Periode wird dann der Galvanometerkreis

[1]) Verwiesen sei besonders auf das Buch: Orlich, Aufnahme und Analyse von Wechselstromkurven (Sammlung Elektrotechnik in Einzeldarstellungen).

[2]) Journal de physique 1880, S. 297.

mit dem Voltmeter G einmal geschlossen, und zwar stets nur, wenn sich das Polrad um den Winkel φ gedreht hat. Zwischen φ und α besteht die Beziehung:

$$\alpha = p \cdot \varphi$$

α gibt also die Drehung des Polrades in elektrischen Graden an. Das Voltmeter erhält bei jedesmaligem Stromschluß einen Stromstoß. Seine Ablenkung ψ ist der im Polrad induzierten EMK proportional $\psi = c \cdot E_t$. Einem anderen Winkel α entspricht eine andere Drehung φ des Polrades aus der Ausgangslage und eine andere Ablenkung des Voltmeters. Durch Verschiebung der Bürste b_2 kann man also die Augenblickswerte der Spannungskurve für eine Periode aufnehmen. Man erhält die Kurve:

$$E_t = \frac{\psi}{c} = f(\alpha).$$

Die Aufnahmen ergeben nur relative Werte der Spannungskurve, da c nicht bekannt ist. Will man die absoluten Werte bestimmen, so verwendet man eine bekannte regulierbare Span-

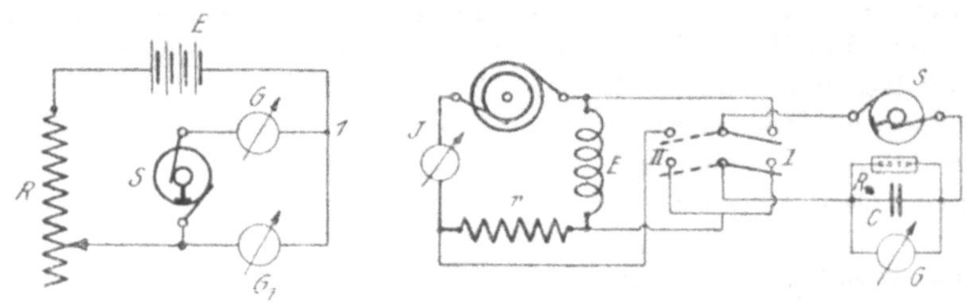

Fig. 141. Fig. 142.

nung E (Fig. 141), schaltet das für die Kurvenaufnahme benutzte Instrument G zwischen die Kontaktscheibe S und Punkt 1 und beobachtet für verschiedene Spannungen E, welche Instrument G_1 anzeigt, die Ablenkungen ψ von G. Aus der Kurve $E = f(\psi)$ findet man die Werte E_t, wenn man $E = E_t$ für ψ abliest.

Die Aufnahme von Stromkurven führt man auf jene von Spannungskurven zurück. Legt man in den Stromkreis einen induktionsfreien Widerstand r (vgl. Fig. 142), so ist J_t in Phase mit e_t, dem Spannungsabfall in r, der durch J_t erzeugt wird. Nimmt man

e_t auf die beschriebene Art auf, so erhält man $e_t = \frac{\psi}{c} = f(\alpha)$, und da $e_t = J_t \cdot r$ ist:

$$r \cdot J_t = \frac{\psi}{c} = f(\alpha),$$

$$J_t = \frac{\psi}{c_1} = f_1(\alpha).$$

Dividiert man also die Ordinaten der Spannungskurve $e_t = \frac{\psi}{c} = f(\alpha)$ durch den Widerstand r, so erhält man die Stromkurve $J_t = \frac{\psi}{c_1} = f_1(\alpha)$. Die Konstanten r und c wurden dabei zur Konstanten c_1 zusammengefaßt.

Nimmt man mit der Schaltung Fig. 142 gleichzeitig E_t und J_t auf (E_t: der Instrumentenkreis liegt am induktiven Verbraucherkreis E bzw. an den Maschinenklemmen — Stellung I, J_t: der

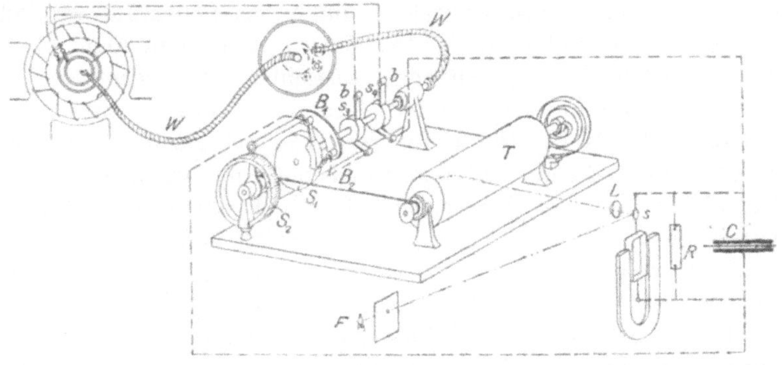

Fig. 143.

Instrumentenkreis liegt am Widerstand r — Stellung II), so kann man aus den erhaltenen Kurven auch die Leistung und die Phasenverschiebung bestimmen.

Apparat von Dr. R. Franke[1]. Bei diesem (Fig. 143) wird die Joubertscheibe in verbesserter Form benutzt. Die Umdrehungszahl der Welle mit den Scheiben S_1, S_2, S_3 beträgt:

$$n_1 = p \cdot n,$$

worin n die Dreh- und p die Polpaarzahl der zu untersuchenden Maschine ist. Die Übersetzung erfolgt durch die biegsame Welle W

[1] ETZ 1899, S. 802.

unter Verwendung eines zwischengeschalteten Zahnrädervorgeleges. Die Zeitdauer, während welcher die Bürsten B_1 und B_2 gleichzeitig auf dem Metallstück der Scheibe S_1 schleifen, läßt sich durch Verstellung der Bürsten gegeneinander beliebig kurz einstellen. Nur während dieser Zeit ist der Galvanometerkreis, welcher einerseits an B_1, anderseits an b (S_4) liegt, geschlossen. Von den Bürsten $b\,b$ (Scheiben S_3 und S_4) führen Ableitungen zu der zu untersuchenden Maschine. Als Instrument wird ein Drehspulspiegelgalvanometer mit parallel geschaltetem Widerstand R und Kondensator C benutzt.

Das Galvanometer muß für diesen Zweck besonders ausgeführt werden und erfordert eine Dämpfung durch Parallelschaltung von R. Wegen der kurzen Zeitdauer des Stromschlusses durch Scheibe S_1 ist der Kondensator C erforderlich. Das Galvanometer würde sonst dem Stromstoß nicht schnell genug folgen können, wenn nicht durch diesen erst der Kondensator geladen würde, der sich dann rückwärts durch das Instrument entlädt.

Bei Stromschluß zeigt das Instrument einen dem Augenblickswert der Kurve entsprechenden Ausschlag, der vermittels der durch eine Öffnung scheinenden Flamme F, des Spiegels s und der Linse L als Lichtfleck auf der Trommel erscheint und um so weiter von deren vorderem Rand entfernt ist, je größer der Augenblickswert der Kurve ist. Durch Drehung des Bürstenhalters S_2 von B_1 und B_2, der als Scheibe ausgebildet ist und dessen einzelne Stellungen an einer Gradteilung ermittelt werden können (Winkel α), dreht man gleichzeitig die Trommel, welche durch eine Schnur mit der Bürstenstellvorrichtung verbunden ist. Für die verschiedenen Winkel α erhält man, wenn man den Lichtfleck auf der Trommel verfolgt, die Kurve der Augenblickswerte.

Oszillograph[1]). Die Joubertscheibe und der Apparat von Dr. Franke eignen sich nur für punktförmige Kurvenaufnahmen, sind also bloß brauchbar zur Aufnahme von periodisch verlaufenden Kurven. Handelt es sich aber um rasch verlaufende veränderliche Vorgänge, z. B. um das Verhalten der Spannung beim Parallelschalten von Wechselstrommaschinen, um Vorgänge beim Öffnen und Schließen eines Wechselstromkreises und um ähnliche sich in sehr kurzer Zeit abspielende Erscheinungen, so muß man die Oszillographen zur Aufnahme benutzen.

---

[1]) Zeitschrift für Instrumentenkunde 1901, S. 239. La Nature 1900, S. 63 und S. 142.

Die Grundform eines von Blondel angegebenen Oszillographen zeigt Fig. 144. In dem schmalen Luftspalt zwischen den Polen eines starken Magneten, gewöhnlich Elektromagneten, mit konstantem Felde befindet sich eine dünne Drahtschleife *ab*, die am einen Ende mit Anschlußklemmen für den zu untersuchenden Stromkreis versehen ist und am anderen Ende über eine Rolle geführt ist. Diese hängt an einer Feder, durch welche die Schleife gespannt gehalten wird. In der Mitte der Schleife, also im Feld der Pole, ist ein kleiner Spiegel *S* an den Drähten befestigt. Dadurch, daß in den beiden Drähten der Schleife der Meßstrom entgegengesetzt fließt, wird die Schleife

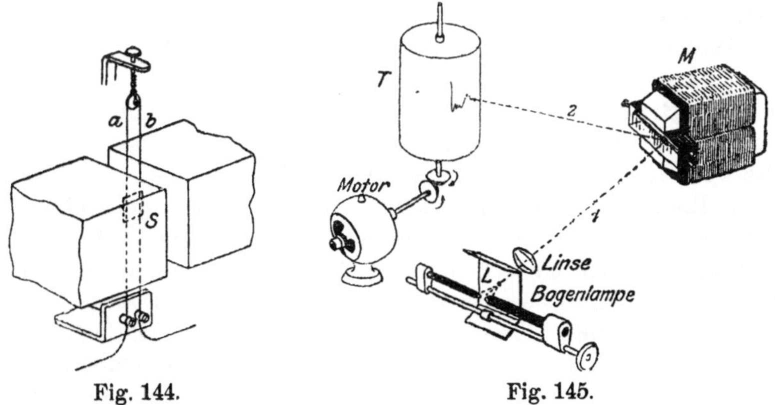

Fig. 144. Fig. 145.

gedreht, und zwar je nach der Richtung des Stromes in verschiedenem Sinne. Bei den sehr kleinen Ablenkungswinkeln ist Proportionalität zwischen Ausschlag und Strom vorhanden. Die Schleife muß sich für jeden Strom so schnell als möglich und ohne Eigenschwingungen, also aperiodisch einstellen. Ihre eigene Schwingungsdauer muß gegenüber der Zeitdauer der Periode einer gewöhnlichen Wechselstromkurve verschwindend klein und die Dämpfung stark sein. Es lassen sich solche Schleifen ausführen, die $\frac{1}{1000}$ Sekunde Eigenschwingungsdauer haben.

Zu einem fertigen Oszillographen gehören dann die Apparate in Fig. 145. *M* ist der Elektromagnet, dessen Feld durch seinen Erregerstrom genau konstant gehalten wird. Zwischen seinen Polen ist die Schleife eingesetzt. Von einer Bogenlampe aus wird durch ein kleines Loch L und eine Linsen- und zuweilen noch Spiegelkombination ein Lichtstrahl 1 auf den Spiegel geworfen, den dieser in der Richtung 2 gegen eine Trommel T zurückwirft. Die Trommel, welche durch einen Motor schnell gedreht wird, ist mit lichtempfindlichem Papier überzogen, so daß die Schwingungen des Spiegels, die in einer zur Achse der Trommel parallelen Ebene erfolgen, als Kurven fixiert werden. Meist sind zwei Schleifen nebeneinander angeordnet, um Strom- und Spannungskurven gleichzeitig aufnehmen zu können.

Die Firma Siemens & Halske liefert vollständig zusammengestellte Oszillographen mit mehreren Schleifen, die verschiedene Schwingungsdauer haben und mit Rücksicht auf den aufzunehmenden Vorgang benutzt werden müssen.

Weitere Methoden zu Kurvenaufnahmen. Außer den beschriebenen Apparaten verwendet man u. a.:

Die Braunsche Röhre[1]. Prinzip: Kathodenstrahlen werden von einem senkrecht zu ihnen stehenden magnetischen Feld, das von dem zu untersuchenden Wechselstrom erzeugt wird, aus ihrer Richtung abgelenkt. Diese Ablenkung erfolgt senkrecht zum magnetischen Felde (und senkrecht zur Richtung der Strahlen) und wird mittels eines lichtempfindlichen Schirmes, auf den die Strahlen treffen, sowie eines rotierenden Spiegels sichtbar gemacht.

Bezüglich des Glimmlichtoszillographen von Gehrke[2], der optischen Apparate von Crehore und Switzer[3], des Ondographen von Hospitalier[4] und anderer Methoden zur Kurvenaufnahme sei auf das Studium der Spezialliteratur[5] verwiesen.

Berechnung des Form- und Scheitelfaktors.

Allgemeines. Will man eine Kurve nicht in ihre Harmonischen zerlegen, so gibt:

a) Der Formfaktor f bzw. der Scheitelfaktor f_s neben dem Verlauf der Kurve einen Anhalt über die Größe der Abweichung von der Sinusform.

---

[1] ETZ 1897, S. 267; 1898, S. 204; 1901, S. 409.

[2] Zeitschrift für Instrumentenkunde 1905, S. 33 und 278.

[3] Physical Review 1894, S. 122. Physical Review 1898, S. 83.

[4] L'Electricien 1901, S. 194. Zeitschrift für Instrumentenkunde 1902, S. 166.

[5] Alle diese Methoden sind behandelt in dem Buche: Orlich, Aufnahme und Analyse von Wechselstromkurven.

b) Der aus der im unbekannten Maßstab aufgenommenen Kurve berechnete Effektivwert sofort den Maßstab für die Augenblickswerte, wenn der Effektivwert während der Aufnahme gemessen wurde.

Die folgenden Ableitungen gelten für Spannungen, wie für Ströme; die in Frage kommende Größe ist daher allgemein mit P bezeichnet. Gegeben ist die Kurve: $P_t = f(t) = f(\alpha)$, wobei der Zeitdauer $t = T$ von einer Periode ein Winkel $\alpha = 2\pi$ entspricht.

Als Formfaktor f bezeichnet man das Verhältnis des quadratischen Mittelwertes (also des Effektivwertes) P, zum linearen Mittelwert P_m.

$$f = \frac{P}{P_m} = \frac{\sqrt{\frac{1}{\pi} \cdot \int_0^\pi P_t^2 \, d\alpha}}{\frac{1}{\pi} \cdot \int_0^\pi P_t \, d\alpha} \quad . \quad . \quad . \quad . \quad (51)$$

Für sinusförmig verlaufende Kurven ist: $f = \frac{0{,}707}{0{,}636} = 1{,}111$.

Als Scheitelfaktor f_s definiert man das Verhältnis des Maximalwertes $P_{\max}$ zum Effektiwert P:

$$f_s = \frac{P_{\max}}{P} \quad . \quad . \quad . \quad . \quad . \quad . \quad . \quad (51a)$$

Für sinusformige Kurven ist: $f_s = 1{,}414$.

Bestimmung von P_m. Gemäß dem Werte

$$P_m = \frac{1}{\pi} \cdot \int_0^\pi P_t \, d\alpha \qquad (51b)$$

planimetriert man die von der Kurve $P_t = f(\alpha) = f(t)$ und der Abszissenachse (Fig. 146) eingeschlossene Fläche zwischen $t = 0$ und $t = \frac{T}{2}$ ($\alpha = 0$ und $\alpha = \pi$) und verwandelt den Inhalt in ein Rechteck mit der Grundlinie π $\left(\text{bzw. } \frac{T}{2}\right)$ und der Höhe P_m.

Berechnung von P. a) Entsprechend dem Ausdruck

$$P = \sqrt{\frac{1}{\pi} \cdot \int_0^\pi P_t^2 \, d\alpha} \quad . \quad . \quad . \quad . \quad . \quad (51c)$$

sind folgende Operationen vorzunehmen:

1. Quadrieren von Ordinaten der Kurve $P_t = f(\alpha)$. 2. Auftragen dieser Werte als $f(\alpha)$ und planimetrieren der so erhaltenen Kurve zwischen 0 und π. 3. Dividieren der gefundenen Größe durch π. 4. Radizieren.

b) Schneller kommt man zum Ziel, wenn man aus Fig. 146 $P_t = f(\alpha)$ in Polarkoordinaten aufträgt. In Fig. 147 besitzt das Dreieck mit dem Öffnungswinkel $d\alpha$, da derselbe unendlich klein

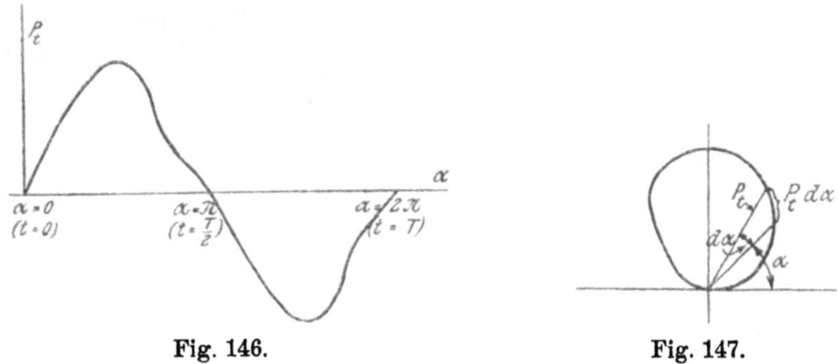

Fig. 146. Fig. 147.

ist, eine Höhe gleich der Seite P_t und eine Grundlinie gleich $P_t \cdot d\alpha$. Somit ist der Inhalt des Dreiecks:

$$F' = \frac{1}{2} P_t^2 d\alpha.$$

Der Inhalt F der ganzen Fläche zwischen $\alpha = 0$ und $\alpha = \pi$ beträgt dann:

$$F = \frac{1}{2} \int_0^\pi P_t^2 d\alpha.$$

Ein Vergleich mit Gl. (51c) liefert sofort:

$$P = \sqrt{\frac{2}{\pi} \cdot F} \quad \ldots \ldots \quad (51\,\mathrm{d})$$

Die berechnete Größe P ist gleich dem gemessenen Werte P zu setzen. Damit ist dann der Maßstab für die aufgenommene Kurve bestimmt.

c) Auch die Theorie zur Bestimmung des Schwerpunktes von Flächen läßt sich zur Ermittlung von P benutzen[1]).

[1]) Fleischmann, ETZ 1897, S. 35.

Siebenter Abschnitt.

Belastungsarten und Parallelschalten elektrischer Maschinen.

Belastungsarten.

Allgemeines. Für die Aufnahme verschiedener charakteristischer Kurven, für die Bestimmung des Wirkungsgrades, der Temperaturzunahme und des Drehmomentes müssen die Maschinen belastet werden. Abgesehen von den Fällen, wo es sich um besonders große, im Prüffelde schwer zu belastende Maschinen handelt (deren Verhalten bei Belastung vielfach indirekt aus Leerlauf- und Kurzschlußversuch ermittelt wird), schlägt man dazu die folgenden Wege ein.

Generatoren. a) Die Maschinen arbeiten auf Widerstände: Glühlampen-, Metall- oder Wasserwiderstände. Die erzeugte Leistung geht verloren, d. h. sie wird nutzlos in Wärme umgesetzt. Anwendung findet diese Methode zur Belastung kleinerer, mittlerer und bei Benutzung von Wasserwiderständen auch großer Maschinen.

b) Die zu prüfenden Maschinen arbeiten auf ein Netz. Die erzeugte Leistung wird gewonnen, gedeckt müssen werden die Verluste des Generators und der Antriebsmaschine desselben. Bedingung dabei ist, daß dem Netze anderweitig ebensoviel Strom entnommen wird, als der Belastungsstrom der zu untersuchenden Dynamo beträgt. In ausgedehntem Maße wird von dieser Methode Gebrauch gemacht, wenn es sich um die Prüfung zweier gleich großer Maschinen derselben Gattung und Bauart handelt (s. Anwendung des Energiekreislaufes).

c) Sind Gleichstromgeneratoren zu prüfen, so benutzt man diese auch vielfach zur Ladung von Akkumulatoren. Eignet sich die Maschinenspannung nicht für die vorhandene Batterie, so läßt man den Generator auf einen Motor arbeiten, der einen geeigneten zweiten Generator zum Laden der Batterie antreibt.

Motoren. a) Die Maschinen werden zum Antrieb entsprechender Dynamos verwendet, deren elektrische Leistung in der angegebenen Weise benutzt bzw. umgesetzt wird.

b) Als einfachste Belastungsart kommt insbesondere für kleinere Motoren das Abbremsen in Betracht. Die gesamte mechanische Leistung wird dabei in Wärme umgewandelt. Mit rein mechanischen Bremsen ist jedoch eine konstante Dauerbelastung schwer zu erreichen; zur Anwendung gelangen deshalb vielfach Wirbelstrombremsen.

Widerstandsbelastung.

Glühlampenwiderstände. Eine zweckmäßige Anordnung zeigt Fig. 148. Man versieht sechs Bretter mit einer Anzahl Glühlampen und je zwei Schaltschienen. (In der Fig. 148 sind die

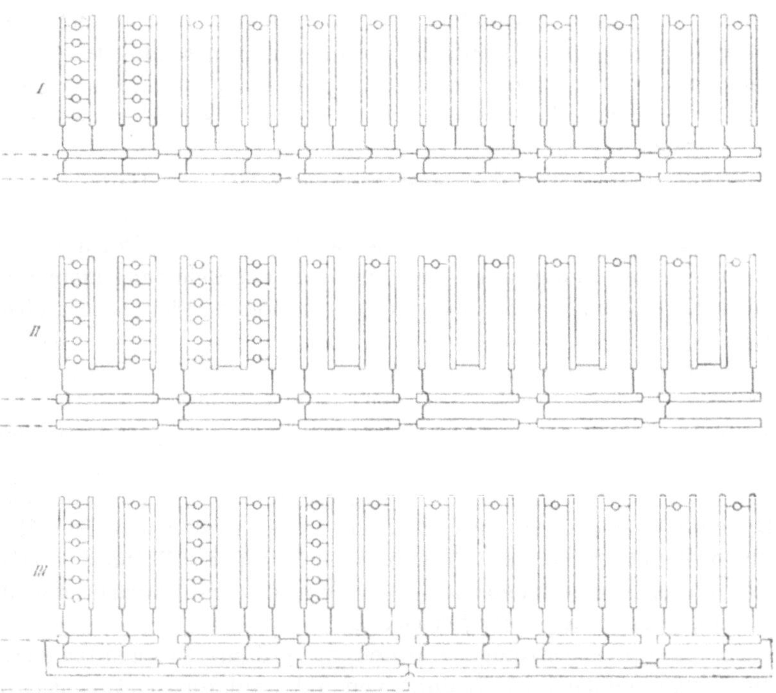

Fig. 148.

Glühlampen pro Brett nochmals in je zwei Gruppen, welche parallel und auch in Serie geschaltet werden können, unterteilt.) Schaltung nach I: Sämtliche Lampen sind parallel; bei *E* Volt Lampenspannung muß die Maschinenspannung maximal

E Volt betragen. Schaltung nach II: Die Lampengruppen pro Brett sind in Serie geschaltet; geeignet für $2\,E$ Volt Maschinenspannung. Schaltung nach III: Geeignet für $3\,E$ Volt Maschinenspannung.

Je nach Schaltung können solche Widerstände bis zu $m \cdot n \cdot E$ Volt Maschinenspannung benutzt werden, wobei m die Anzahl der Bretter, n die der Gruppen pro Brett und E die Lampenspannung bedeutet.

Am besten eignen sich für diesen Fall hochkerzige und hochwattige Glühlampen, also Kohlenfadenlampen (Wattverbrauch etwa 3,3 W pro 1 HK). Als Fassungen verwendet man einfache Brückenfassungen mit Edisongewinde (Fig. 149). Die Zahl der eingeschalteten Lampen und damit die Belastung läßt sich durch einfaches Drehen im Fassungsgewinde ändern. In Fig. 149 sind S und D die Schienen, zwischen denen die Lampen nach Fig. 148 liegen.

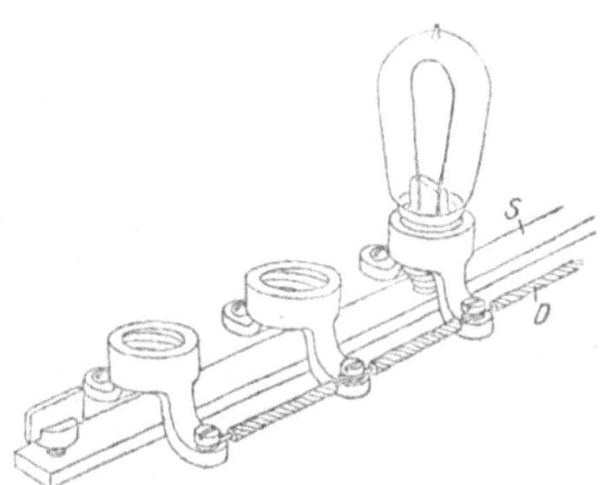

Fig 149.

Metallwiderstände. Als solche können entsprechend dimensionierte Regulierwiderstände benutzt werden. In Prüffeldern werden vielfach Rahmenwiderstände verwendet. In senkrecht stehenden Rahmen (zwecks guter Wärmeableitung) werden Gruppen von Drahtspiralen von entsprechendem Widerstand und Querschnitt befestigt. Diese können zwecks Verwendung für verschiedene Spannungen und Belastungen sowohl parallel, als in Serie geschaltet werden.

Für gute Widerstände muß Material mit entsprechend geringem Temperaturkoeffizienten zur Verwendung kommen. In Ermangelung von Widerstandsdraht läßt sich auch verzinnter Eisendraht benutzen, doch hat dieser eben den Nachteil, daß sein Widerstand stark von der Temperatur abhängig ist.

Es sei noch darauf hingewiesen, daß band- oder streifenförmige Widerstandsmaterialien höher beansprucht werden können, als solche von rundem Querschnitt, da das Verhältnis Abkühlungsfläche zu Querschnitt bei jenen größer ist, als bei letzteren.

Wasserwiderstände. Im einfachsten Falle kann man zur Herstellung solcher mit Wasser gefüllte Fässer verwenden, in welche Eisen-(Metall-)platten gehängt werden. Die Eintauchtiefe derselben muß zwecks Erzielung verschiedener Belastungszustände veränderlich sein.

Eine Regulierung der Tauchtiefe ist auch für eine bestimmte Belastung erforderlich. Durch die sich entwickelnde Wärme und bei Gleichstrom ferner durch die elektrolytische Zersetzung wird die Leitfähigkeit des Wassers rasch größer, so daß die Platten gehoben werden müssen, um die Belastung der Maschine konstant zu halten.

Bei 500 V Gleichstrom genügt vielfach reines Wasser ohne Salz-, Soda- oder Säurezusatz, bei höheren Spannungen (Wechsel- oder Drehstrom von 1500 bis 2000 V an) kann stets reines Wasser benutzt werden (das ablaufende Wasser ist noch geladen!). Zur Umwandlung von 1000 kW in Wärme ist etwa 1 cbm Wasser erforderlich. Die Dimensionierung von Wasserwiderständen hinsichtlich der Größe der Elektroden und des Wasserzu- und -abflusses kann nach folgender Tabelle vorgenommen werden; die Werte derselben beziehen sich auf die Vernichtung einer Leistung von 1000 kW.

Erwärmung des Wassers	Zulauf l/s	einseitige Elektrodenfläche
30° C	8 l/s	2,8 cm^2/A
50° „	4,8 „	4,8 „ „
70° „	3,4 „	8,2 „ „
90° „	2,7 „	16,0 „ „

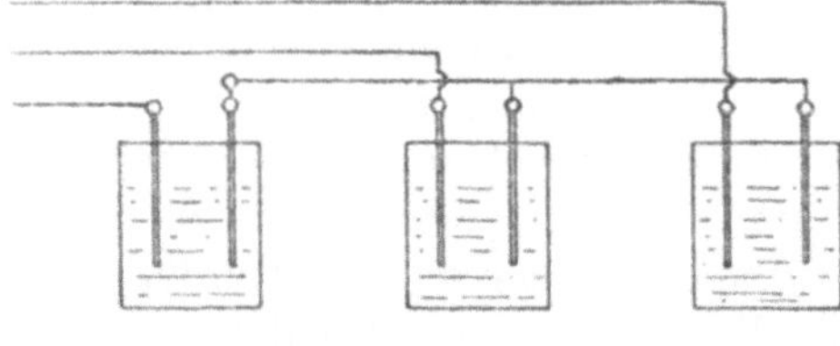
Fig. 150.

Wasserwiderstände für Drehstrom sind so auszuführen, daß der Abstand der drei Platten untereinander der gleiche ist. Man befestigt die Platten zweckmäßig so, daß sie ein gleichseitiges Dreieck bilden; bei kleinen Spannungen kann dies auf Holz vorgenommen werden. Für größere Leistungen empfiehlt sich die Anordnung nach Fig. 150.

Belastung von Synchronmaschinen. a) Induktionsfreie Belastung. Eine solche wird erzielt, indem man die Maschinen in normaler Weise auf Glühlampen-, Wasser-, bifilar (zickzackförmig) gewickelte Drahtwiderstände arbeiten läßt.

b) Induktive Belastung. Meist ist es nötig das Verhalten der belasteten Maschine auch bei andern Phasenverschiebungen (vorgeschrieben ist sehr häufig $\cos\varphi = 0{,}8$) festzustellen. Dies kann erreicht werden:

1. Man läßt die Maschine auf induktive Wicklungen (Drosselspulen, Transformatoren bzw. auch auf Kondensatoren) arbeiten. Schaltet man noch einen regulierbaren induktionsfreien Widerstand parallel, so kann jede beliebige Belastung leicht eingestellt werden (vgl. auch Fig. 186).

2. Einfacher ist es noch, wenn eine zweite Wechselsstrommaschine zur Verfügung steht, die man zur ersten und außerdem noch zu einem Belastungswiderstand parallel schaltet. Die Belastung kann mit Hilfe des letzteren eingestellt werden, während die Änderung des Erregerstromes der zweiten Maschine jede gewünschte Phasenvor- oder -nacheilung des Stromes ergibt.

3. Vgl. auch die Schaltungen Fig. 159 und 160.

Parallelschaltung von Gleichstrommaschinen.

Allgemeines. Bei den in der Folge zu besprechenden Zurückarbeitungsmethoden (Sparschaltungen) tritt der Fall ein, Maschinen auf ein bereits in Betrieb befindliches Netz schalten zu müssen. Ähnliche Verhältnisse kommen auch bei Anlagen vor, die eine stark wechselnde Leistung abgeben müssen und bei denen man, um den Betrieb zu einem sparsamen zu gestalten, dem Leistungsverbrauch entsprechend Maschinen dem Netz zu- oder vom Netze abschaltet.

Parallelschaltung. Schädliche Stromstöße dürfen beim Zuschalten von Maschinen nicht auftreten. Die zu vereinigenden Spannungen müssen daher gleich groß und einander entgegengesetzt gerichtet sein. Es muß also die Beziehung gelten:

$$E_1 + E = 0.$$

Maschine I (Spannung E_1) werde auf das unter der Spannung E stehende Netz geschaltet (Fig. 151). Der Schalter kann eingelegt werden, wenn die vorstehende Bedingung erfüllt ist. Demgemäß muß die Erregung von I eingestellt werden. Kontrolle der Spannungen mittels Voltmeter. Vornahme der Messungen zwischen den Punkten 1 und 2, bzw. 3 und 4. Dabei muß das Voltmeter in jedem Falle nach der gleichen Richtung (gleiche Polarität der Punkte!) ausschlagen, andernfalls sind die Zuleitungen der Maschine I zum Schalter zu vertauschen.

Man kann auch so vorgehen, daß man (vgl. Fig. 151) Punkt 2 und 4 verbindet, dann zeigt das an 1 und 3 gelegte Voltmeter keinen Ausschlag an, wenn gleiche Polarität und gleiches Potential vorhanden ist.

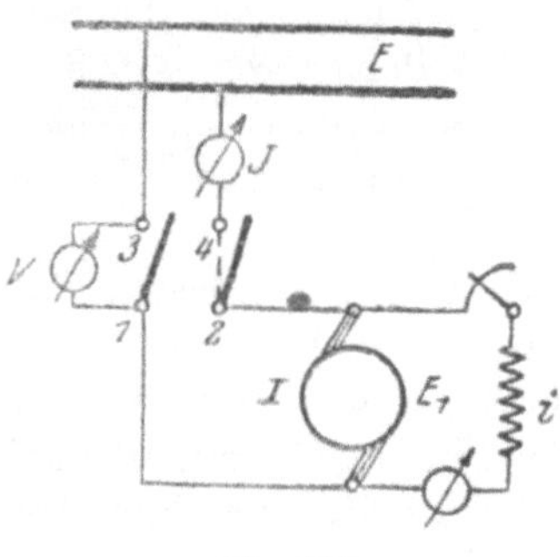

Fig. 151.

Eine Stromabgabe J seitens der zugeschalteten Maschine erfolgt erst, wenn das Feld derselben weiter verstärkt wird, so daß die im Anker induzierte Spannung $E_{a1} > E_1$ ($E_1 = E$) wird. Es gilt dann die Gleichung $J = \frac{E_{a1} - E}{R}$, wenn R der Ankerwiderstand ist. Schwächt man das Feld, so daß $E_{a1} < E_1$ wird, so ergibt die Gleichung einen negativen Wert von J, d. h. das Netz liefert Strom in die jetzt als Motor laufende Maschine.

Ebenso wäre eine Maschine II parallel zu schalten.

Parallelschaltung von Synchronmaschinen.

Allgemeines. Wie bei den Gleichstrommaschinen müssen die Spannungen an der Schaltstelle gleich groß und entgegengesetzt gerichtet sein. Dies gilt aber nicht nur für die Effektivwerte E, E_1, E_2 usw. sondern auch für alle Augenblickswerte E_t, E_{1t}, E_{2t}, d. h. die Resultierende aus den zu vereinigenden Spannungen muß stets gleich Null sein.

Parallelschaltung. Nach Fig. 152 werde Maschine I mit der Spannung E_1 (E_{1t}), auf das Netz von der Spannung E (E_t) geschaltet. Dabei müssen folgende Bedingungen erfüllt sein:

1. $E_1 = E$: Kontrolle mittels Spannungsmessungen zwischen 1 und 2, sowie zwischen 3 und 4. Entsprechendes Einstellen der Spannung mittels Feldregler.

2. $n = \frac{\nu \cdot 60}{p}$, d. h. Maschine I muß auf eine der Netzperiodenzahl ν entsprechende synchrone Drehzahl n gebracht werden. Kontrolle mittels Tachometer (Frequenzmesser).

3. Die Kurvenformen der zu vereinigenden Spannungen müssen möglichst gleich sein (gleiche Formfaktoren). Voraussetzung möglichst gleiche Bauart der Maschinen.

4. Die Phasenverschiebung der betreffenden Spannungskurven muß 180° betragen. Beide erreichen gleichzeitig ihren Höchstwert und ihren Nullwert. Kontrolle durch Spannungsmessungen: Man verbindet 2 mit 4 und mißt mittels Voltmeter zwischen 1 und 3. Da diese Punkte in jedem Augenblick gleiches Potential haben müssen, so darf das Instrument nicht ausschlagen.

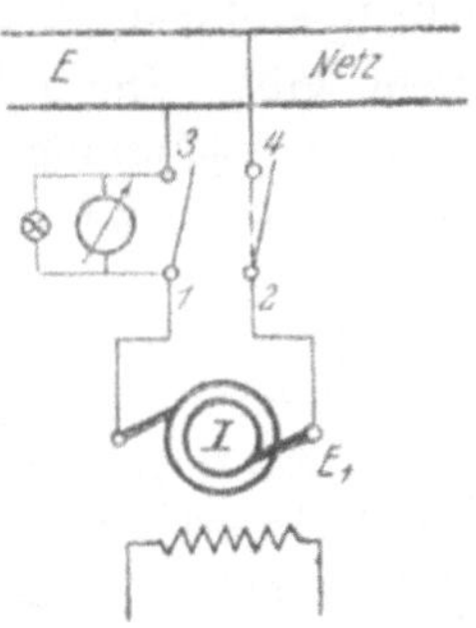

Fig. 152.

Folglich muß stets die Beziehung gelten $E_t + E_{1t} = 0$ oder $E_t = - E_{1t}$. Es ist wohl zu beachten, daß dann die Maschinen (hier Maschine I und die auf das Netz arbeitenden Maschinen) räumlich in Phase sind.

An Hand von Fig. 153 ist leicht festzustellen, daß die resultierende Spannungskurve III aus den Spannungskurven I und II (II ist die Spannungskurve der zuzuschaltenden Maschine) nie gleich Null werden kann, wenn eine dieser Bedingungen nicht erfüllt ist. Man vergleiche auch die Abschnitte „Flackern" und

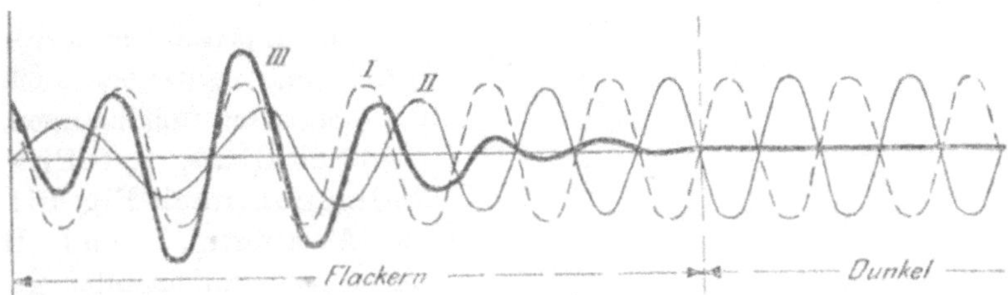

Fig. 153.

„Dunkel" der Fig. 153. Erst im letztgenannten Abschnitte genügen Spannung, Periodenzahl und Phasenlage den Bedingungen.

Für Mehrphasenmaschinen ist zu bemerken, daß vorstehende Bedingungen für jede einzelne Phase erfüllt sein müssen.

Das setzt voraus, daß die Phasen in richtiger Reihenfolge mit den Sammelschienen verbunden werden, wofür eine gleiche Bewegungsrichtung der Drehfelder auftritt. Außerdem verbindet man die neutralen Punkte oder die Klemmen jener Phasen, welche an gleichen Sammelschienen liegen, durch eine möglichst widerstandslose Leitung (in den Skizzen weggelassen).

Hilfsmittel zum Parallelschalten. 1. Einphasenmaschinen. Anstatt eines Voltmeters bzw. mit diesem zugleich kann man auch Phasenlampen verwenden. In Fig. 152 darf dann der Schalter eingelegt werden, wenn das Voltmeter keinen Ausschlag mehr gibt. Dann ist auch die an der Lampe liegende resultierende Spannung gleich Null. Die Lampe ist stromlos und bleibt dunkel („Dunkelschaltung"). Ist nur eine der Bedingungen 1, 3 oder 4 nicht erfüllt, so wirkt auf die Lampe eine resultierende Spannung. Folge: Die Lampe brennt, das Voltmeter gibt einen Ausschlag. Ist nur die Bedingung 2 nicht erfüllt, so findet ein regelmäßiges Erlöschen und Erglühen der Lampe statt (das Voltmeter schwingt zwischen einem Maximal- und Nullwert). Meist sind während des Parallelschaltens mehrere dieser Bedingungen nicht erfüllt. Es tritt dann ein unregelmäßiges Flackern der Lampe ein (Fig. 153).

Da der Höchstwert der resultierenden Spannung $2\,E$ betragen kann, so nimmt man entweder eine Lampe von der Spannung $2\,E$ oder schaltet 2 Lampen für je E Volt in Serie.

Legt man dagegen die Phasenlampe zwischen die Punkte 1 und 4, Fig. 152, so wird der Schalter geschlossen, wenn die Lampe gleichmäßig hell brennt. „Hellschaltung."

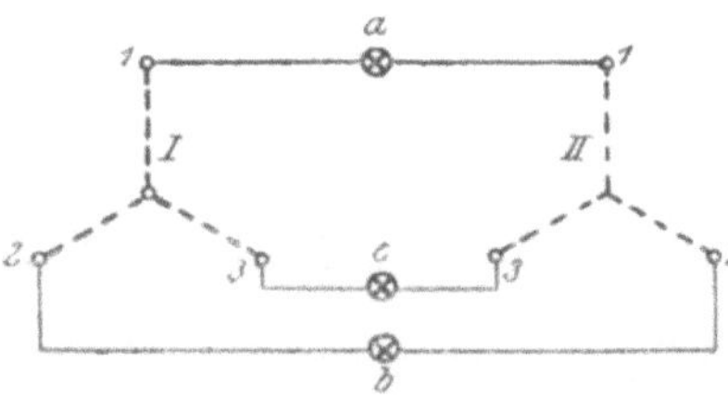

Fig. 154.

2. Mehrphasenmaschinen. Man verwendet auch hier Voltmeter und Lampen.

α) Schaltung der Phasenlampen nach Fig. 154. Die Maschinen I und II dürfen erst aufeinander geschaltet werden, wenn alle Lampen dunkel sind oder gleichmäßig hell brennen (der Einfachheit halber sind in Fig. 154 und 155 die Schalter fortgelassen). Brennt aber in der Schaltung nach Fig. 154 die Lampe *a*, sowie *b* hell, während *c* dunkel bleibt, so sind die Anschlüsse der den Lampen *a* und *b* entsprechenden Phasen von einer Maschine am Schalter gegenseitig zu vertauschen.

β) Schaltung nach Fig. 155. Der geeignete Augenblick zum Schalten tritt ein, wenn Lampe *a* dunkel bleibt (gleiche Phasen 1 ÷ 1), *b* und *c* hell brennen (die Lampen liegen zwischen verschiedenen Phasen). Diese Schaltung läßt auch erkennen, ob die Drehzahl der zuzuschaltenden Maschine zu hoch oder zu niedrig wird. Die Lampen werden zu diesem Zweck so angeordnet, daß sie ein Dreieck bilden. Ist die synchrone Drehzahl noch nicht erreicht, so leuchten die Lampen nacheinander auf, bei synchroner Drehzahl bleibt das Lampenbild stehen, läuft die zuzuschaltende Maschine schneller, so erfolgt das Aufleuchten in umgekehrter Reihenfolge, wie zuerst.

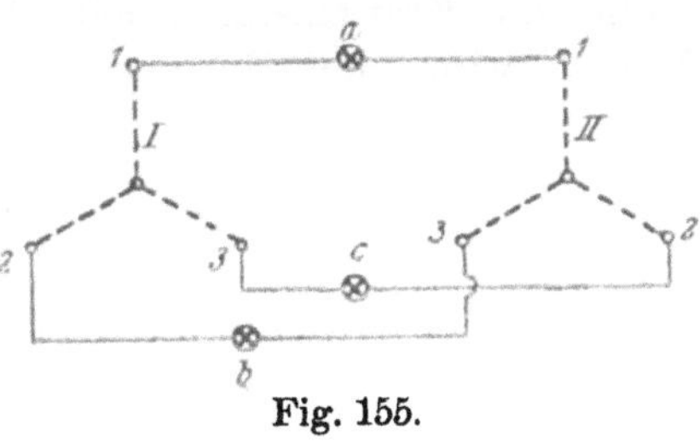

Fig. 155.

Tritt während des Parallelschaltens keine kreisende Bewegung ein, so ist dies ein Zeichen, daß nicht die richtigen Phasen miteinander verbunden sind. Es sind dann die Zuleitungen zum Schalter so lange zu vertauschen, bis die Lampen richtig nacheinander aufleuchten.

Synchronisieranzeiger, auf diesem Prinzip beruhend, werden von Siemens & Halske[1]) ausgeführt.

In Hochspannungsanlagen werden die Phasenlampen an die Niederspannungsseiten von Meßtransformatoren angeschlossen.

Über Synchronisierschaltungen[2]), ferner über die Synchronisierungsanzeiger der Allgemeinen Elektrizitäts-Gesellschaft Berlin[3]) und von Hartmann & Braun[4]) vgl. Literatur.

Parallelbetrieb von Synchronmaschinen.

Allgemeines. Ist ein Synchrongenerator parallel zu einem unveränderlichen Netz geschaltet, so muß infolge der konstanten Netzperiodenzahl die Drehzahl des Generators und die seiner Antriebsmaschine eine konstante bleiben. Dem Generator wird

[1]) ETZ 1896, S. 573.
[2]) ETZ 1909, S. 1039.
[3]) ETZ 1903, S. 422.
[4]) ETZ 1910, S. 1307.

von seiner Kraftmaschine aus die Leistung $N_{zg} = N_{vg} + N_{ag}$ zugeführt. N_{vg} dient zur Verlustdeckung, N_{ag} wird an das Netz abgegeben. Wird die Regulatorstellung der Antriebsmaschine nicht geändert, so nimmt deren Drehzahl mit der von ihr abgegebenen Leistung N_{zg} ab, wie die Kurven in Fig. 156 zeigen. Bedeutet n die der Netzperiodenzahl ν entsprechende synchrone Drehzahl, so ist ersichtlich, daß für die gezeichnete Drehzahlcharakteristik nur der Punkt P ein Punkt stabilen Gleichgewichts ist, d. h. der Generator kann an das Netz nur die Leistung N_{ag} abgeben, wenn N_{vg} seine Eigenverluste sind. Soll N_{ag} vergrößert oder verkleinert werden, so ist dies nur möglich durch Veränderung der Leistungszufuhr zur Kraftmaschine mit Hilfe des Regulators derselben. Dadurch wird eine Hebung oder Senkung der Drehzahlkurve $n_a = f(N_{zg})$ bewirkt. Punkt P rückt also weiter nach rechts oder links (vgl. Fig. 156 Punkt P'). Läuft der Antriebsmotor vollkommen unbelastet ($N_{zg} = 0$), ist also die Wechselstrommaschine abgeschaltet, so nimmt er nach Fig. 156 die Drehzahlen n_0 bzw. n_0' an. Arbeitet die Wechselstrommaschine jetzt auf das Netz, so muß, wie erwähnt, das Aggregat die synchrone Drehzahl n annehmen. Damit der größere Tourenabfall $(n_0' - n)$ zwischen Leerlauf und Belastung bei erhöhter Leistungszufuhr zur Antriebsmaschine zustande kommt, muß der Generator eine größere Leistung $N_{a'g}$ an das Netz abgeben.

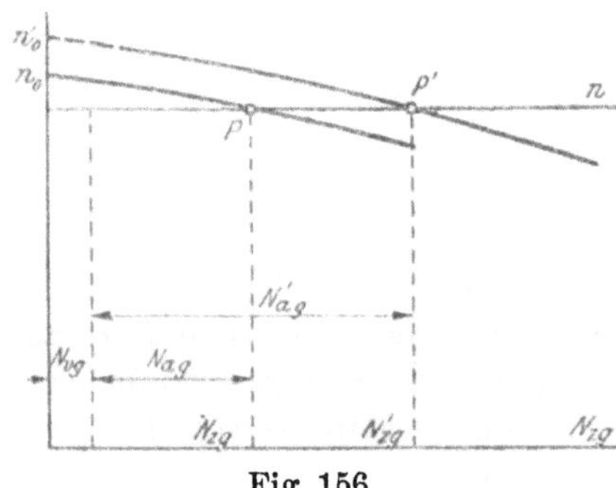

Fig. 156.

Dient als Antriebsmaschine ein Gleichstrommotor, so stehen zur Erhöhung der Leistungszufuhr zwei Wege offen: 1. Feldschwächung bei konstanter Klemmenspannung. 2. Erhöhung der Klemmenspannung bei konstantem Feld.

Änderung des Erregerstromes. Eine Änderung des Erregerstromes einer parallel geschalteten Maschine bleibt ohne Einfluß auf die Wattleistung, da durch eine solche Maßnahme bei konstanter Drehzahl keine Verlegung des Punktes P (Fig. 156) bewirkt wird. Es tritt lediglich eine Veränderung der Größe des wattlosen Stromes, der sich über Maschine und Netz schließt, ein. Wenn man nämlich die Spannungsabfälle im Anker vernachlässigt und wenn man bedenkt, daß die Klemmenspannung E durch die konstante Netzspannung gegeben ist, so muß stets die im Anker induzierte EMK $E_a = E$ sein, gleichgültig wie das Hauptfeld erregt ist; d. h. die Gesamtkraftlinienzahl pro Pol muß stets konstant bleiben. Diese Konstanz ist aber bei einer Änderung der Erregung nur möglich, wenn gleichzeitig die Ankerrückwirkung eine andere wird. Es ergibt sich:

α) Der Ankerstrom wird größer oder kleiner, je nach den gegebenen Bedingungen.

β) Der Ankerstrom nimmt gegenüber der Spannung E bei verschiedener Erregung verschiedene Lagen (Winkel φ) ein. Da die Leistungszufuhr N_{zg}, somit auch die abgegebene Leistung $N_{ag} = E \cdot J \cdot \cos \varphi$, ferner E konstant ist, so muß die Wattkomponente des Stromes stets dieselbe bleiben. Es ändert sich nur der wattlose Strom $J \cdot \sin \varphi$.

Nimmt man zunächst Phasengleichheit zwischen E und J an, so ist der Einfluß einer Änderung der Erregung aus folgender Tabelle zu ersehen:

Maschine läuft als:	Das Hauptfeld wird:	Das Ankerfeld wirkt dann:	Phasenlage zwischen Strom und Klemmenspannung:
Generator	verstärkt (Übererregung)	feldschwächend	nacheilender Strom $\varphi = +$
	geschwächt (Untererregung)	feldverstärkend	voreilender Strom $\varphi = -$
Motor	verstärkt (Übererregung)	feldschwächend	voreilender Strom $\varphi = -$
	geschwächt (Untererregung)	feldverstärkend	nacheilender Strom $\varphi = +$

Bemerkung. Hat man nur zwei ungefähr gleichgroße Maschinen im Parallelbetrieb, so muß, damit die Konstanz von Netzspannung und Netzperiodenzahl aufrecht erhalten bleibt, eine Beeinflussung der Stromabgabe des einen Aggregates Hand in Hand gehen mit einer entgegengesetzten Beeinflussung am anderen Aggregat. Soll z. B. der Generator II, der eben zu einem gleichen, mit der ganzen Netzleistung N_a belasteten Generator I parallel geschaltet wurde, ein Viertel der konstanten Netzleistung übernehmen, so muß die Drehzahlcharakteristik seiner Kraftmaschine von 0 auf $^1/_4$ gehoben werden, während gleichzeitig an Kraftmaschine I die Charakteristik von $^4/_4$ auf $^3/_4$ gesenkt werden muß, da sich sonst die Netzperiodenzahl erhöhen würde (Fig. 156a). Es ist dann, wenn die Verluste N_v als konstant angesehen werden: $N_a = N_{aI} + N_{aII}$. Sollen beide Generatoren sich zu gleichen Beträgen an der Leistung beteiligen, so müssen beide Drehzahlcharakteristiken der Kurve $^2/_4$ entsprechend verlaufen. In analoger Weise erfolgt eine Änderung der wattlosen Ströme durch gleichzeitiges, entgegengesetztes Regulieren der Generatorerregungen.

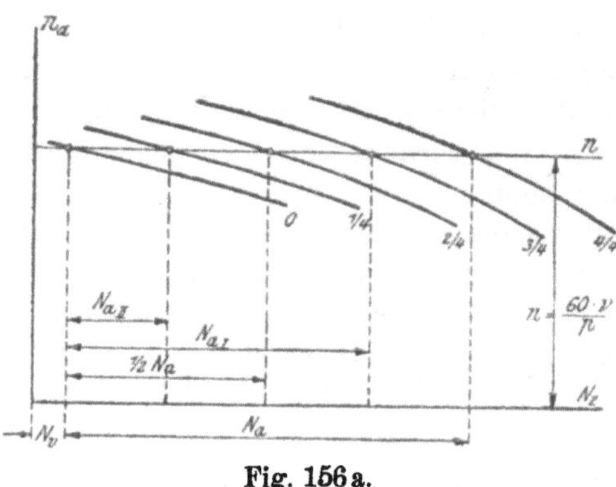

Fig. 156a.

Abschalten eines Synchrongenerators. Der Synchrongenerator ist vom Netz erst nach Beseitigung seiner Wattbelastung (indem die Leistungszufuhr zur Kraftmaschine verringert wird) und des wattlosen Ausgleichstromes (Änderung der Generatorerregung) zu trennen.

Anwendung des Energiekreislaufes zur Belastung von Maschinen.

Allgemeines. Sind mehrere Maschinen gleicher Gattung, Größe und Spannung vorhanden, so kann man zur Prüfung derselben einen Energiekreislauf anwenden, der nach Kapp[1]) und Hopkinson[2]) darin besteht, daß man die angetriebene Maschine auf die antreibende zurückarbeiten läßt; dann brauchen dem ganzen System aus einer anderen Energiequelle (Batterie, Netz, Hilfsmotor) nur die Verluste zugeführt zu werden. „Zurückarbeitungsmethode“ oder „Sparschaltung“.

---

[1]) The Electrical Engineer Bd. 9, S. 87 und 102; Fortschritte der Elektrotechnik 1892, S. 1.

[2]) ETZ 1909, S. 866. (Hier sind auch die Methoden von Blondel und Hutchinson behandelt.

Gleichstrommaschinen. Fig. 157: Der mit dem Generator G mit Riemen gekuppelte Motor M wird vom Netz aus angelassen. S bleibt zunächst offen. Dann wird G erregt und nach den Regeln des Parallelschaltens auf das Netz bzw. auf den Motor M geschaltet. Bei weiterem Verstärken des Erregerstromes i_1 liefert

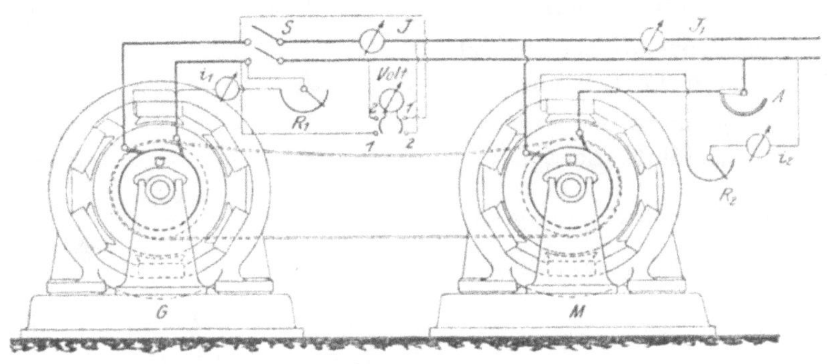

Fig. 157.

G den Strom J an M. Vom Netz erhält letzterer nur den Strom J_1, der zur Deckung der Verluste in beiden Maschinen dient.

Bei dieser Schaltung müssen G und M gleiche Spannung mit dem Netz haben. Ist das nicht der Fall, so verwendet man zur Erzeugung der zugeführten Spannung (also zur Verlustdeckung) einen besonderen Generator, der durch einen am Netze liegenden Motor angetrieben wird.

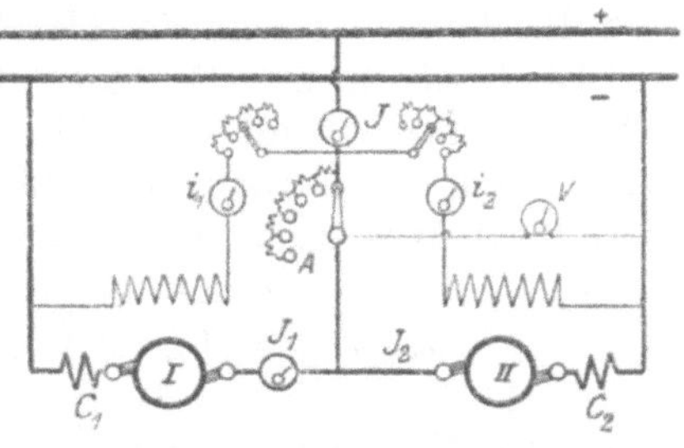

Fig. 158.

Eine besondere Schaltung zeigt Fig. 158. Die Maschinen I und II werden gleichzeitig vom Netz aus angelassen mittels des Anlassers A. Verstärkung des Erregerstromes von I macht diese zum Generator. I liefert an II den Strom J_1, J ist der vom Netz zufließende Strom, der teilweise zur Erregung der Felder, teilweise zur Deckung der anderen Verluste dient.

Der Ankerstrom des Motors II hat also die Größe

$$J_2 = J_1 + J - (i_1 + i_2).$$

Die Klemmenspannungen der beiden Maschinen sind gleich der Netzspannung E.

Wirkungsgradberechnung (Fig. 158). Man macht die Annahme, daß Motor- und Generatorwirkungsgrad gleiche Größe haben: $\eta_m = \eta_g$. Dann ist:

Die Verlustleistung: $N_v = J \cdot E$,

die vom Generator abgegebene Leistung: $N_{ag} = J_1 \cdot E$,

die gesamte dem Aggregat zugeführte Leistung: $N_{zm} = N_{ag} + N_v = (J + J_1) \cdot E$,

der Gesamtwirkungsgrad: $\eta = \eta_m \cdot \eta_g = \frac{N_{ag}}{N_{zm}} = \frac{J_1}{J + J_1}$,

der Wirkungsgrad einer Maschine:

$$\eta_m = \eta_g = \sqrt{\eta} = \sqrt{\frac{N_{ag}}{N_{zm}}} = \sqrt{\frac{J_1}{J_1 + J}} \quad . \quad . \quad (52).$$

Dazu muß bemerkt werden:

1. Sind die Maschinen durch Riemen verbunden, so ist der Wirkungsgrad η_R der Riemenübertragung zu berücksichtigen. Gl. (52) geht über in:

$$\sqrt{\eta} = \sqrt{\frac{J_1}{J + J_1} \cdot \frac{1}{\eta_R}}.$$

2. Bei Fremderregung der Maschinen ist $N_v = J \cdot E$ natürlich nur die Leistung zur Deckung der Ankerkupfer-, Eisen- und Reibungsverluste beider Maschinen. Die Erregerverluste V_{em} und V_{eg} von Motor und Generator sind zu messen und in die Gleichung einzusetzen. Es wird dann:

$$\eta_m = \eta_g = \sqrt{\eta} = \sqrt{\frac{J_1 \cdot E - V_{eg}}{(J + J_1) \cdot E + V_{em}}} \quad . \quad . \quad (52\,a)$$

3. Die Ableitung der Gl. (52) vernachlässigt die voneinander abweichenden magnetischen und elektrischen Beanspruchungen beider Maschinen. Es ist der Generator stärker als der Motor erregt (höhere Erreger- und Eisenverluste), andererseits ist letzterer höher belastet (größere Ankerverluste). (Vgl. Beispiel S. 210.)

4. Da die Drehzahlen der Maschinen als Motor und Generator verschieden sind, so muß man auf eine mittlere Drehzahl einregulieren.

In ähnlicher Weise wie Nebenschluß- oder fremderregte Maschinen können auch Kompound- und Hauptschlußmaschinen geprüft werden[1]. Von Blondel[2] ist eine Schaltung angegeben, bei der beide Maschinen elektrisch und magnetisch normal beansprucht werden.

Synchronmaschinen. a) Zwei Maschinen gleicher Größe und Spannung sind mittels verstellbarer Kupplung oder mittels Riemen verbunden und werden durch einen geeichten Hilfsmotor H (meist Gleichstrommotor) angetrieben. I und II werden parallel geschaltet; eine Maschine läuft dann als Motor, die andere als Generator. Entsprechend einer bestimmten relativen Verschiebung der Anker gegeneinander wird sich ein bestimmter Wattstrom einstellen, während durch Änderung der Erregung jeder beliebige Leistungsfaktor eingestellt werden kann (Fig. 159).

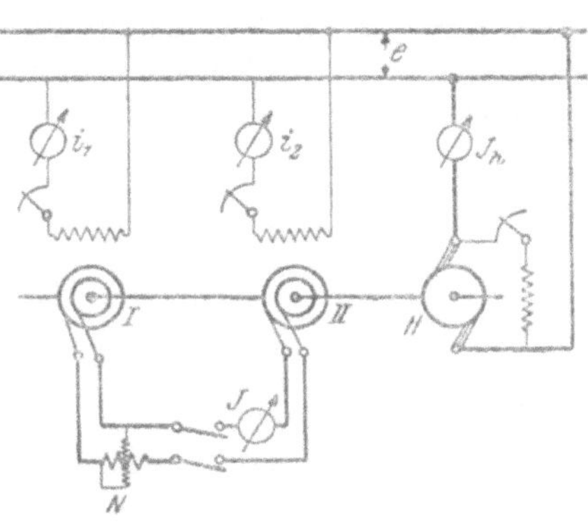

Fig. 159.

Man nimmt an, daß die vom Hilfsmotor abgegebene Leistung $N_v = \eta_h \cdot J_h \cdot e$ gleichmäßig zur Deckung der Verluste beider Maschinen verwendet wird. η_h, J_h, e sind dabei Wirkungsgrad, Strom und Klemmenspannung des Antriebsmotors. Gemessen wird außerdem noch die Leistung N, welche die als Generator laufende Maschine an den Motor abgibt, und die Erregerverluste $e \cdot (i_1 + i_2)$ der Synchronmaschinen.

Dann ist:

Die Nutzleistung des Motors: $N_a = N - \frac{N_v}{2}$,

die dem Generator zugeführte Leistung: $N_z = N + \frac{N_v}{2}$,

die dem Aggregat zugeführte Erregerleistung: $N_e = e \cdot (i_1 + i_2)$,

[1] Müller und Mattersdorf, Die Bahnmotoren.
[2] ETZ 1909, S. 866.

der Gesamtwirkungsgrad:

$$\eta = \eta_I \cdot \eta_{II} = \frac{N_a}{N_z + e(i_1 + i_2)} = \frac{N - \frac{N_v}{2}}{N + \frac{N_v}{2} + e \cdot (i_1 + i_2)}.$$

Somit:

$$\eta_I = \eta_{II} = \sqrt{\eta} = \sqrt{\frac{N - \frac{N_v}{2}}{N + \frac{N_v}{2} + e \cdot (i_1 + i_2)}} \quad (53)$$

b) Eine weitere Sparschaltung ist in Fig. 160 gegeben. Der Drehstromgenerator I wird vom Gleichstrommotor *GM* angetrieben und durch den Synchronmotor II belastet. Letzterer treibt

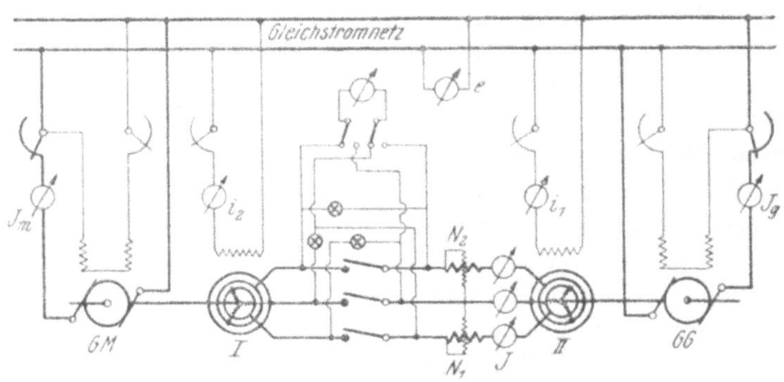

Fig. 160.

einen auf das Netz zurückarbeitenden Gleichstromgenerator *GG* an. Im Schaltungsschema sind auch die zum Parallelschalten dienenden Hilfsmittel, also Phasenlampen und Voltmeter, eingezeichnet. Diese Anordnung ermöglicht eine leichte Einstellung aller Belastungen und aller Phasenverschiebungen. Nachteil: Der zurückgewonnene Leistungsbetrag ist verhältnismäßig gering, da vier Maschinen zur Anwendung gelangen. Über die Einstellung der Belastung s. Kapitel „Parallelbetrieb“.

Achter. Abschnitt.

Aufnahme charakteristischer Kurven.

Gleichstromgeneratoren.

Allgemeines. Da sich die neutrale Zone mit der Belastung verschiebt, so ist für die Aufnahmen die Bürstenstellung der belasteten Maschine einzuhalten. Bei modernen Maschinen ist jedoch die Verschiebung nur gering.

Einstellung der neutralen Zone. 1. Die Maschine wird angetrieben und beliebig erregt; ein Spannungsmesser zeigt die größte Ablenkung, wenn die Bürsten in der neutralen Zone sich befinden.

2. Gebräuchlicher ist die Einstellung der neutralen Zone auf induktivem Wege. Die Maschine steht dabei still. Das Feld wird schwach fremd erregt. Die Bürsten sind so lange zu verschieben, bis ein an denselben liegender Spannungsmesser bei einer Änderung des Magnetstromes keinen Ausschlag mehr anzeigt.

Was die günstigste Bürstenstellung betrifft, so ist dazu noch folgendes zu sagen: Bei Wendepolmaschinen bleiben die Bürsten bei jeder Belastung in der neutralen Zone. Bei wendepollosen (freikommutierenden) Maschinen gibt es für jede Belastung eine bestimmte günstigste Bürstenstellung (bei der die Bürsten nicht feuern). In der Praxis aber wird man natürlich nicht immer die Bürsten in die günstigste Stellung, die der gerade herrschenden Belastung entspricht, verschieben, sondern so einstellen, daß die Maschine bei etwa $^2/_3$ Last am günstigsten kommutiert. Eine gute Maschine muß dann mit dieser Bürstenstellung sowohl bei Leerlauf wie bei Vollast noch funkenfrei laufen. Die Bürsten müssen bei Generatoren von der neutralen Zone aus in der Drehrichtung verschoben werden, (bei Motoren gegen die letztere).

Bei Wendepoldynamos ist darauf zu achten, daß im Sinne der Ankerdrehung auf einen Hauptpol ein ungleichnamiger Hilfspol folgen muß. Bezeichnen N und S die Haupt-, n und s die Hilfspole, so gilt für Dynamos:

$$N - s - S - n.$$
$$\longrightarrow$$

a) Leerlaufscharakteristik.

$$E_{a0} = f(i) = f(AW_e), \qquad J = 0, \qquad n = \text{konst.}$$

Allgemeines. Die Kurve gibt den Zusammenhang zwischen der im Anker bei Leerlauf (Belastungsstrom $J = 0$) induzierten EMK E_{a0} und dem Erregerstrom i bzw. den Erregeramperewindungen $AW_e = i \cdot w_e$ wieder (Fig. 161). Gemäß den folgenden Schaltbildern wird bei konstanter Drehzahl der Feldstrom i geändert und die jeweils induzierte Spannung bestimmt. Wie aus der Fig. 161 hervorgeht, erhält man bei einer Aufnahme mit zunehmendem Magnetisierungsstrome i eine tieferliegende Kurve, als wenn man, mit dem höchsten Wert von i beginnend, mit abnehmender Erregung arbeitet (Hysteresiserscheinung). Außerdem beginnt die Kurve nicht im Nullpunkt, sondern, dem geringen remanenten Magnetismus entsprechend, etwas höher.

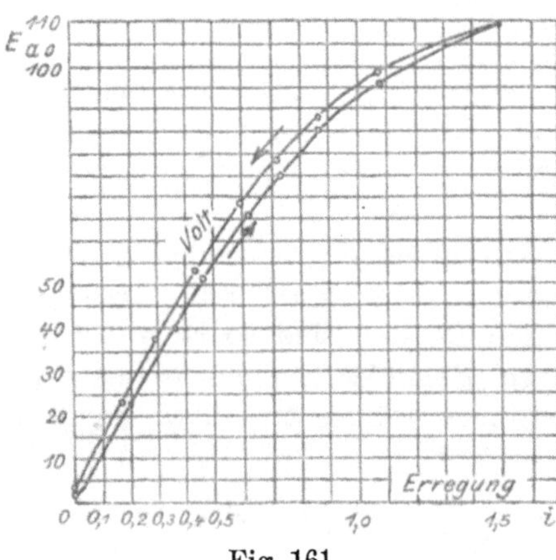

Fig. 161.

In Fig. 161 ist E_{a0} in Abhängigkeit vom Erregerstrome i aufgetragen. Multipliziert man die einzelnen Abszissenwerte mit der Windungszahl w_e der Erregerwicklung, also mit einer Konstanten, so erhält man die Leerlaufscharakteristik als Funktion der Erregeramperewindungen: $E_{a0} = f(AW_e)$. Gegen die Darstellung $E_{a0} = f(i)$ hat sich nur der Abszissenmaßstab geändert.

Kann die normale Umdrehungszahl n der Maschine nicht eingestellt werden, so wird die Aufnahme bei einer erreichbaren Drehzahl n_x vorgenommen. Da sich die elektromotorischen Kräfte E_{a0} und E_{ax} wie die Drehzahlen n und n_x verhalten, so berechnet sich dann E_{a0} nach der Gleichung:

$$E_{a0} = E_{ax} \cdot \frac{n}{n_x} \quad \text{. . . . . . .} \quad (54)$$

Bei fremder Erregung kann sogar die Drehzahl während der Messung verschieden sein, bei Nebenschlußmaschinen mit Selbsterregung muß sie allerdings konstant bleiben, da sich sonst der

Magnetisierungsstrom in verschiedenem Sinne ändern würde. Dies hätte zur Folge, daß die aufgenommenen Punkte bald auf dem aufsteigenden, bald auf dem absteigenden Kurvenast liegen würden.

Schaltungen. 1. Fremderregter Generator. Schaltung nach Fig. 162. An den Klemmen der Maschine liegt das Voltmeter V mit Vorschaltwiderstand, im Erregerkreise befindet sich ein Amperemeter zum Messen des Erregerstromes i und zum Verändern desselben der Regler R.

2. Nebenschlußgenerator. Schaltung nach Fig. 163. Der zur Magnetisierung notwendige Strom i wird vom Anker selbst geliefert. Der Anker ist also streng genommen etwas belastet (Ankerstrom $J_a = i$). Da jedoch besonders bei großen Maschinen der Erregerstrom gering ist (etwa 3 % des Vollaststromes), so findet

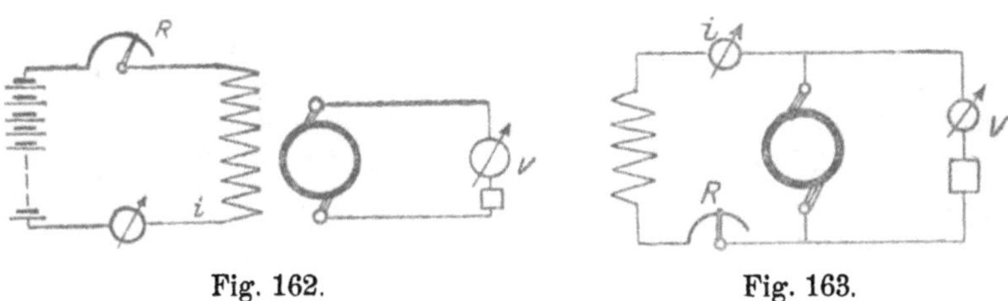

Fig. 162. Fig. 163.

weder ein nennenswerter Spannungsabfall im Anker, noch eine Rückwirkung auf das Feld der Pole statt. Somit kann gesetzt werden Klemmenspannung $E = E_{a0} = f(i)$.

Ist die Maschine noch nicht als Generator gelaufen, so wird sie, auf Selbsterregung geschaltet, im allgemeinen keine Spannung geben, da ein remanenter Magnetismus nicht vorhanden ist. Man läßt die Maschine dann bei ausgeschaltetem Regler R fremderregt (als Stromquelle Batterie von Akkumulatoren oder Elementen) laufen. Schaltet man hierauf auf Selbsterregung um, so tritt, wenn R noch ausgeschaltet ist (Nebenschlußkreis offen), die geringe Remanenzspannung auf. Schaltet man jetzt R ein und verkleinert stufenweise R, so muß sich bei richtiger Schaltung die Maschine selbst erregen. Verschwindet dagegen die Remanenzspannung, so müssen entweder die Ankeranschlüsse der Nebenschlußwicklung vertauscht werden oder es muß eine Umkehrung der Drehrichtung vorgenommen werden.

3. Hauptschlußgenerator (Seriengenerator). Die Aufnahme der Leerlaufscharakteristik muß mit Fremderregung vor-

genommen werden. Erschwerend wirkt der Umstand, daß für die Erregung ein starker Strom bei geringer Spannung erforderlich ist. Da das Feld bei Betrieb vom Ankerstrome $J_a = J$ erregt wird, so ist auch $E_{a0} = f(J)$.

4. Verbundgeneratoren. Die Aufnahme kann mit Selbst- oder Fremderregung vorgenommen werden. Mit ersterer wird die Kurve nicht weit genug aufgenommen werden können, da die Nebenschlußamperewindungen nur einen, wenn auch großen Teil der Gesamtamperewindungen ausmachen. Vorzuziehen ist deshalb Fremderregung mit einer etwa 1,5 mal so großen Spannung wie die Normalspannung.

Man kann auch bei Anwendung von Selbst- oder Fremderregung für die Nebenschlußwicklung gleichzeitig die Hauptschlußwicklung aus einer geeigneten Stromquelle erregen. Man achte darauf, daß beide Wicklungen im gleichen Sinne wirken. Prüfung: Bei erregter Nebenschlußwicklung und der Drehzahl n werde eine Spannung E_{a0} abgelesen; erregt man jetzt auch den Hauptschluß, so muß bei gleicher Drehzahl die jetzt bestimmte Spannung $E_{a0}' > E_{a0}$ sein.

Magnetisierungskurve. Es ist (Bezeichnungen s. S. 92):

$$E_{a0} = \Phi_a \cdot \frac{s \cdot b_1}{a} \cdot \frac{p \cdot n}{60} \cdot 10^{-8} = c_1 \cdot \Phi_a = c \cdot \mathfrak{B}_a.$$

Die Kurve für E_{a0} stellt in einem anderen Maßstab also auch die Abhängigkeit der Kraftlinienzahl Φ_a, welche aus einem Pol in den Anker übertritt, und jene der Ankerinduktion $\mathfrak{B}_a$ vom Erregerstrome bzw. von den Erregeramperewindungen dar.

$$\Phi_a = \frac{E_{a0}}{c_1} = f(i) = f(AW_e), \qquad \mathfrak{B}_a = \frac{E_{a0}}{c} = f(i) = f(AW_e).$$

Diese Kurven sind unabhängig von der Drehzahl, da diese in den Konstanten c und c_1 enthalten ist, welche sowohl im Zähler als auch im Nenner der letzten Gleichungen vorkommen.

b) Kurzschlußcharakteristik.

$$J_k = f(i) = f(AW_e), \qquad n = \text{konst.}$$

Allgemeines. Die Magnetwicklung wird fremd erregt (bei großen Maschinen genügt oft schon der remanente Magnetismus zur Erzeugung eines beträchtlichen Kurzschlußstromes J_k) und an die Bürsten der Maschine ein Amperemeter angeschlossen;

der Anker wird also durch das Instrument kurzgeschlossen. J_k wird in Abhängigkeit vom Feldstrom i bzw. von den Erregeramperewindungen $i \cdot w_e = AW_e$ bestimmt und aufgetragen. Der Widerstand des äußeren Stromkreises (Amperemeter mit Zuleitungskabeln) soll möglichst gering sein. Dann ist offenbar zur Entstehung des normalen Stromes im Anker nur eine sehr geringe EMK notwendig. Die Maschine arbeitet

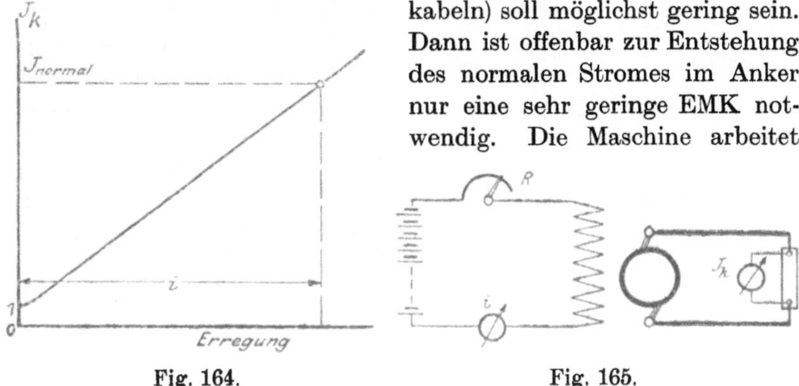

Fig. 164. Fig. 165.

also auf dem geradlinigen Teile der Magnetisierungskurve und die Kurzschlußkurve ist ebenfalls eine Gerade (vgl. Fig. 164). $J_k = 01$ wird verursacht durch Remanenz.

Schaltung. Die Schaltung geschieht gemäß Fig. 165.

c) Belastungscharakteristik.

$$E = f(i) = f(AW_e), \quad J = \text{konst.}, \quad n = \text{konst.}$$

Allgemeines. Diese Kurve gibt die Klemmenspannung E als Funktion der Erregerstromstärke (oder der Erregeramperewindungen AW_e) bei konstanter Drehzahl und konstantem Belastungsstrome J an. Man nimmt Kurven auf für $J_1 = J =$ konst., $J_2 = {}^3/_4 J =$ konst., $J_3 = {}^1/_2 J =$ konst. usw. (vgl. Fig. 166).

E ist kleiner als die induzierte EMK E_{a0} im Anker bei unbelasteter Maschine:

1. Wegen des Ohmschen Spannungsabfalles $J_a \cdot R_a$ im Anker und in den Bürsten,

2. wegen der Ankerrückwirkung.

Bestimmung der Amperewindungen $AW_a = AW_g + AW_q$ zur Kompensation der Ankerrückwirkung. Die AW_g dienen zur Kompensation des Ankergegenfeldes. Sie sind abhängig von der Bürstenverschiebung aus der neutralen Zone, proportional dem Ankerstrome J_a, aber unabhängig von dem Sättigungszustande (bzw. von den AW_e oder von i) der Maschine. Die AW_q dienen zur Kompensation der Querfeldwirkung des Ankers. Die AW_q sind gleich Null, solange die Maschine nicht gesättigt ist, da in diesem Falle das Ankerquerfeld keine Veränderung der Gesamtkraftlinienzahl erzeugt. Je stärker gesättigt die Maschine ist, desto größer werden die AW_q. Grund: Das Ankerquerfeld erzeugt unter der einen Polkante (beim Generator an der Ablaufkante, beim Motor an der Auflaufkante) höhere Sättigung. Infolge des dadurch verkleinerten Leitvermögens werden hier nicht ebensoviel Kraftlinien erzeugt, als unter der anderen Polkante aufgehoben werden. Um diesen Einfluß des Querfeldes vollständig auszuschalten, müssen die AW_q vergrößert werden. Konstante Bürstenstellung und konstanten Strom vorausgesetzt, nimmt AW_q, somit auch $AW_a = AW_g + AW_q$ mit AW_e zu.

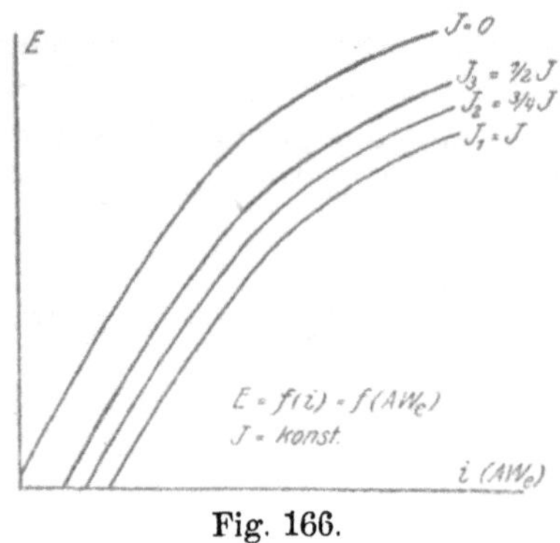

Fig. 166.

In Fig. 167 ist die Leerlaufscharakteristik $E_{a0} = f(i) = f(AW_e)$ für $J = 0$, ferner eine Belastungscharakteristik $E = f(i) = f(AW_e)$ für $J =$ konst. gezeichnet. Bei $J = 0$ erhält man für OA Amperewindungen eine Klemmenspannung $E = E_{a0} = AC$, bei belasteter Maschine dagegen nur $E = AB$. BC stellt den gesamten bei Belastung auftretenden Spannungsverlust dar. Addiert man zu AB den Ohmschen Spannungsabfall $BD = J_a \cdot R_a$ (wobei für Selbsterregung $J_a = J + i$ zu setzen ist), so erhält man die im Anker bei Belastung induzierte EMK $E_a = AD$. Für $J = 0$ wären zur Erzeugung von $E_a = E_{a0} = AD = F'F$ nur OF' Amperewindungen erforder-

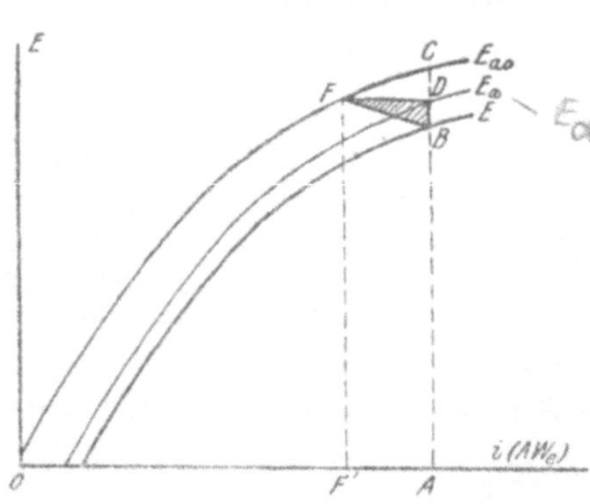

Fig. 167.

lich. Somit stellt die Strecke $DF = AF'$ die Amperewindungszahl zur Kompensation der Ankerrückwirkung dar. Verschiebt man die Strecke BD längs der E-Kurve, so erhält man die E_a-Kurve. Bestimmt man die zu verschiedenen E_a und $E_{a0} = E_a$ gehörigen Abszissenwerte, so ergeben die Differenzen derselben jeweils die Größe von AW_a.

Das Dreieck BDF kann als „charakteristisches Dreieck" bezeichnet werden. Setzt man konstante Bürstenstellung voraus und vernachlässigt man die Veränderung der AW_a bei verschiedener Sättigung (verschiedenen AW_e), sowie die Veränderung des Gesamtankerwiderstandes R_a bei verschiedener Belastung, so sind die Seiten BD und DF dem betreffenden Ankerstrome J_a proportional. Für die bei der äußeren Charakteristik angegebenen Konstruktionen kann $J_a = J$ gesetzt werden (s. unten).

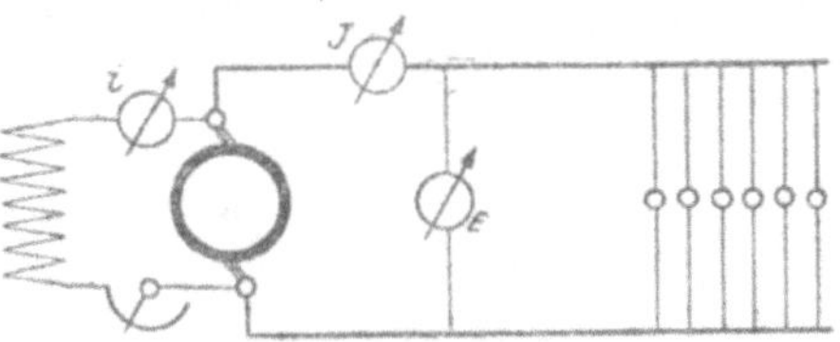

Fig. 168.

Schaltungen. 1. Fremderregter Generator. Schaltung wie Fig. 168, nur muß zur Erregung eine besondere Stromquelle verwendet werden. Die Einstellung des konstanten Belastungsstromes erfolgt durch regulierbare Widerstände. Im angegebenen Schaltbild sind Glühlampenwiderstände gezeichnet.

2. Nebenschlußgenerator. Fig. 168. Die Aufnahme kann auch mit Fremderregung erfolgen. Die Kurven sind praktisch identisch.

3. Hauptschlußgenerator. Zur Aufnahme muß Fremderregung benutzt werden. (Bei konstantem Belastungsstrome wären hier die $AW_e = J \cdot w_h$, wo w_h die Windungszahl der Serienwicklung bedeutet, konstant!).

d) Äußere Charakteristik.

$$E = f(J), \qquad n = \text{konst.}, \qquad R = \text{konst.}$$

Allgemeines. Bei konstanter Stellung des Feldreglers R = konst. und konstanter Drehzahl n wird die Klemmenspannung E in Abhängigkeit vom Belastungsstrom J aufgenommen und aufgetragen. Der Verlauf der Kurve ist bei den verschiedenen Maschinentypen verschieden.

Bemerkt sei, daß manche Autoren für diese Kurve die Bezeichnung „Belastungscharakteristik" und für $E = f(i) = f(AW_e)$, $J =$ konst. den Namen „äußere Charakteristik" gebrauchen.

Addiert man zu den Ordinaten $E = f(J)$ den Ohmschen Spannungsabfall im Anker $J_a \cdot R_a$, so erhält man die „innere Charakteristik" $E_a = f(J)$. Für $J = 0$ wird $E = E_a = E_{a0}$. Zieht man im Abstande E_{a0} eine Parallele zur Abszissenachse, so ergeben die Ordinatenunterschiede dieser Linie mit der E_a-Kurve die Größe der durch Ankerrückwirkung verursachten Spannungsänderung (vgl. die folgenden Kurvenbilder).

Schaltungen. 1. Fremderregter Generator. Schaltung wie Fig. 168, aber Fremderregung verwenden. Bei konstanter Feldreglerstellung wird verschiedene Belastung erzielt, indem man

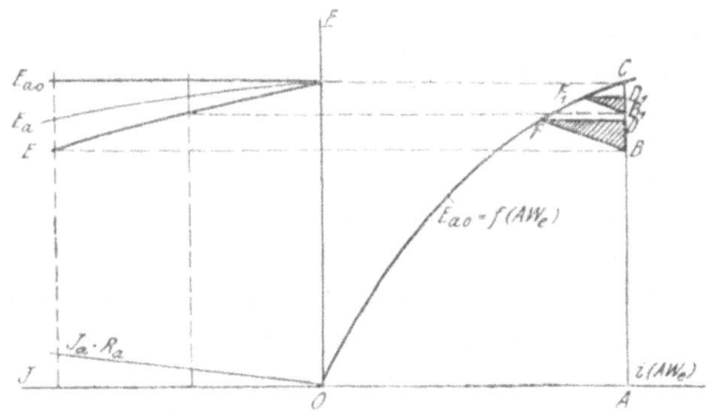

Fig. 169.

mehr oder weniger Glühlampen parallel schaltet. Kurvenlauf Fig. 169. (Die Belastungsströme J sind nach links aufgetragen).

Abb. 169 zeigt auch die Konstruktion der äußeren Charakteristik mit Hilfe der Leerlaufkurve $E_{a0} = f(i) = f(AW_e)$, wenn die Amperewindungen AW_a zur Kompensation der Ankerrückwirkung für einen Belastungsstrom bekannt und R_a gegeben ist. Gemäß den Angaben S. 169 ergibt sich das Dreieck BDF. Für verschiedene Belastungsströme J erhält man dann ähnliche Dreiecke, z. B. $B_1D_1F_1$, deren Katheten den Strömen proportional sind. Diese Dreiecke werden so an die zur konstanten Erregung OA gehörigen Ordinate AC angetragen, daß die Katheten BD, B_1D_1 usw. auf AC und die Spitzen F, F_1 usw. auf die Kurve $E_{a0} = f(AW_e)$ fallen. Die weitere Konstruktion ist aus der Figur zu ersehen. Es ergeben nämlich die Schnittpunkte der durch B und B_1 gezogenen Parallelen zur Abszissenachse mit den zu den Strömen J und J_1 gehörigen Ordinaten Punkte der äußeren Charakteristik.

2. Nebenschlußgenerator. Schaltung gemäß Fig. 168. Kurvenverlauf Fig. 170. Die Belastungsströme J sind auch hier nach links aufgetragen. Zu bemerken ist:

α) Die äußere Charakteristik fällt rascher ab, als beim fremderregten Generator. Grund: Bei konstanter Reglerstellung R ist i nicht konstant, wie beim fremderregten Generator, sondern nimmt entsprechend der mit größerer Belastung kleiner werdenden Klemmenspannung (es ist ja $E = E_a - J \cdot R_a$) ab. Die Folge ist ein schnellerer Abfall der letzteren.

β) Schließt man die Klemmen der Maschine kurz, so tritt nur ein kleiner Kurzschlußstrom OH auf. Eine Beschädigung der Maschine findet bei Kurzschluß nicht statt. Die Größe des Kurzschlußstromes hängt lediglich von der Größe der Remanenzspannung ab.

γ) Die Konstruktion der inneren Charakteristik erfolgt durch Addition des Ohmschen Spannungsabfalles $J_a \cdot R_a$ zu den Ordinaten $E = f(J)$.

δ) Bedeutet $r = r_e + R$ den Widerstand des Nebenschlußkreises einschließlich des Regulierwiderstandes R, so ist die Klemmenspannung der Maschine gleich der Spannung am Feld: $E = i \cdot (r_e + R) = i \cdot r$. Die Gerade $E = i \cdot r$ ist in die Leerlaufscharakteristik Fig. 170 unter dem Winkel α eingetragen. Dabei ist:

$$\operatorname{tg} \alpha = \frac{E}{i} = r, \text{ wenn man die Ströme } i \text{ als Abszissen annimmt}$$

$$\text{und} \quad \operatorname{tg} \alpha = \frac{E}{i \cdot w_e} = \frac{i \cdot r}{i \cdot w_e} = \frac{r}{w_e}, \text{ wenn man die } AW_e \text{ als Abszissen}$$

betrachtet.

Wird im Leerlauf ($J_a = i$) der unbedeutende Spannungsabfall im Anker, sowie die geringe Ankerrückwirkung vernachlässigt, so gibt die Ordinate des Schnittpunktes K der $i \cdot r$-Geraden mit der E_{a0}-Kurve, die Klemmenspannung an, bis zu welcher sich die Maschine im Leerlauf erregt. Weiterhin folgt: Ein Nebenschlußgenerator erregt sich nicht, wenn der Widerstand r, somit auch α so groß ist, daß die $i \cdot r$-Gerade die E_{a0}-Kurve nicht mehr schneidet oder tangiert.

Aus Fig. 170 folgt die Konstruktion der äußeren Charakteristik mittels der Leerlaufscharakteristik. Gegeben ist die Kurve $E_{a0} = f(AW_e)$, die $i \cdot r$-Gerade, ein Belastungspunkt z. B. für $J = OG$ und der zu diesem Punkt gehörige Ohmsche Spannungsabfall. Die Klemmenspannung GG_1 liegt auch am Feld. Man

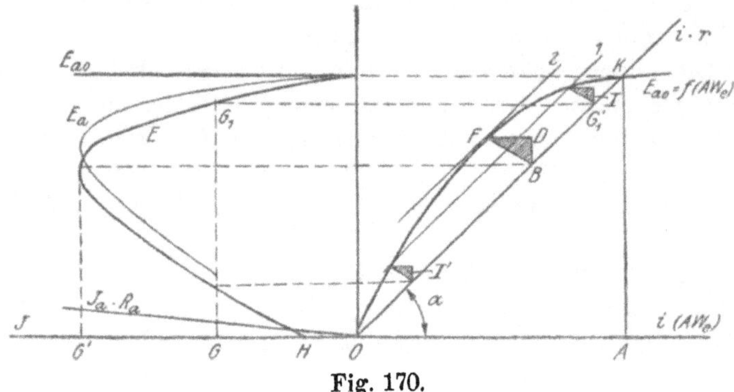

Fig. 170.

zieht deshalb G_1G_1' parallel zur Abszissenachse bis zum Schnitt G_1' auf der $i \cdot r$-Geraden. Damit ergibt sich sofort die Lage und Gestalt des charakteristischen Dreiecks I, da von diesem zunächst bekannt ist die Kathete, welche den Ohmschen Spannungsabfall darstellt, und, indem man die Gerade 1 parallel zur $i \cdot r$-Geraden zieht, das zu schwächerer Erregung (kleinerem E) gehörige Dreieck I'. Zeichnet man weiter ähnliche Dreiecke z. B. BDF so, daß Punkt B auf der $i \cdot r$-Geraden, Punkt F sich auf der E_{a0}-Kurve bewegt, so findet man durch Vergleich der Seiten mit denen des bekannten Dreiecks I die den Seiten proportionalen Ströme J; für Dreieck BDF wird $J = OG' = J_{max}$ (F ist der Berührungspunkt der zur $i \cdot r$-Geraden parallelen Geraden 2, welche die E_{a0}-Kurve tangiert). Aufgenommene und konstruierte Charakteristiken stimmen nur im oberen Teile überein.

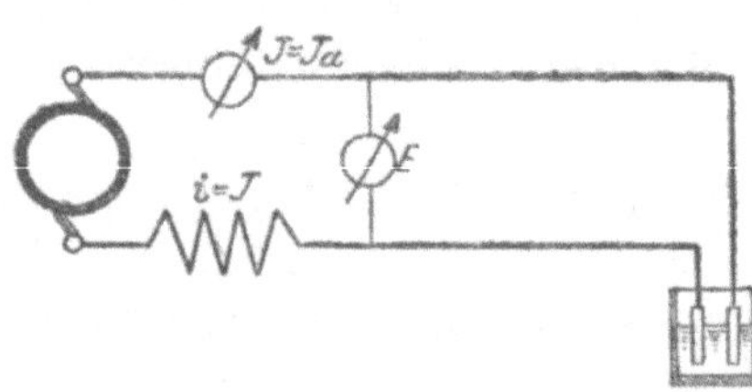

Fig. 171.

3. Hauptschlußgenerator. Schaltung Fig. 171. Als Belastungswiderstand ist in der Figur ein Wasserwiderstand gezeichnet. Kurvenverlauf Fig. 172. Die Klemmenspannung E

steigt mit wachsender Belastung, da der Belastungsstrom gleichzeitig zur Erregung dient. Ist die Maschine gesättigt und wird die Belastung weiter vergrößert durch Verkleinerung des äußeren Widerstandes, so fällt die Klemmenspannung. Schließt man die Klemmen kurz, so wird $E = 0$, der auftretende Strom J aber so groß, daß die Maschine beschädigt würde. Zu bemerken ist noch:

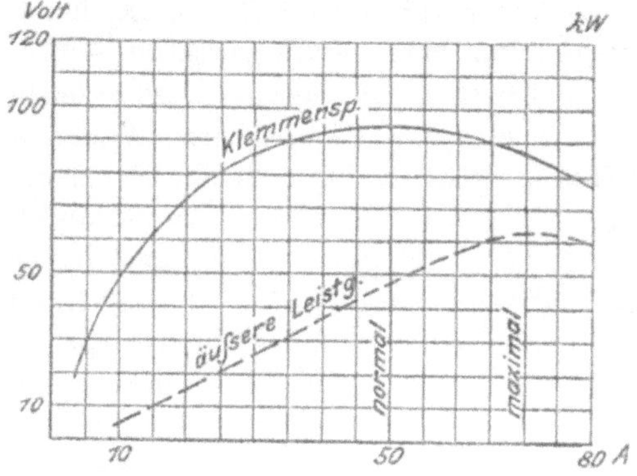

Fig. 172.

α) Die innere Charakteristik $E_a = f(J)$ erhält man nach der Gleichung: $E_a = E + J \cdot R_a$. In R_a ist der Widerstand der Serienwicklung mit zu berücksichtigen.

β) In Fig. 172 ist auch die abgegebene Leistung $N_a = E \cdot J$ in kW eingetragen. Bei einer brauchbaren Haupstrommaschine müssen die größten Werte der Klemmenspannung und der äußeren Leistung immer erst nach der normalen Belastungsstromstärke eintreten, sonst ist die Maschine nicht überlastbar.

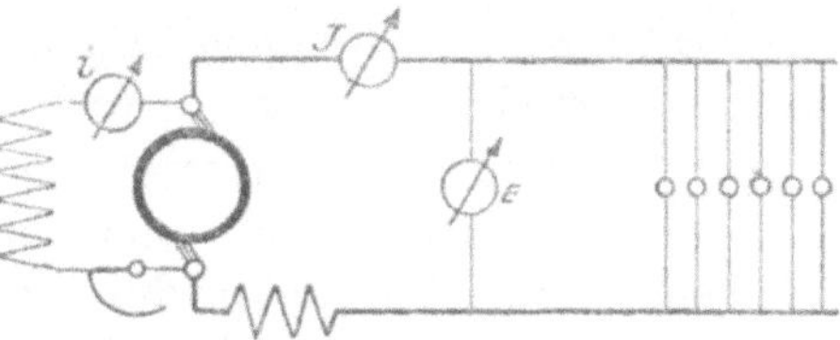

Fig. 173.

4. Verbundgenerator. Je nachdem, ob eine Maschine mit kurzem oder langem Schluß vorliegt, erfolgt die Schaltung und Belastung nach Fig. 173 oder nach Fig. 174. Den Verlauf der Klemmenspannung zeigt Fig. 175 und zwar gilt Kurve I für Überkompoundierung, Kurve II für normale Kompoundierung. In letzterem Falle ist E für $J = 0$ ebenso groß wie E für

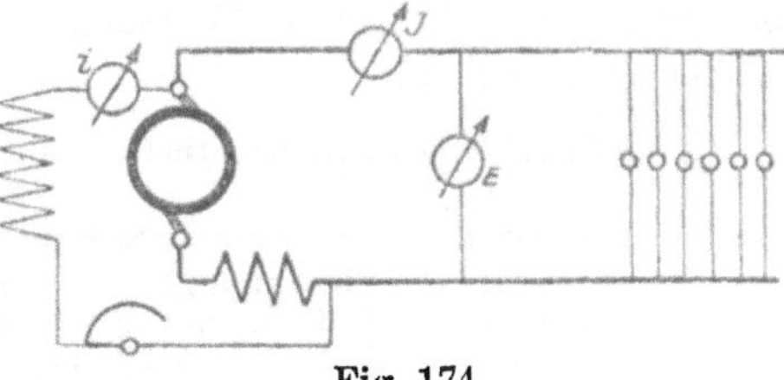

Fig. 174.

$J = J_{norm}$; innerhalb der normalen Belastungsgrenzen darf sich die Klemmenspannung nur wenig ändern, erst bei stärkerer Belastung fällt sie stärker ab. Ferner ist zu sagen:

α) Verbundmaschinen für möglichst konstante Klemmenspannung dürfen nicht stark gesättigt sein.

β) Überkompoundierung kann leicht ausgeglichen werden, wenn man einen regulierbaren Widerstand parallel zur Serienwicklung schaltet. Der Strom J verteilt sich dann auf Widerstand und Serienwicklung im umgekehrten Verhältnis der Widerstände.

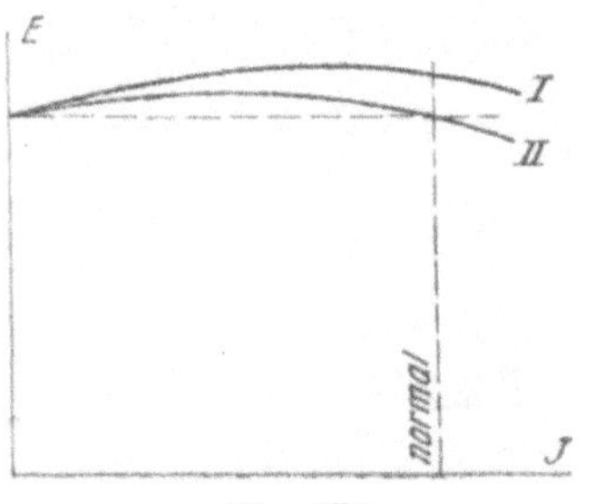

Fig. 175.

γ) Die Kurve $E_a = f(J)$ erhält man wie früher durch Addition des Ohmschen Spannungsabfalles in Anker und Serienwicklung zu E.

Spannungsänderung. Siehe § 45 ÷47 der Normalien des VdE. Aus der äußeren Charakteristik einer Maschine kann die Spannungsänderung entnommen werden. Als solche gilt, wenn man bei normaler Klemmenspannung und normalem Belastungsstrom diesen abschaltet:

α) Bei fremderregten Generatoren die Änderung der Klemmenspannung zwischen $J = J_{norm}$ und $J = 0$,

β) bei selbsterregten Generatoren die gleiche Änderung,

γ) bei Generatoren mit gemischter Erregung die Differenz zwischen der höchsten und niedrigsten Spannung, welche zwischen den erwähnten Grenzen auftritt.

Die Feldreglerstellung ist konstant zu halten. Ändert sich die Drehzahl während des Versuchs, so ist dies durch Rechnung zu berücksichtigen.

Größe der Spannungsänderung s. Tabelle:

Fremderregte Generatoren	Spannungsänderung	Selbsterregte Generatoren	Spannungsänderung
ohne Wendepole . .	8÷12 %	ohne Wendepole . .	15÷20 %
mit Wendepolen . .	6÷10 „	mit Wendepolen . .	10÷15 „
Turbogeneratoren . .	5÷ 8 „	Turbogeneratoren . .	8÷12 „

Bei Verbundgeneratoren je nach der Kompoundierung $\gtreqless 0$ %.

e) Regulierungskurve.

$$i = f(J), \qquad E = \text{konst.}, \qquad n = \text{konst.}$$

Allgemeines. Statt $i = f(J)$ kann auch geschrieben werden $AW_e = f(J)$. Im Gegensatz zur äußeren Charakteristik wird jetzt i so reguliert, daß E für alle Belastungen konstant bleibt. Schaltungen, wie bei Aufnahme der Kurve $E = f(J)$ (s. S. 169). Abgesehen von überkompoundierten und auch normal kompoundierten Maschinen zeigt Fig. 176 den Kurvenverlauf. Entsprechend dem mit wachsendem J größer werdenden Spannungsabfalle, muß i erhöht werden, um die Klemmenspannung E konstant zu helten.

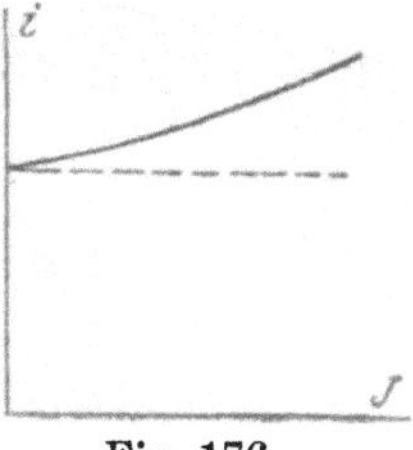

Fig. 176.

In Fig. 177 sind drei Belastungscharakteristiken I, II, III für $J = 01 =$ konst., $J = 02 =$ konst., $J = 03 =$ konst., sowie die Leerlaufscharakteristik IV gezeichnet. Konstruiert ist dazu die Kurve $E = f(J)$ für $i = 04' =$ konst.

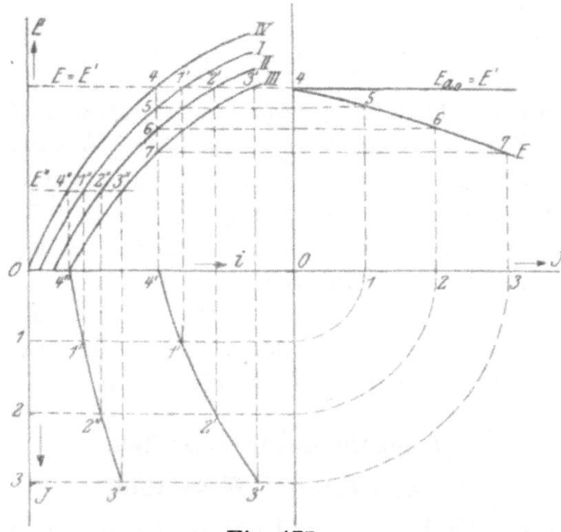

Fig. 177.

Punkte 4, 5, 6, 7), ferner zwei Regulierungskurven $i = f(J)$ für $E = E'' =$ konst. (Punkte 1″, 2″, 3″, 4″) und für $E = E' =$ konst. (Punkte 1′, 2′, 3′, 4′). Konstruktion s. Fig. 177.

Bestimmung der Serienwicklung einer Verbundmaschine. In Fig. 178 ist die Regulierungskurve als $AW_e = f(J)$ dargestellt. Für $J = J_{\text{norm}}$ sind ac Amperewindungen erforderlich, während für $J = 0$ zur Erreichung derselben Klemmenspannung E nur ab AW_e nötig sind. Bei Belastung sind demnach bc Amperewindungen durch die vom Strome $J = J_{\text{norm}}$ durchflossene Serienwicklung aufzubringen. Die Windungszahl derselben beträgt somit:

$$w_h = \frac{bc}{J_{\text{norm}}}.$$

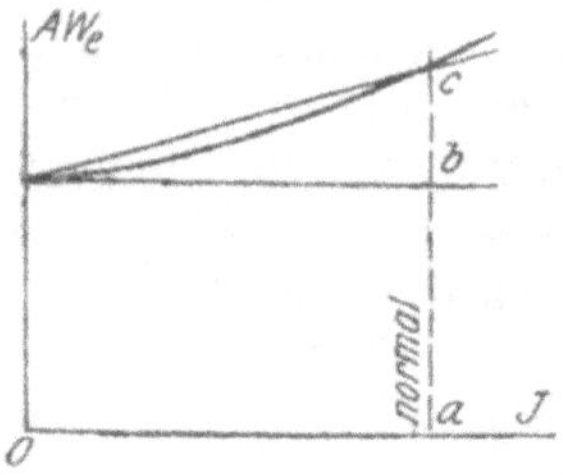

Fig. 178.

Man erkennt aus der Fig. 178, daß zwischen $J = 0$ und $J = J_{\text{norm}}$ mehr Amperewindungen vorhanden sind, als nötig wären um genau konstante Spannung E zu erzielen; für J größer als J_{norm} ist das Umgekehrte der Fall. Die Kurve $E = f(J)$ wird somit verlaufen wie Kurve II in Fig. 175.

Macht man w_h größer oder kleiner, als sich aus der obigen Gleichung ergibt, so erhält man eine noch stärkere oder schwächere Kompoundierung.

Gleichstrommotoren.

Allgemeines. Die Einstellung der neutralen Zone erfolgt am besten auf induktivem Wege (s. S. 163). Wendepole sind so zu schalten, daß im Sinne der Ankerdrehung auf einen Hauptpol ein gleichnamiger Hilfspol folgt.

Die Aufnahme der Leerlaufs- bzw. Magnetisierungskurven geschieht, wie bei den Generatoren, indem man die Motoren als Generatoren behandelt. Von besonderem Interesse ist das Verhalten der Umdrehungszahlen bei verschiedener Belastung und konstanter Klemmenspannung. Aufschluß darüber geben die

Drehzahlcharakteristiken.

$$n = f(J_a), \qquad E = \text{konst.}$$

Zwischen der Drehzahl n und der im Anker induzierten EMK besteht die Gleichung:

$$E_a = c \cdot \Phi_a \cdot n.$$

Ferner ist:

$$E_a = E - J_a \cdot R_a.$$

Somit:

$$n = \frac{E - J_a \cdot R_a}{c \cdot \Phi_a} \quad \ldots \ldots \quad (55)$$

Die Gleichung zeigt allgemein: α) Die Drehzahl n steigt, wenn das Feld Φ_a geschwächt wird. Das Entgegengesetzte bewirkt eine Erhöhung des Belastungsstromes J_a.

β) Da das aus Haupt- und Ankerfeld resultierende Feld Φ_a infolge der entmagnetisierenden Wirkung des Ankerfeldes kleiner wird bei einer Verschiebung der Bürsten gegen die Drehrichtung des Motors, so steigt in diesem Falle die Drehzahl, sie sinkt, wenn die Bürsten in der Drehrichtung verschoben werden, da die längsmagnetisierende Komponente des Ankerfeldes das Hauptfeld verstärkt. Ausgeprägter ist diese Eigenschaft bei Wendepolmotoren.

Schaltungen. Auf die Wiedergabe von Schaltbildern kann hier verzichtet werden, die Belastung erfolgt, indem man durch die Motoren Generatoren antreibt und diese entsprechend belastet oder durch die im Abschnitt IX behandelten Bremsen.

1. Fremderregter Motor und Nebenschlußmotor. Beide können gemeinsam behandelt werden, da in beiden Fällen der Erregerstrom i konstant bleibt, wenn die Klemmenspannung E konstant ist. Wird der Motor stärker belastet, so folgt aus Gl. (55) (E = konst. und i = konst. vorausgesetzt):

α) $E_a = E - J_a \cdot R_a$ wird kleiner. Folge: Abnahme der Drehzahl.

β) Φ_a wird kleiner wegen der zunehmenden Ankerrückwirkung. Folge: Steigerung der Drehzahl. Beide Tatsachen wirken also entgegengesetzt.

γ) Motoren mit großem Ohmschen Spannungsabfall werden bei Belastung Tourenabfall zeigen, eine Drehzahlsteigerung kann dagegen eintreten, wenn die Ankerrückwirkung beträchtlich ist.

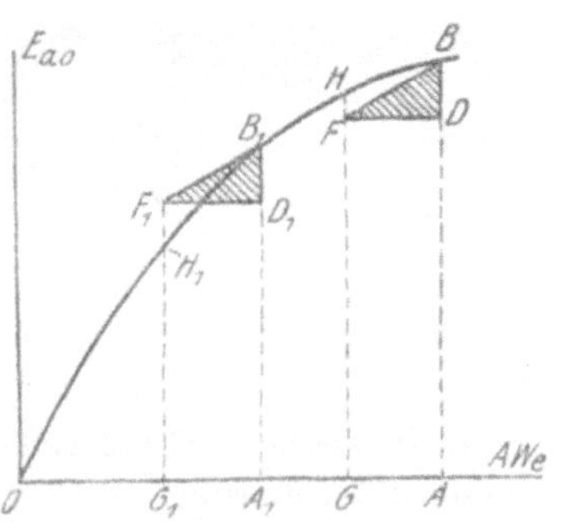

Fig. 179.

δ) Stark erregte Maschinen (vgl. die Lage des charakteristischen Dreiecks BDF in Fig. 179) werden Tourenabfall aufweisen. Gegeben sei die Leerlaufscharakteristik $E_{a0} = f(AW_e)$ für $n = n_0$. Für einen beliebigen Belastungsstrom beträgt bei einer Klemmenspannung AB der Ohmsche Spannungsabfall BD im Anker $J_a \cdot R_a$, die Ankerrückwirkung wird dargestellt durch die Strecke DF, die resultierenden AW_e durch OG. Im Anker muß die EMK

$E_a = AD = GF$ induziert werden. Bei n_0 Umdrehungen würde aber eine zu große EMK (entsprechend der Strecke GH) durch OG resultierende Amperewindungen induziert. Da jedoch bei einer bestimmten Leistung und gegebener Klemmenspannung E die induzierte EMK E_a durch die Gleichung $E_a = E - J_a \cdot R_a$ festgelegt ist, so muß der Motor eine Drehzahl $n = n_0 \cdot \frac{GF}{GH}$ annehmen. n ist aber kleiner als n_0. Schwach erregte Motoren zeigen Tourensteigerung; vgl. die Lage des charakteristischen Dreiecks $B_1 D_1 F_1$ in Fig. 179. Zur Verfügung steht jetzt die Klemmenspannung $A_1 B_1$, aber nur OA_1 Amperewindungen des Hauptfeldes. Der Strom J_a ist derselbe wie vorher ($\triangle B_1 D_1 F_1 \cong \triangle BDF$). Punkt F_1 fällt nun jedoch über die Kurve $E_{a0} = f(AW_e)$. Bei OG_1 resultierenden Amperewindungen würde für n_0 Umdrehungen nur eine EMK $E_a = G_1 H_1$ induziert. Da jedoch $E_a = G_1 F_1$ betragen muß, so muß jetzt eine Drehzahlsteigerung eintreten.

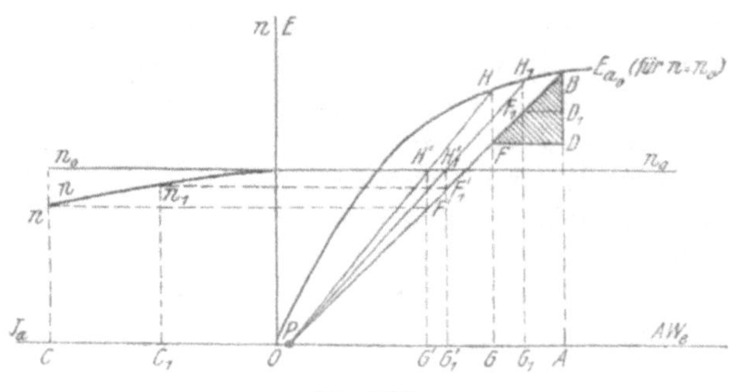

Fig. 180.

ε) Besonders schnellaufende Motoren und solche mit starker Drehzahlregulierung mittels Feldschwächung neigen leicht zu Tourensteigerung mit zunehmender Belastung.

Fig. 180 zeigt den Verlauf der Kurve $n = f(J_a)$ für $E =$ konst. (in der Figur ist die n-Kurve nach links eingetragen).

K o n s t r u k t i o n der K u r v e $n = f(J_a)$. Gegeben ist die Leerlaufscharakteristik, $E_{a0} = f(AW_e)$ für $n = n_0$; die Klemmenspannung $E = AB =$ konst., die Feldamperewindungen $OA =$ konst., die charakteristischen Dreiecke BDF und $B_1 D_1 F_1$, deren Seiten den Ankerströmen OC und OC_1 proportional sind. Man wählt den Pol P beliebig auf der Abszissenachse und zieht die Strahlen

PH, PH_1, PF, PF_1. Nach den bereits gegebenen Erläuterungen gelten die Proportionen:

$$\frac{n_1}{n_0} = \frac{G_1 F_1}{G_1 H_1} = \frac{G_1' F_1'}{G_1' H_1'},$$

$$\frac{n}{n_0} = \frac{GF}{GH} = \frac{G' F'}{G' H'}.$$

Daraus erhält man $n_1 = G_1' F_1'$ für den Strom OC_1 und $n = G'F'$ für OC. Die Konstruktion geht aus der Fig. 180 hervor.

2. Hauptschlußmotor. Bei einem solchen ist $i = J = J_a$. Der Belastungsstrom J_a ist gleichzeitig der Erregerstrom. Mit steigender Belastung wächst bei konstanter Klemmenspannung

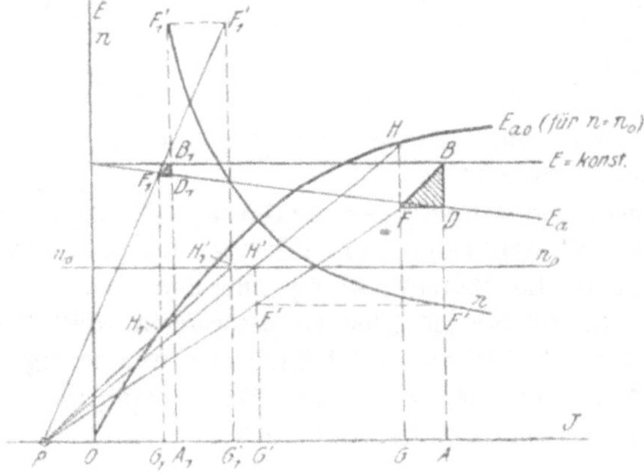

Fig. 181.

J_a und das Feld Φ_a. Die Drehzahl nimmt gemäß Gl. (55) ab. Bei schwacher Belastung dagegen nimmt die Drehzahl sehr hohe Werte an, um so mehr als auch der Spannungsabfall im Anker klein ist (Kurvenverlauf Fig. 181).

Konstruktion der Kurve $n = f(J_a) = f(J)$. Gegeben ist die Leerlaufscharakteristik $E_{a0} = f(i) = f(J_a) = f(J)$ für $n = n_0$, ferner die Klemmenspannung $E =$ konst., die EMK $E_a = E - J \cdot R_a$ (in R_a ist der Widerstand der Serienwicklung mit enthalten), endlich auch die dem jeweiligen Belastungsstrom proportionale Ankerrückwirkung. Als AW_e ist das Produkt $J \cdot w_h$ zu betrachten, worin w_h die Windungszahl der Serienwicklung ist. In Abb. 181 ist die Konstruktion für die Ströme $J = OA$ und $J_1 = OA_1$

durchgeführt. Die entsprechenden charakteristischen Dreiecke sind BDF und $B_1D_1F_1$. Man wählt auf der Abszissenachse beliebig den Pol P, zieht die Strahlen PF, PH und PF_1, PH_1 und stellt die Verhältnisse auf:

$$\frac{n}{n_0} = \frac{GF}{GH} = \frac{G'F'}{G'H'} = \frac{AF'}{G'H'},$$

$$\frac{n_1}{n_0} = \frac{G_1F_1}{G_1H_1} = \frac{G_1'F_1'}{G_1'H_1'} = \frac{A_1F_1'}{G_1'H_1'}.$$

Die Konstruktion ist aus der Figur ersichtlich. Man erhält $n = G'F' = AF'$ gehörig zum Strome $J = OA$ und $n_1 = G_1'F_1' = A_1F_1'$ für den Strom $J_1 = OA_1$.

3. **Verbundmotor.** Dieser Motor ist ein Hauptschlußmotor mit wenigen Nebenschlußwindungen. Letztere haben den Zweck, die bei Leerlauf gefährlich hohe Drehzahl des Hauptschlußmotors beim Verbundmotor auf einen zulässigen Wert zu begrenzen. Bei schwacher Belastung arbeitet man dann gewissermaßen nur mit dem Nebenschlußfeld.

Geringere Bedeutung haben heutzutage die eigentlichen Kompoundmotoren. Das Hauptfeld bildet bei diesen das Nebenschlußfeld, während die Serienwicklung nur den Zweck hat, so das Hauptfeld zu verstärken oder zu schwächen, daß die Drehzahl konstant bleibt. Sie werden heutzutage nur wenig verwendet, da man Nebenschlußmotoren mit fast konstanter Drehzahl bei verschiedener Belastung bauen kann.

Synchrongeneratoren.

Allgemeines. Anstatt der Drehzahl n ist stets die Periodenzahl angegeben, da diese der ersteren proportional ist: $\nu = \frac{p \cdot n}{60} = c \cdot n$. Ferner ist $J_a = J$.

a) Leerlaufscharakteristik.

$$E = E_a = f(i) = f(AW_e), \quad J = J_a = 0, \quad \nu = \text{konst.}$$

Allgemeines. Bezüglich der Aufnahme, Schaltung und Kurvenform gelten die Ausführungen S. 164 (fremderregter Generator), vgl. die betreffenden Figuren.

Bei Mehrphasengeneratoren ist die Spannung zwischen zwei Leitungen zu messen. Dabei ist diese bei Dreieckschaltung gleich der Phasenspannung, während sie bei Sternschaltung das $\sqrt{3}$fache der Phasenspannung beträgt. Es empfiehlt sich, für jede Erregung stets alle verketteten Spannungen bzw. Phasenspannungen zu messen, wodurch gleichzeitig die Wicklung auf Symmetrie und richtige Schaltung kontrolliert wird.

b) Kurzschlußcharakteristik.

$$J_k = f(i) = f(AW_e), \qquad v = \text{konst.}$$

Allgemeines. Sinngemäße Anwendung finden für die Aufnahme dieser Kurve die Ausführungen S. 166. Es genügt die Bestimmung weniger Punkte, da der Verlauf der Charakteristik bis zur normalen Stromstärke stets ein geradliniger ist.

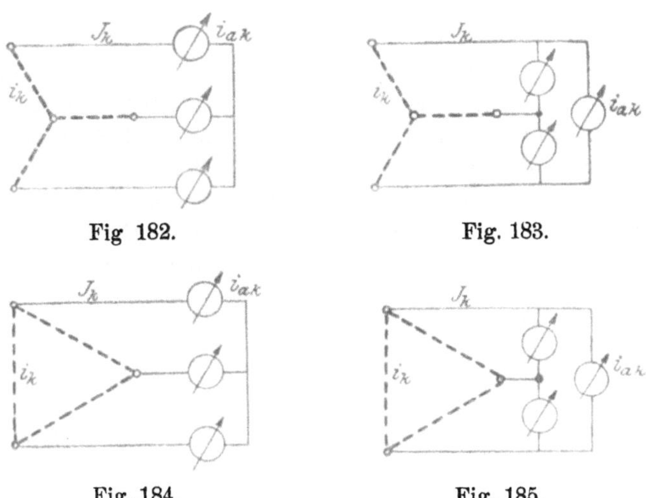

Fig 182. Fig. 183.

Fig. 184. Fig. 185.

Bei Dreiphasengeneratoren sind verschiedene Schaltungen der Amperemeter, welche vollkommen gleichen Widerstand haben müssen, möglich. Zwischen den von den Instrumenten angezeigten Strömen i_{ak}, den Phasenströmen i_k und den Leitungsströmen J_k bestehen die Beziehungen der folgenden Tabelle. Die Amperemeter sind dabei als Verbraucher aufzufassen, welche entweder in Stern oder in Dreieck geschaltet sind. (Man denke sich zur Ableitung der Beziehungen an Stelle eines Instrumentes einen Widerstand.)

Fig.	Generator-schaltung	Amperemeter-schaltung	Beziehung zwischen Phasen-, Leitungs- und Amperemeterstrom
182	Stern	Stern	$i_k = J_k = i_{ak}$
183	Stern	Dreieck	$i_k = J_k = \sqrt{3}\, i_{ak}$
184	Dreieck	Stern	$i_k = \frac{J_k}{\sqrt{3}} = \frac{i_{ak}}{3}$
185	Dreieck	Dreieck	$i_k = \frac{J_k}{\sqrt{3}} = i_{ak}$

c) Belastungscharakteristik.

$$E = f(i) = f(AW_e), \quad J = J_a = \text{konst.}, \quad \cos\varphi = \text{konst.}, \quad v = \text{konst.}$$

Allgemeines. Die Aufnahme kann für induktive, induktionsfreie und kapazitive Belastung erfolgen (der Strom eilt der Spannung nach: Phasenwinkel φ positiv, Strom und Spannung sind phasengleich: $\varphi = 0^\circ$, der Strom eilt der Spannung voraus: φ = negativ). Jeweils ist der Belastungsstrom, die Periodenzahl (Drehzahl) und der $\cos\varphi$ konstant zu halten. Die Konstanz des $\cos\varphi$ wird mit Wattmeter, Volt- und Amperemeter kontrolliert.

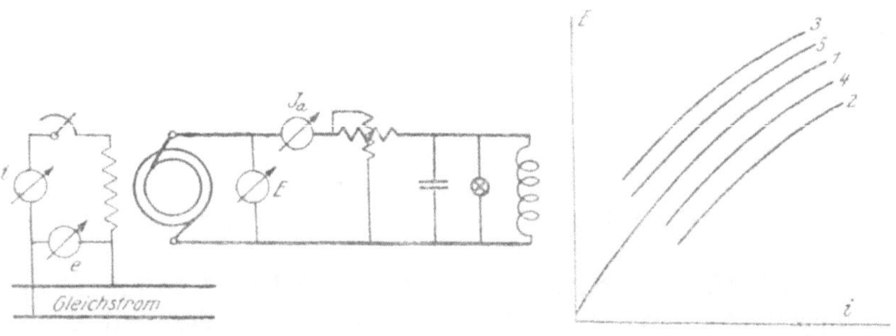

Fig. 186. Fig. 187.

Schaltungen. Bezüglich der Erzielung von induktiver, induktionsfreier und kapazitiver Belastung gelten die Angaben S. 151. Angedeutet ist die Art der Belastung im Schaltschema Fig. 186.

Den Kurvenverlauf zeigt Fig. 187, und zwar ist:

Kurve 1 gültig für $J = 0$ (Leerlaufscharakteristik),
„ 2 „ „ $J = J_{norm}$ $\varphi = +90^{\circ}$ induktive Belastung,
„ 3 „ „ $J = J_{norm}$ $\varphi = -90^{\circ}$ kapazitive Belastung,
„ 4 „ „ $J = \frac{1}{2} J_{norm}$ $\varphi = +90^{\circ}$ induktive Belastung,
„ 5 „ „ $J = \frac{1}{2} J_{norm}$ $\varphi = -90^{\circ}$ kapazitive Belastung.

Die einzelnen Charakteristiken verlaufen äquidistant. Bei geringeren Phasenverschiebungen zwischen Strom und Spannung ($\varphi = \pm 90^{\circ}$ sind die Grenzfälle) liegen bei gleicher Belastung die Charakteristiken näher an der Kurve für $E_a = f(i)$, $J = 0$. Im Zusammenhange damit erklären sich die Angaben der Tabelle S. 157.

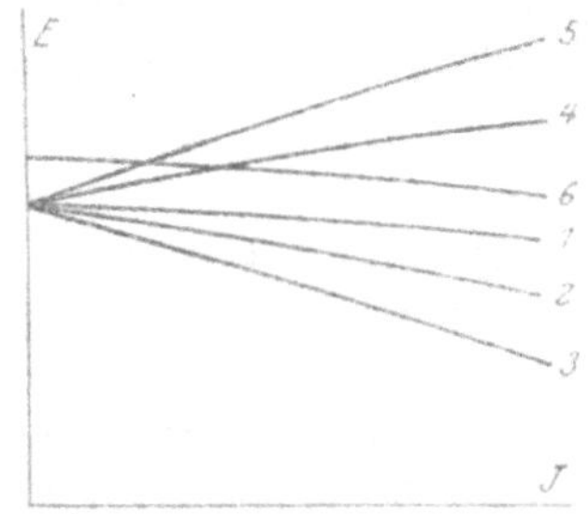

Fig. 188.

d) Äußere Charakteristik.

$$E = f(J), \quad i = \text{konst.}, \quad \nu = \text{konst.}, \quad \cos\varphi = \text{konst.}$$

Allgemeines. Die Aufnahme der äußeren Charakteristik kann im Anschluß an die der Belastungscharakteristik erfolgen. Auch kann man aus einer Schar von solchen die Kurven $E = f(J)$ ableiten. Kurvenverlauf Fig. 188. Es gilt:

Kurve 1 für $\varphi = 0^{\circ}$ induktionsfreie Belastung,
„ 2 „ $\varphi > 0^{\circ}$ induktive Belastung,
„ 3 „ $\varphi = +90^{\circ}$ induktive Belastung,
„ 4 „ $\varphi < 0^{\circ}$ kapazitive Belastung,
„ 5 „ $\varphi = -90^{\circ}$ kapazitive Belastung,
„ 6 „ $\varphi = 0^{\circ}$ induktionsfreie Belastung; Erregerstrom i aber größer als für die Kurven 1 bis 5.

Aus den Charakteristiken $E = f(J)$ läßt sich das Verhalten der Maschine nach den verschiedensten Seiten beurteilen. Auch können leicht weitere Kurven abgeleitet werden, wenn Kurvenscharen $E = f(J)$ für verschiedene Erregerströme i und verschiedene $\cos\varphi$ aufgenommen sind (i und $\cos\varphi$ sind natürlich während der Aufnahmen selbst konstant zu halten!) z. B.

1. Kurve $E = f(\cos\varphi)$, J, i und $\nu = $ konst.

Diese stellt die Abhängigkeit der Klemmenspannung von einer mehr oder wenigen induktiven oder kapazitiven Belastung dar, wenn J, i und ν konstant gehalten werden.

2. Kurve $N_a = E \cdot J \cdot \cos\varphi = f(\cos\varphi)$, J, i und ν = konst.

Diese gibt die Größe der abgegebenen Leistung N_a in Abhängigkeit von der Phasenverschiebung (φ bzw. $\cos\varphi$) wieder. Sie geht aus der Kurve $E = f(\cos\varphi)$ hervor, wenn die Ordinaten E mit $J \cdot \cos\varphi$ multipliziert werden.

3. Kurven für die Spannungsänderungen (s. unten):

α) $\varepsilon_1 = f(\cos\varphi)$, J, i und ν = konst., oder

β) $\varepsilon_2 = f(\cos\varphi)$, J, i und ν = konst.

Schaltungen. Ohne weiteres können die Schaltungen, welche zur Aufnahme der Belastungscharakteristik Verwendung finden, auch hier benutzt werden.

Spannungsänderung. Als Spannungsänderung des Wechselstromgenerators gilt nach § 45 der Normalien des VdE, wie für den fremderregten Gleichstromgenerator die Änderung der Spannung, welche eintritt, wenn man bei normaler Klemmenspannung den höchsten auf dem Leistungsschild verzeichneten Ankerstrom abschaltet, ohne Drehzahl (Periodenzahl) und Erregerstrom zu ändern. Nach § 48 der Normalien bezieht sich die Angabe der Spannungsänderung von Wechselstromgeneratoren für induktive Belastung ohne Nennung des Leistungsfaktors auf $\cos\varphi = 0{,}8$. Verfährt man in der angegebenen Weise, so erhält man als prozentuale Spannungserhöhung ε_1:

$$\varepsilon_1 = \frac{E_0 - E}{E} \cdot 100\,\% \quad \ldots \ldots \quad (56)$$

E = Klemmenspannung für $J = J_{\text{norm}}$, E_0 jene für Leerlauf $J = 0$. E_0 ist gleich der im Anker induzierten EMK E_a zu setzen.

Stellt man dagegen die Erregung so ein, daß bei Leerlauf die normale Klemmenspannung E erscheint, so wird bei Belastung die Klemmenspannung $E' < E$ sein. Man erhält als prozentualen Spannungsabfall ε_2 den Wert

$$\varepsilon_2 = \frac{E - E'}{E} \cdot 100\,\% \quad \ldots \ldots \quad (56a)$$

Größe der Spannungsänderung s. die folgende Tabelle:

Drehstrom-generatoren	ε_1 % $\cos\varphi = 1{,}0$	ε_1 % $\cos\varphi = 0{,}8$	Wechselstrom-generatoren	ε_1 % $\cos\varphi = 1{,}0$
Kleinere schnelllaufende Masch. .	8÷10 %	18÷22 %	Kleinere schnelllaufende Masch. .	10÷12 %
Große direkt gekuppelte Maschinen .	7÷ 9 „	15÷20 „	Große direkt gekuppelte Maschinen .	9÷11 „
Turbogeneratoren .	13÷17 „	25÷30 „	Turbogeneratoren .	16÷20 „

e) Regulierungskurve.

$$i = f(J), \quad E = \text{konst.}, \quad v = \text{konst.}, \quad \cos\varphi = \text{konst.}$$

Zu bemerken ist nur, daß diese Kurve, welche ebenfalls aus $E = f(J)$ abzuleiten ist, gleichfalls mit den bei der Belastungscharakteristik angegebenen Schaltungen aufgenommen werden kann. In Fig. 189 gilt:

Kurve 1 für $\varphi = 0^\circ$,
Kurve 2 für $\varphi = +90^\circ$,
Kurve 3 für $\varphi = -90^\circ$.

Die Klemmenspannung beträgt für alle 3 Kurven E Volt. Für eine Klemmenspannung $E' > E$ und $\varphi = 0^\circ$ zeigt Kurve 4 den Verlauf.

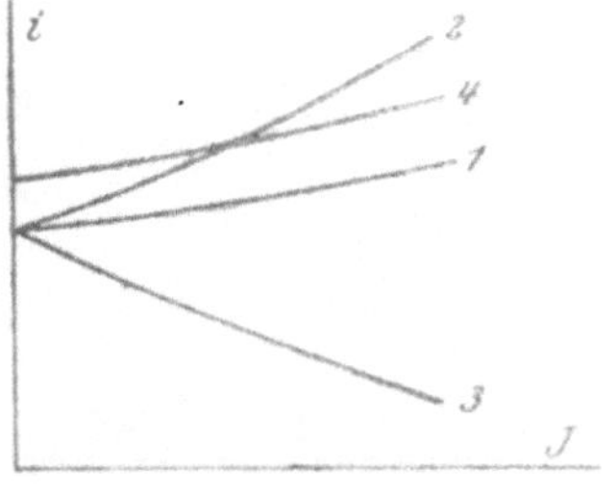

Fig. 189.

Synchronmotoren.

Allgemeines. Es wurde bereits früher darauf hingewiesen, daß ein untererregter Synchronmotor sich wie ein induktiver, ein übererregter sich dagegen wie ein kapazitiver Widerstand verhält. Es wird also je nach der Erregung eine Verschiebung des Stromes im Sinne der Nach- oder Voreilung gegenüber der Spannung bewirkt. Man kann deshalb Synchronmotoren als Phasenregler benutzen. Der große Vorteil, den die Anwendung solcher für Zentralen bringt, besteht darin, daß man in der Lage ist, die Wirkung der induktiven Widerstände im Netz (Motoren, Transformatoren) ganz oder wenigstens teilweise zu kompensieren, so daß die Generatoren auf ein Netz mit möglichst hohem $\cos\varphi$ arbeiten können. Von besonderem Interesse ist die Aufnahme der

V-Kurven.

$$J = f(i), \qquad E = \text{konst.}, \qquad \nu = \text{konst.}$$

Außer E und ν ist auch noch das an der Welle abgegebene Drehmoment, also die abgegebene Leistung N_a konstant zu halten. Der Name V-Kurve rührt von dem V-förmigen Verlauf der Kurven (vgl. Fig. 190) her. In der Figur ist außerdem noch die Kurve $\cos\varphi = f(i)$, aus den Werten N_z (zugeführte Leistung), E und J berechnet, eingetragen. Es ist:

Fig. 190.

Kurve 1: die V-Kurve für Leerlauf,
Kurve 2: $\cos\varphi = f(i)$ für Leerlauf,
Kurve 3: die V-Kurve für $^1/_2$ Last,
Kurve 4: $\cos\varphi = f(i)$ für $^1/_2$ Last,
Kurve 5: die V-Kurve für Vollast,
Kurve 6: $\cos\varphi = f(i)$ für Vollast.

Zu bemerken ist noch:

α) Die günstigste Erregung ist die, bei der der Strom J ein Minimum wird; bei derselben ist einerseits der Stromwärmeverlust im Anker der Maschine am kleinsten, anderseits beträgt der Leistungsfaktor $\cos\varphi = 1{,}0$.

β) Man erkennt, daß sich das Stromminimum bei günstigster Erregung nur wenig mit der Belastung verschiebt. Verbindet man in Fig. 190 die entsprechenden Punkte, so erhält man die Kurve 7, welche eine Regulierungskurve $i = f(J)$, $E = \text{konst.}$, $\nu = \text{konst.}$, $\cos\varphi = \text{konst.}$ darstellt. Dabei sind allerdings Abszissen- und Ordinatenwerte vertauscht. In gleicher Weise könnten für andere $\cos\varphi = \text{konst.}$ solche Kurven ermittelt werden.

Schaltung. Zur Aufnahme der V-Kurven wird der Synchronmotor mit einem Gleichstromgenerator belastet, der auf ein Netz oder auf Widerstände arbeitet und gleichzeitig zum Anwerfen des Motors dienen kann.

Asynchronmotoren.

Allgemeines. In Fig. 191 ist ein vollständiges Schaltschema zur Untersuchung eines Drehstrommotors mit Schleifringen nach der Zweiwattmetermethode gegeben. Diese Schaltung findet

Verwendung sowohl für die Leerlauf-, wie für die Kurzschluß- und Belastungsaufnahmen. Der Rotorstrom J_r kann mittels des eingezeichneten Amperemeters J_r bestimmt werden. Die Instrumente sind nur während der Messung mittels der kleinen Schalter U einzuschalten.

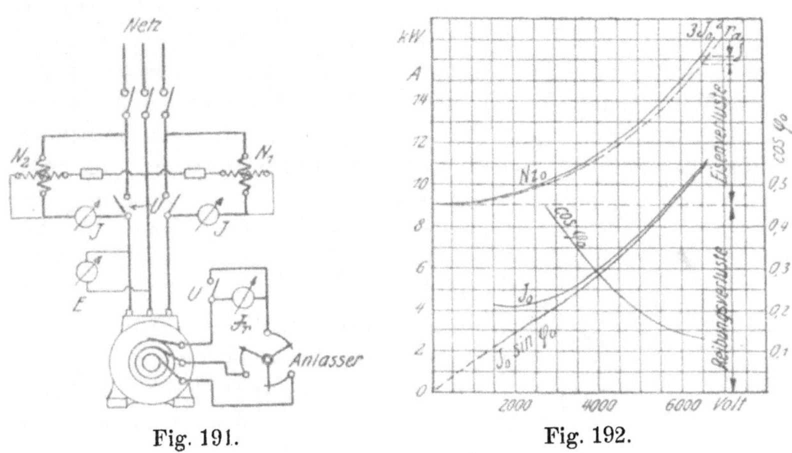

Fig. 191. Fig. 192.

a) Leerlaufscharakteristiken.

$$J_0 = f(E), \quad N_{z0} = f(E), \quad \cos\varphi_0 = f(E), \quad v = \text{konst.}$$

An der leerlaufenden (unbelasteten) Maschine wird in Abhängigkeit von der an den Stator gelegten Spannung E bei v = konst. aufgenommen und aufgetragen: 1. Der Leerlaufsstrom $J_0 = f(E)$, 2. die zugeführte Leistung N_{z0}, 3. $\cos\varphi_0 = f(E)$, wobei $\cos\varphi_0$ aus dem Verhältnis der Wattmeterausschläge $\frac{a_2}{a_1}$ (Fig. 72) oder nach der Gl. (24): $\cos\varphi_0 = \frac{N_{z0}}{\sqrt{3} \cdot E \cdot J_0}$ zu ermitteln ist. Kurven nach Fig. 192. Bei der Aufnahme dieser Kurven ist zu verfahren, wie bei der Leerlaufsmethode angegeben werden wird (s. S. 204). — Der Index 0 kennzeichnet wieder die leerlaufende, also unbelastete Maschine.

1. Zerlegt man den der Spannung E um den Winkel φ_0 nacheilenden Strom J_0 (Fig. 193) in die Komponenten $J_0 \cdot \sin\varphi_0$ und $J_0 \cdot \cos\varphi_0$, so dient erstere zur Magnetisierung (wattlose Komponente), letztere zur Deckung der bei Leerlauf auftretenden Verluste (Wattkomponente). Sucht man für alle Punkte J_0

die wattlose Komponente und trägt auf $J_0 \cdot \sin\varphi = f(E)$, so erhält man die eigentliche Magnetisierungscharakteristik in etwas anderer Form [vgl. die frühere Darstellung $E_{a0} = f(i)$]. Abszissen- und Ordinatenachsen sind jetzt vertauscht. Dazu soll noch bemerkt werden:

α) Da der Leerlaufstrom nur ein kleiner Teil des Belastungsstromes der Maschine ist, so ist sein Spannungsabfall sehr klein und es ist die induzierte EMK E_a nur um etwa $3-4\%$ kleiner als die Klemmenspannung, so daß auch hier $E_a = E$ gesetzt werden kann.

β) J_0 ist noch nicht der reine Leerlaufstrom der Maschine. Unter letzterem J_0' verstehen wir den Leerlaufstrom, den man erhält, wenn man von J_0 die zur Deckung der Reibungsverluste dienende Komponente in Abzug bringt. Die Reibungsverluste stellen bereits eine Belastung des Läufers dar. Wirtschaftlich behalten sie ihre Bedeutung als Verlust bei.

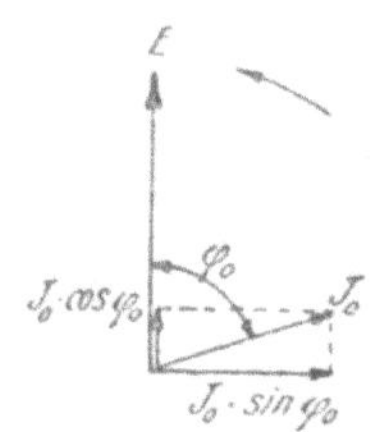

Fig. 193.

2. Die Zerlegung der zugeführten Leistung N_{z0}, welche im Leerlauf zur Deckung der Eisen-, Reibungs- und der Stromwärmeverluste dient, erfolgt nach den Angaben S. 207. Da N_{z0} eine Verlustleistung ist, schreiben wir $N_{z0} = N_{v0} = V_0$ (z Index für zugeführte Leistung, 0 für Leerlauf, v für Verlust).

Als Stromwärmeverluste V_a kommen nur jene des Stators in Frage, im Rotor ist dieser Verlust, da fast synchroner Lauf vorliegt, gleich Null zu setzen. Es ist:

$$V_a = 3\,J_0^2 r_a = 3\,i_0^2 r_a\,.$$

r_a ist der Widerstand pro Statorphase. Ist der Motor in Stern geschaltet, so ist der gemessene Leitungsstrom J_0 gleich dem Phasenstrom i_0 und es gilt vorstehende Gleichung. Bei Dreieckschaltung ist zu berücksichtigen, daß $J_0 = \sqrt{3} \cdot i_0$ ist. Es ist dann, wenn man nicht mit dem Phasen-, sondern mit dem verketteten Strom rechnet:

$$V_a = 3\,i_0^2 \cdot r_a = \left(\sqrt{3}\,i_0\right)^2 \cdot r_a = J_0^2 \cdot r_a\,.$$

3. Bei kleinen Spannungen wird natürlich der erforderliche Magnetisierungsstrom klein, dagegen ist noch eine große Wattkomponente vor allem zur Deckung der Reibungsverluste erforderlich. Es nimmt also die Phasenverschiebung zwischen E und J_0 in diesem Falle ab, der $\cos\varphi_0$ steigt beträchtlich an (vgl. Fig. 192).

b) Kurzschlußcharakteristiken.

$$J_k = f(E), \quad N_{zk} = f(E), \quad \cos\varphi_k = f(E), \quad \nu = \text{konst.}$$

Der Rotor wird festgehalten und die vorstehend angegebenen Werte (J_k = Kurzschlußstrom, N_{zk} = im Kurzschluß zugeführte Leistung) in Abhängigkeit von der Klemmenspannung, welche jeweils an den Stator gelegt wurde, aufgenommen und aufgetragen. $\cos\varphi_k$ wird in der üblichen Weise gefunden. Die Periodenzahl ν ist konstant zu halten (Fig. 194). Zu bemerken ist:

α) Je nach der gegenseitigen Stellung der Stator- und Rotorwicklung erhält man bei der gleichen Spannung einen höchsten und einen niedrigsten Wert für J_k und N_{zk}. Man findet diese Werte, wenn der Rotor langsam gedreht wird. Die Instrumente sind bei Eintritt des maximalen und minimalen Ausschlags abzulesen. In Fig. 194 sind nur die Mittelwerte eingetragen.

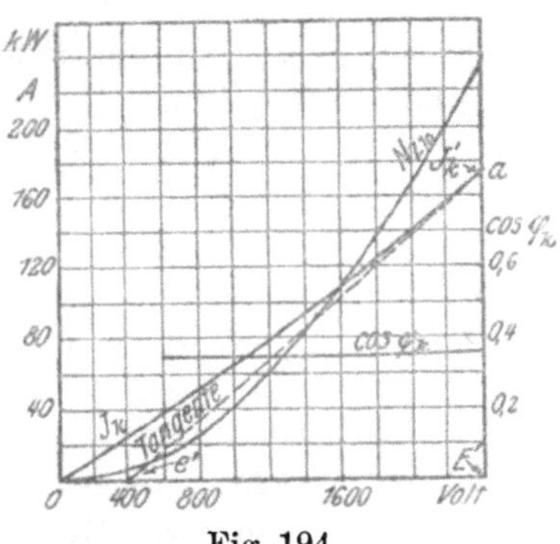

Fig. 194.

β) Die KurzschlußwattN_{zk} dienen zur Deckung aller im Kurzschluß auftretenden Verluste. Diese sind vornehmlich Stromwärmeverluste im Stator und im Rotor.

γ) Ist der Rotor mit Schleifringen versehen, so sind diese natürlich kurzzuschließen. Wenn keine Kurzschlußvorrichtung vorhanden ist, müssen die Bürsten oder die Schleifringe mit starken Kupfer drähten verbunden werden, wobei auf guten Kontakt zu achten ist.

c) Belastungscharakteristiken.

$$J = f(N_z), \quad \sigma = f(N_z), \quad \cos\varphi = f(N_z), \quad N_a = f(N_z),$$
$$\eta = f(N_z), \quad E = \text{konst.}, \quad \nu = \text{konst.}$$

Der Belastungsstrom J, die bei Belastung auftretende Schlüpfung σ und die zugeführte Leistung $N_z = \sqrt{3}\, E \cdot J \cdot \cos\varphi$ werden bei konstanter Klemmenspannung E und Periodenzahl ν gegemessen und in Abhängigkeit von N_z aufgetragen. Ferner wird zu den einzelnen Punkten der $\cos\varphi$ bestimmt (Kurven Fig. 216).

Die abgegebene Leistung N_a und der Wirkungsgrad η werden nach S. 208 berechnet.

Bestimmung von Anzugsmomenten.

Allgemeines. Die Messung von Drehmomenten kann mittels der im folgenden Abschnitt behandelten Bremsen erfolgen. Zur Messung von Anzugsmomenten kann die Anordnung nach Fig. 195 dienen. Unter Anzugsmoment versteht man das Drehmoment M_a, das ein Motor beim Anlauf entwickelt. Es ist:

$$M_a = P \cdot \frac{d}{2} = Q \cdot \left(\frac{d + d'}{2}\right) \text{ in mkg} \quad . \quad . \quad (57)$$

Dabei ist: P die an der Scheibe vom Durchmesser d (in m) wirksame Umfangskraft, Q die Zugkraft der Federwage, welche jedoch am Hebelarm $\frac{d + d'}{2}$ wirkt, d' ist die Stärke des benutzten Riemens oder Seiles. P und Q sind in kg einzusetzen.

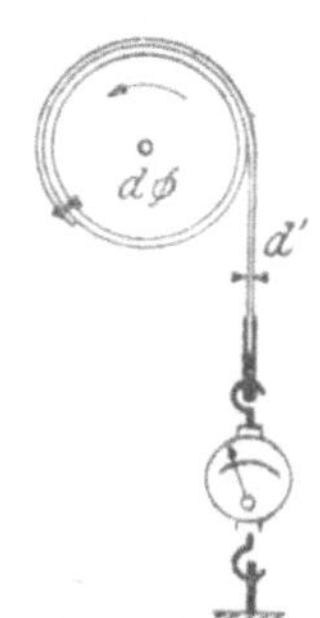

Fig. 195.

Q kann nicht direkt für die Bestimmung von M_a benutzt werden, da die Reibungskraft P_R, welche stets der Bewegung entgegenwirkt, berücksichtigt werden muß. Zur Ermittlung von Q nimmt man zwei Messungen vor:

1. Man dreht den Anker etwas in der Drehrichtung und läßt ihn dann durch die Federkraft Q_1 in die Ausgangslage zurückziehen. Q_1 ist hier größer als Q, da die Reibungskraft zu überwinden ist. Es ist:

$$Q_1 = Q + P_R.$$

2. Der Anker wird etwas gegen die Drehrichtung gedreht. Dann versucht ihn die Umfangskraft P bzw. eine Kraft Q, welche außer der Federkraft Q_2 noch die Reibungskraft P_R, die auch diesmal entgegengesetzt der rückdrehenden Kraft gerichtet ist, zu überwinden hat, in die Ausgangslage zurückzuziehen. Gleichgewicht ist vorhanden, wenn

$$Q = Q_2 + P_R.$$

Aus beiden Gleichungen ergibt sich:

$$Q = \frac{Q_1 + Q_2}{2}, \qquad P_R = \frac{Q_1 - Q_2}{2} \quad . \quad . \quad . \quad (57\text{a})$$

Zu beachten ist bei der Messung, daß diese von der Ankerstellung beeinflußt wird, da der Anker stets die Lagen einzunehmen versucht, in welchen dem Kraftfluß der geringste magnetische Widerstand geboten wird. Besonders augenfällig ist diese Erscheinung bei Maschinen mit geringer Nutenzahl pro Pol. Sie verschwindet bei glatten Armaturen.

Schaltungen. 1. Fremderregter Motor und Nebenschlußmotor. Da der Anker still steht, so wird keine EMK E_a erzeugt. Um das Anzugsmoment bei verschiedenen Strömen J_a aufzunehmen, sind nur solche Spannungen E an den Anker zu legen, daß der Spannungsverlust $J_a \cdot R_a$ im Anker und in den Zuleitungen gedeckt wird. Schaltung nach Fig. 196. Da allgemein

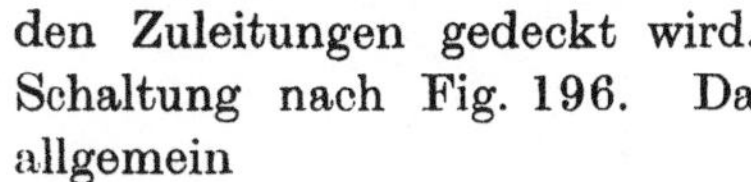

$M_a = c \cdot \Phi_a \cdot J_a$ (c Konstante)

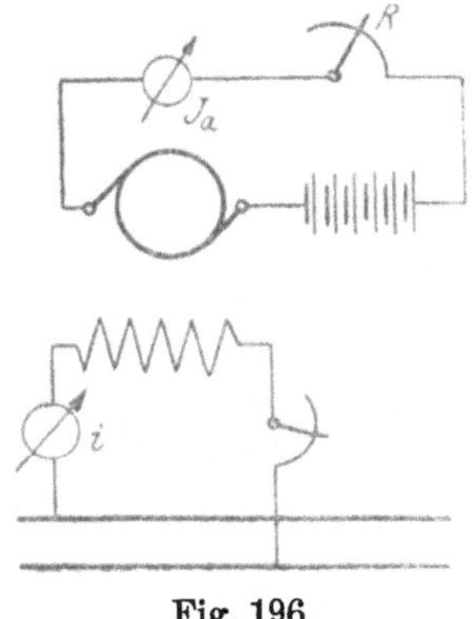

Fig. 196.

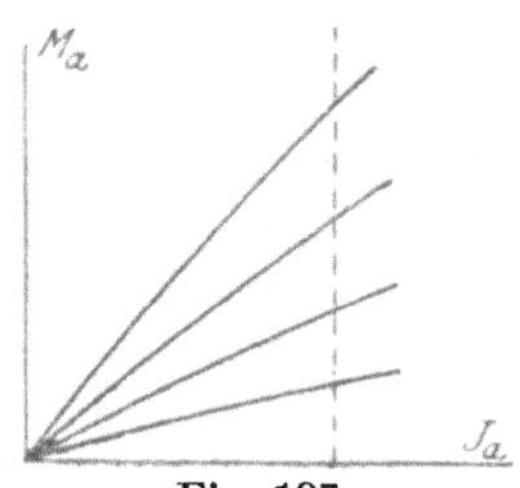

Fig. 197.

ist, so ist das Feld normal zu erregen (Fremderregung). Nimmt man für verschiedene Erregungen, welche jeweils konstant zu lassen sind, M_a in Abhängigkeit von J_a auf, so ergeben sich die Kurven Fig. 197: $M_a = f(J_a)$.

Zieht man im Abstande J_a eine Vertikale und bildet man die Kurve $M_a = f(i)$, $J_a =$ konst., so ersieht man aus dieser, wie sich M_a bei konstantem Ankerstrom mit der Erregung ändert.

Der Widerstand R in Fig. 196 dient zur Einstellung verschiedener Ankerströme.

2. Hauptschlußmotor. Als Erregerstrom dient der Ankerstrom. Schaltung Fig. 198, Kurvenverlauf Fig. 199.

3. Asynchronmotoren. Die Aufnahme des Anzugsmomentes kann gleichzeitig mit jener der Kurzschlußcharakteristik erfolgen. Wie dort werden verschiedene Spannungen an den Stator gelegt, $M_a = Q \cdot \left(\frac{d + d'}{2}\right)$ mit Federwage bestimmt und M_a als $f(E)$ oder als $M_a = f(J_k) = f(J)$ dargestellt.

Bei Motoren mit Schleifringankern kann man bei E = konst. mehr oder weniger Widerstand r' in den Rotorkreis schalten. Bei größerem r' erhält man ein höheres Moment M_a. Man kann dann M_a als $f(r')$ auftragen.

Größe des Anlaufstromes. Beim betriebsmäßigen Anlauf von Gleichstrommotoren sollen dem Netz nicht mehr als eine ge-

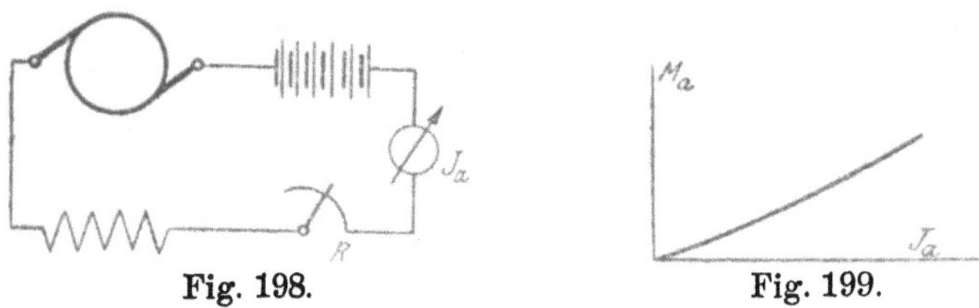

Fig. 198. Fig. 199.

wisse Zahl von Watts, bei jenem für Mehrphasen- oder Einphasenmotoren nicht mehr als eine bestimmte Zahl Volt-Ampere entnommen werden (vgl. darüber: Normale Bedingungen für den Anschluß von Motoren an öffentliche Elektrizitätswerke, § 3—5).

Neunter Abschnitt:

Bestimmung des Wirkungsgrades, Messung und Trennung der Verluste elektrischer Maschinen.

Verluste.

Bezeichnungen. Als Verluste treten in elektrischen Maschinen auf:

1. Reibungsverluste V_R, welche sich zusammensetzen aus Lager-, Luft- und Bürstenreibungsverlusten. Auch die durch Erschütterungen bedingten Stoßverluste sind hierher zu rechnen.

2. Eisenverluste $V_{Fe} = V_w + V_h$. V_w bedeutet in dieser Summe den Verlust, verursacht durch Wirbelströme im Ankereisen und in den Polschuhen (bei Asynchronmotoren den Wirbelstromverlust im Stator- und Rotoreisen), V_h die Verluste hervorgerufen durch Hysteresis.

Die Bestimmung der Reibungs- und Eisenverluste, sowie die Trennung der letzteren in Wirbelstrom- und Hysteresisverluste erfolgt nach der Leerlaufs-, Trennungs- oder Hilfsmotormethode.

3. Stromwärme- (Kupfer-)verluste V_{Cu}. Diese trennen sich in:

α) Bei Gleichstrom- und Synchronmaschinen. Stromwärmeverluste in der Ankerwicklung V_a, in der Feldwicklung V_e, in den Bürsten- und Übergangswiderständen $V_{bü}$.

β) Bei Asynchronmotoren. Stromwärmeverluste V_a in der Statorwicklung, V_r in der Rotorwicklung. — Die allgemeine Gleichung $V_{Cu} = J^2 R$ zeigt, daß die Bestimmung dieser Verluste durch Messung der betreffenden Ströme und Widerstände erfolgt.

4. Zusätzliche Verluste V_{zus}. Diese treten bei Belastung auf und haben ihre Ursache darin, daß die Feldverteilung der belasteten Maschine anders ist, als die der leerlaufenden. Es entstehen sowohl zusätzliche Verluste durch Wirbelströme in den Ankerleitern, wie auch im Eisen der Maschinen. Bei Gleichstrommaschinen entstehen ferner Wirbelströme in den Kommutatorsegmenten. Ferner sind noch zu beachten die Stromwärmeverluste, verursacht durch Ströme in den kurzgeschlossenen Spulen.

Bemerkungen. α) Die Summe $V_R + V_{Fe} + V_{Cu}$ = Reibungs- + Eisen- + Kupferverluste wird in den Normalien des VdE als „meßbarer Verlust" bezeichnet. Ist der Wirkungsgrad in einzelnen Fällen (z. B. bei Maschinen mit fremden Lagern) ohne Rücksicht auf die Reibung zu bestimmen, so scheidet das Glied V_R aus.

β) Reibungs-, Hysteresis- und Wirbelstromverluste sind von der Drehzahl n bzw. der Periodenzahl ν abhängig, die beiden letztgenannten Verluste außerdem auch von der magnetischen Induktion $\mathfrak{B}$. Diese Abhängigkeit ist aus der folgenden Tabelle ersichtlich. Mit den Buchstaben c_1 bis c_5 werden konstante Größen bezeichnet.

Art des Verlustes	Abhängigkeit von n	Abhängigkeit von $\mathfrak{B}$
Reibungsverlust	$V_R = c_1 \cdot n^{1,5}$	unabhängig
Hysteresisverlust	$V_h = c_2 \cdot n$	$V_h = c_4 \cdot \mathfrak{B}^{1,6}$
Wirbelstromverlust . . .	$V_w = c_3 \cdot n^2$	$V_w = c_5 \cdot \mathfrak{B}^2$

γ) Zusätzliche Verluste. Die genaue experimentelle Bestimmung derselben ist vielfach gar nicht, oft nur mit großen Schwierigkeiten durchführbar. Von einer Ermittlung derselben kann deshalb bei der Bestimmung des Wirkungsgrades nach der Leerlaufs-, Hilfsmotor- oder Trennungsmethode Abstand genommen werden. Gemessen können die V_{zus} werden nach den Angaben S. 209.

In Prozenten von der Leistung ausgedrückt, betragen die zusätzlichen Verluste ungefähr:

Bei Gleichstrommaschinen mit vollkommener Kompensierung	0,1÷0,3 %,
bei Gleichstrommaschinen mit Wendepolen	0,2÷0,6 %,
bei Gleichstrommaschinen ohne Wendepole	0,4÷1,2 %,
bei Drehstrommaschinen	0,4÷1,2 %,
bei Wechselstrommaschinen (einphasig) . .	0,8÷2,4 %.

Dabei sind die höheren Werte nur bei solchen Maschinen einzusetzen, welche eine größere Ankerrückwirkung haben, bei denen somit auch eine größere Feldverzerrung zwischen Leerlauf und Vollast eintritt. Die niedrigen Werte sind richtiger, wenn die Maschinen einen hohen Wirkungsgrad aufweisen.

Für das Auftreten zusätzlicher Verluste ist auch noch die ganze Bauart der Maschine maßgebend. So können beispielsweise beträchtliche zusätzliche Verluste in den metallischen Schutzschildern entstehen. Aus gleichen Gründen ist bei der Verwendung von Bremsen zur Bestimmung des Wirkungsgrades Vorsicht geboten. Eine weitere Quelle der zusätzlichen Verluste ist der Skineffekt (Stromverdrängung in den Ankerleitern, bzw. ungleichmäßige Stromverteilung über den Leiterquerschnitt). Dieser macht sich nicht nur bei Wechselstrommaschinen, sondern auch bei Gleichstrommaschinen geltend.

Methoden zur Bestimmung des Wirkungsgrades.

Allgemeines. Bezeichnet man mit N_z die einer Maschine zugeführte, mit N_a die von ihr abgegebene, mit N_v die zur Deckung der auftretenden Verluste dienende Leistung, wobei $N_v = N_z - N_a$ ist, so bestimmt sich der Wirkungsgrad η als das Verhältnis $\frac{\text{abgegebene Leistung}}{\text{zugeführte Leistung}}$. Je nachdem, ob dieses Verhältnis durch Messung von N_a und N_z direkt ermittelt wird, oder ob es gefunden wird durch Messung einer dieser Größen und der Verlustleistung N_v, ergeben sich die folgenden Gleichungen zur Bestimmung des Wirkungsgrades:

$$\left.\begin{aligned} \eta &= \frac{N_a}{N_z} \\ \eta &= \frac{N_a}{N_a + N_v} \\ \eta &= \frac{N_z - N_v}{N_z} \end{aligned}\right\} \quad \ldots \ldots \quad (58)$$

Der Wirkungsgrad in Prozenten ergibt sich durch Multiplikation dieser Gleichungen mit 100.

Bemerkungen. 1. Die Normalien des VdE (vgl. die §§ 33 ÷ 44 derselben) nennen folgende Methoden zur Bestimmung des Wirkungsgrades:

a) Die direkte elektrische Methode,
b) die direkte mechanische Methode (Bremsmethode),
c) die indirekte mechanische Methode,
d) die Leerlaufs- und Trennungsmethode,
e) die Hilfsmotormethode,
f) die indirekte elektrische Methode,
g) die Indikatormethode und die Kondensatwägmethode.

Besprochen wurde bereits die indirekte elektrische Methode (vgl. 7. Abschnitt, S. 158: Anwendung des Energiekreislaufes). Die Indikator- bzw. Kondensatwägmethode kommt in Frage, wenn die zu untersuchende Dynamomaschine direkt mit einer Dampfmaschine oder Dampfturbine gekuppelt ist. Von ihrer Besprechung ist daher hier Abstand genommen.

2. Vor- und Nachteile der Methoden a, b, c und f. Bei diesen werden alle Verluste, auch die zusätzlichen, bei der Bestimmung und Berechnung von η berücksichtigt. Gemessen wird N_a und N_z. Ein Nachteil ist der, daß große Energiemengen erforderlich sind, außerdem haben diese Methoden den Übelstand, daß ein Fehler (Beobachtungsfehler oder Fehler, hervorgerufen durch falsch zeigende Instrumente) in der Messung von N_a oder N_z in voller Größe das Resultat beeinflußt. Ergibt sich z. B. bei der Messung von N_a oder N_z ein Fehler von 2 %, so erhält man einen um 2 % falschen Wirkungsgrad.

3. Vor- und Nachteile der Methoden d und e. Wenn die Bestimmung des Wirkungsgrades nach den Methoden a, b, c

und f nicht oder nicht mit genügender Genauigkeit möglich ist, so sind für Garantien (bezüglich des Wirkungsgrades) und Messung die meßbaren Verluste zugrundezulegen. Die zusätzlichen Verluste bleiben unberücksichtigt. Die Ausführung der Versuche ist mit geringeren Kosten verbunden, da nur die Verluste N_v zu decken sind. Fehler bei der Messung von N_v, N_z oder N_a beeinflussen die Genauigkeit des Resultates verhältnismäßig wenig. Ist z. B. $N_v = 10\%$ von N_z und beträgt der Meßfehler von N_v $\mp 2\%$, so wird η nur um $\pm 0{,}2\%$ falsch sein, denn es ist

$$\eta = \frac{N_z - N_v}{N_z} = \frac{100 - \left(10 \pm \frac{10 \cdot 2}{100}\right)}{100}$$

(N_z wurde gleich 100, $N_v = 10 \pm 2\% \times 10$ gesetzt).

4. Aufgetragen wird der für verschiedene Belastungen ermittelte Wirkungsgrad η in Abhängigkeit von der zugeführten Leistung oder von der abgegebenen:

$$\eta = f(N_z) \quad \text{bzw.} \quad \eta = f(N_a).$$

a) Die direkte elektrische Methode.

Anwendung kann diese Methode überall finden, wo N_a und N_z direkt mit elektrischen Instrumenten bestimmt werden können,

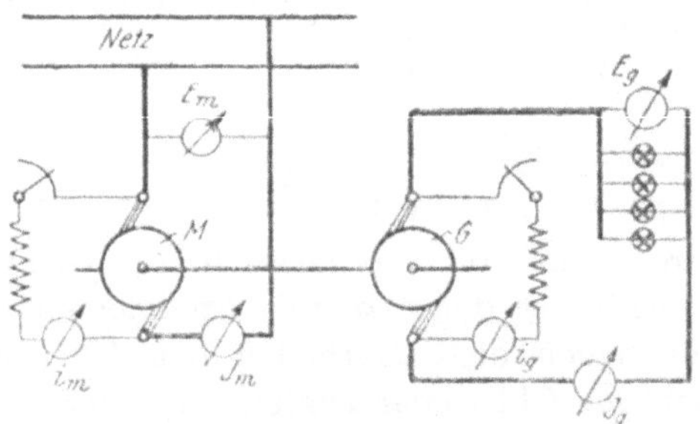

Fig. 200.

also bei Motorgeneratoren und Einankerumformern (vgl. „Messungen an Einankerumformern").

Fig. 200 zeigt die Schaltung für einen vom Netz gespeisten Gleichstrommotor M, der einen auf Widerstände arbeitenden

Generator G antreibt. In diesem Falle ist (m und g bezeichnen „Motor“ bzw. „Generator“):

1. Die dem Aggregat (Motor) zugeführte Leistung . . . . $N_{zm} = E_m \cdot J_m$,
2. die vom Aggregat (Generator) abgegebene Leistung . . . . $N_{ag} = E_g \cdot J_g$,
3. der Gesamtwirkungsgrad des Aggregates . . . . $\eta = \eta_m \cdot \eta_g$.

$$\eta = \frac{N_{ag}}{N_{zm}} = \frac{E_g \cdot J_g}{E_m \cdot J_m} \quad \text{. . . . . . . (59)}$$

Zur Ermittlung der Einzelwirkungsgrade muß der Wirkungsgrad einer Maschine genau bekannt sein. Hat eine Maschine oder haben beide Maschinen Fremderregung, so sind die Verluste in den Erregerwicklungen als zugeführte Leistungen mit zu berücksichtigen.

b) Die direkte mechanische Methode (Bremsmethode).

Allgemeines. Anwendungsgebiet: Kleinere Motoren und Generatoren, die sich als Motoren betreiben lassen. In letzterem Falle müssen die Verhältnisse so gewählt werden, daß die magnetische und mechanische Beanspruchung, Drehzahl und Leistung während der Prüfung möglichst wenig von den entsprechenden Größen bei der Benutzung als Generator abweichen.

Bezeichnungen:

P = Umfangskraft in kg, wirksam am Umfange der Riemenscheibe vom Durchmesser d (in m),

$v = \frac{d\pi \cdot n}{60}$ = Umfangsgeschwindigkeit in m/s,

Q = bekannte (gemessene) Kraft in kg, die am Hebelarm $l \geqq d$ der am Hebelarm $\frac{d}{2}$ wirksamen Kraft P Gleichgewicht hält,

M = an der Riemenscheibe wirksames Drehmoment in mkg,

$\omega = \frac{\pi \cdot n}{30}$ = Winkelgeschwindigkeit.

Beziehungen:

$$\left.\begin{aligned} M &= P \cdot \frac{d}{2} = Q \cdot l \\ N_a &= 9{,}81 \cdot M \cdot \omega = 9{,}81 \cdot P \cdot v \\ N_a &= 9{,}81 \cdot \frac{P \cdot d}{2} \cdot \frac{\pi \cdot n}{30} = 9{,}81 \cdot Q \cdot l \cdot \omega \\ \eta &= \frac{9{,}81 \cdot Q \cdot l \cdot \omega}{N_z} \end{aligned}\right\} \quad . \quad . \quad (60)$$

Bremsen. Zur Bremsung dienen:

1. Mechanische Bremsen. Bei diesen wird die an der Riemenscheibe abgegebene mechanische Leistung zur Deckung der durch die Bremsung entstehenden Wärmeverluste benutzt.

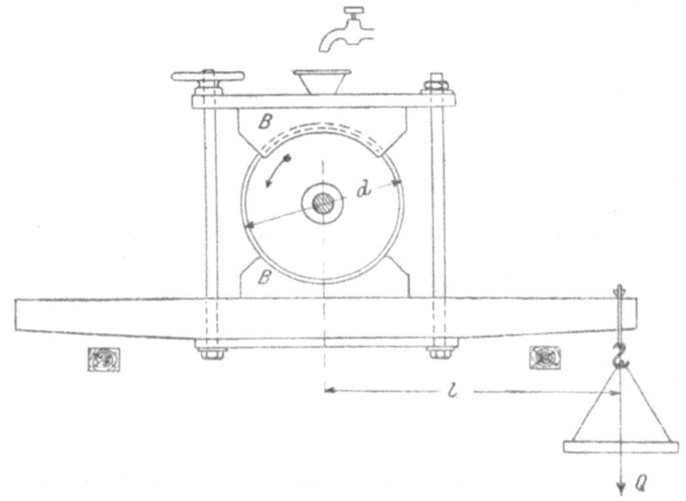

Fig. 201.

2. Wirbelstrombremsen. Die abgegebene Leistung wird verbraucht zur Deckung der in den Bremsen auftretenden Wirbelstromverluste.

1. Mechanische Bremsen. α) Der Pronysche Zaum. Mit dem auf die Bremsscheibe (Riemenscheibe) aufgesetzten Pronyschen Zaum (Fig. 201) wird stärkere oder schwächere Belastung der Maschine erzielt, indem die Bremsbacken B mittels des Handrades mehr oder weniger stark angepreßt werden. Die Reibung will den Apparat in der Drehrichtung mitnehmen. Bei Q werden deshalb stets soviel Gewichte aufgelegt, daß Gleichgewicht entsteht; es muß dann sein: $P \cdot \frac{d}{2} = Q \cdot l$. (Vor der Belastung

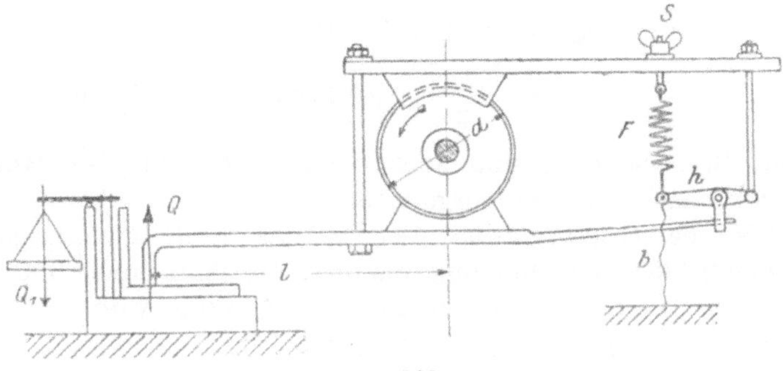

Fig. 202.

bzw. vor der Inbetriebnahme der Maschine ist der Zaum auszubalancieren. Bei größeren Zäumen muß wegen der sich infolge der Reibung entwickelnden Hitze Wasserkühlung benutzt werden.)

Werden die Größen Q, l, n, sowie die dem Motor elektrisch zugeführte Leistung N_z gemessen, so kann nach Gl. (60) η berechnet werden. Nachteilig wirkt bei der Aufnahme der Umstand, daß die Reibung nicht konstant bleibt. Der Zaum steht deshalb selten ganz ruhig. Vermieden ist dieser Übelstand bei den

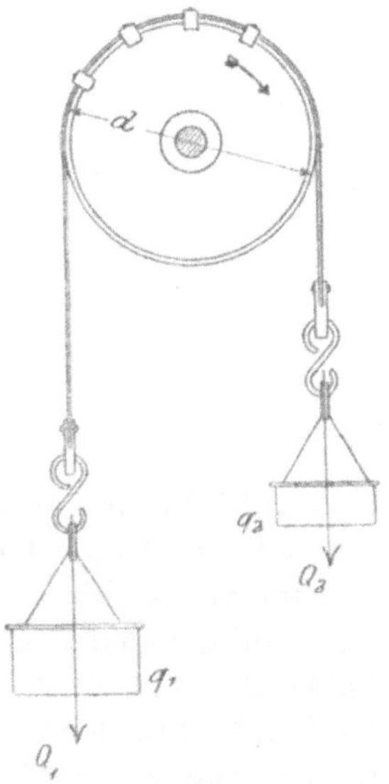

β) selbstregelnden Bremsen nach Brauer. Durch Verstellung der Flügelschraube S (Fig. 202) wird der nötige Druck erzeugt. Wird der Zaum infolge zu starker Reibung mitgenommen, so spannt sich der Faden b und lüftet mittels des Hebels h die untere Bremsbacke. $Q = 10\, Q_1$ wird mittels Dezimalwage bestimmt.

Fig. 203.

γ) Bremsbänder (Fig. 203). Diese können sehr gut für kleinere Motoren zur Bremsung benutzt werden. Ein Riemen oder Gurt wird seitlich mit U-förmigen Messingstücken versehen, die das Herabrutschen von der Scheibe verhindern sollen. Die Schalen vom Eigengewichte q_1 und q_2 werden mit Q_1 und Q_2 kg belastet bis Gleichgewicht herrscht. Dann ist in Gl. (60) einzusetzen:

$$Q = (Q_1 + q_1) - (Q_2 + q_2),$$

$$l = \frac{d + d'}{2} \quad (d' \text{ Riemenstärke in m}).$$

Mit Bremsbändern sind auch die **selbstregelnden Bandbremsen nach Brauer** ausgerüstet.

2. Wirbelstrombremsen. Der Nachteil der Reibungsbremsen (Veränderlichkeit der Reibung während der Aufnahme) und die durch ihn bedingte Unsicherheit der Messung wird bei den Wirbelstrombremsen vollkommen vermieden.

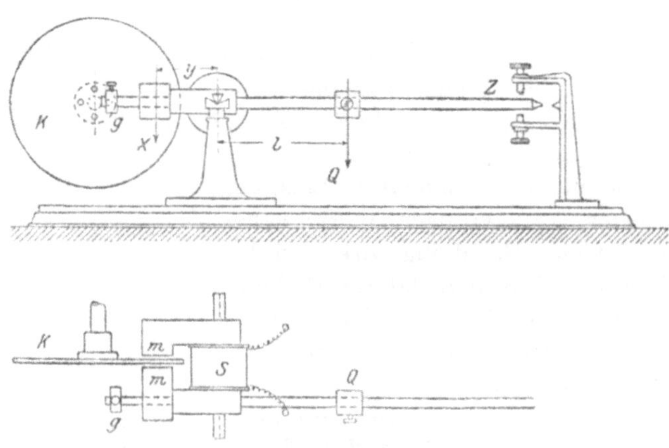

Fig. 204.

a) Wirbelstrombremse nach Prof. Grau-Wien[1]). Nach Fig. 204 wird eine Kupferscheibe K auf der Welle der zu untersuchenden Maschine befestigt. K dreht sich zwischen den Polen eines auf Schneiden gelagerten Elektromagneten m, der durch die Spule S erregt wird. Läuft der Motor, so entstehen in der das Kraftfeld schneidenden Scheibe K elektromotorische Kräfte, welche die Ursache von Wirbelströmen sind, also die Maschine belasten. Dem unbekannten Moment $X \cdot y$, welches die Wirbelströme auf den Magnet ausüben, wird Gleichgewicht gehalten durch das

[1]) ETZ 1900, S. 365 und 1902, S. 467.

Moment $Q \cdot l$. Zur Berechnung der abgegebenen Leistung N_a, sowie des Wirkungsgrades η dienen die Gl. (60). Durch stärkeres

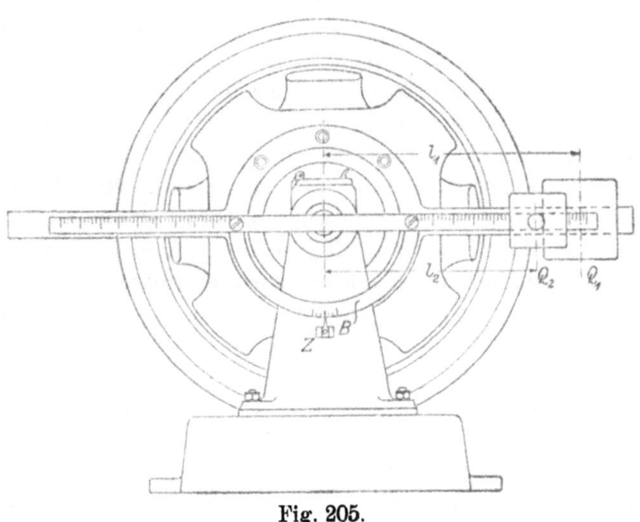

Fig. 205.

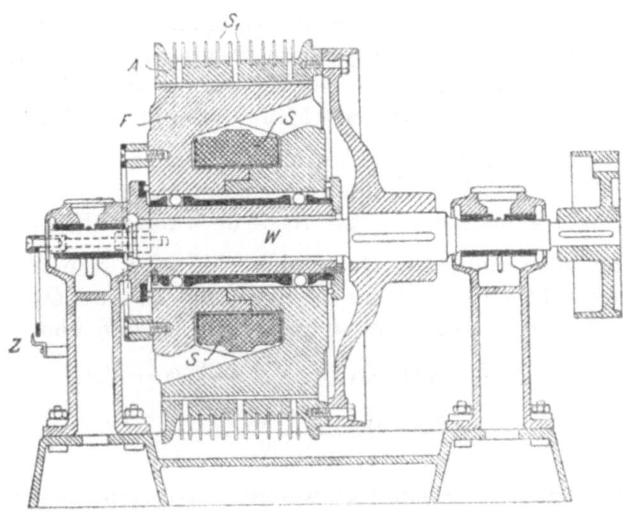

Fig. 206.

oder schwächeres Erregen der Spule S kann die Belastung der Maschine beliebig geändert werden. Q ist dabei stets so zu verschieben, daß der Zeiger Z vor der Marke einspielt. Das Gewicht g dient zur Ausbalancierung der Anordnung bei abgenommenem Laufgewicht.

Ausführungen dieser Art können zur Abbremsung von Leistungen bis zu 2,5 kW benutzt werden. Für größere Leistungen bis zu etwa 4÷5 kW wird die Scheibe hohl ausgebildet und mit Wasserkühlung versehen. Siemens & Halske führen ähnliche Wirbelstrombremsen speziell für kleine Motore aus.

β) Wirbelstrombremse von Rieter-Winterthur[1]). Fig. 205 und 206. Geeignet zur Abbremsung größerer Leistungen N_a von 30 bis 35 kW. A ist ein auf der Welle aufgekeilter gußeiserner Körper. In seinem Innern ist der klauenförmige Teil F, der die Erregerspule S trägt, auf Kugeln drehbar gelagert. Arme des Feldsystems tragen die Laufgewichte Q_1 und Q_2. Bei abgenommenen Laufgewichten ist das System ausbalanciert. Wird A gedreht, so üben die in A entstehenden Wirbelströme ein Drehmoment auf das System F aus, dem durch die Verschiebung von Q_1 und Q_2, also durch ein Moment $Q_1 \cdot l_1 + Q_2 \cdot l_2$, Gleichgewicht gehalten wird. Die Teilung des Bügels B muß dann vor dem Zeiger Z spielen.

Um Verluste durch Riemenübertragung zu vermeiden, wird die Bremse direkt mit dem Motor gekuppelt. Die in der letzteren auftretenden Reibungsverluste stellen eine Belastung dar, sind also zu berücksichtigen. Man bestimmt (in Watt):

1. Die Leerlaufverluste des Motors, Bremse abgekuppelt: V_0,
2. die Leerlaufverluste des Motors mit unerregter Bremse: V_0',
3. dann sind die Reibungsverluste der Bremse: $V_{RB} = V_0' - V_0$.

Belastet man nun den Motor durch Erregen von S und tritt Gleichgewicht ein, wenn die Laufgewichte Q_1 und Q_2 an Hebelarmen l_1 und l_2 angreifen, so gehen die Gl. (60) über in:

$$N_a = 9{,}81 \cdot (Q_1 \cdot l_1 + Q_2 \cdot l_2) \cdot \omega + V_{RB},$$

$$\eta = \frac{9{,}81 \cdot (Q_1 \cdot l_1 + Q_2\, l_2) \cdot \omega + V_{RB}}{N_z}.$$

Die Reibungsverluste V_{RB} werden am besten für verschiedene Drehzahlen ermittelt und sind in vorstehender Gleichung natürlich ebenso wie N_z in Watt eingesetzt.

[1]) ETZ 1901, S. 194.

γ) Weitere Ausführungen von Wirbelstrombremsen: Morris & Lister (ebenfalls für größere Leistungen bis etwa 20÷25 kW verwendbar), v. Pasqualini [1]).

c) Die indirekte mechanische Methode.

Allgemeines. Kennt man den genauen Wirkungsgrad eines Motors von entsprechender Leistung bei verschiedener Belastung, so kann dieser als Antriebsmotor der zu untersuchenden Maschine benutzt werden und der Wirkungsgrad η der letzteren gemäß den folgenden Angaben ermittelt werden. Riemenübertragung ist nach Möglichkeit zu vermeiden, andernfalls ist der Wirkungsgrad η_R derselben zu berücksichtigen.

Schaltung und Ausführung der Messung. Schaltung gemäß Fig. 200. Folgende Messungen sind vorzunehmen:

1. Bei konstanter Klemmenspannung und Drehzahl ist ein sorgfältiges Bremsdiagramm des Hilfsmotors aufzunehmen. Die von diesem abgegebene Leistung N_{am} ist in Abhängigkeit von der ihm zugeführten aufzutragen (Fig. 207). Damit ist $\eta_m = \dfrac{N_{am}}{N_{zm}}$ bekannt.

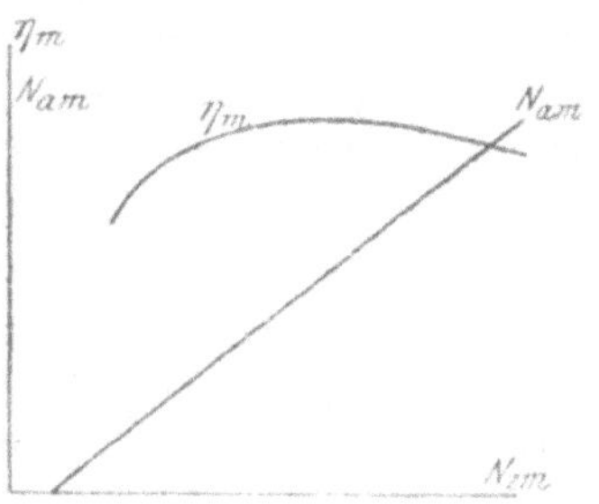

Fig. 207.

2. Der zu untersuchende Generator wird mit dem Hilfsmotor gekuppelt und die Belastung des Generators zwischen $J_g = 0$ und etwa $J_g = 1{,}3 \cdot J_{\text{norm}}$ geändert. Die Drehzahl n und die Klemmenspannung E_m des Hilfsmotors müssen natürlich ebenso groß sein, wie bei dessen Eichung.

Die vom Generator abgegebene Leistung N_{ag} beträgt . . . . . $N_{ag} = E_g \cdot J_g$,

die dem Generator zugeführte Leistung N_{zg} ist . . . . $N_{zg} = N_{am} = N_{zm} \cdot \eta_m$.

(Sie ist gleich der vom Motor abgegebenen.)

3. Somit wird:

$$\left.\begin{aligned} \eta_g &= \frac{N_{ag}}{N_{am}} = \frac{N_{ag}}{N_{zm}} \cdot \frac{1}{\eta_m} \\ \eta_g &= \frac{E_g \cdot J_g}{E_m \cdot J_m} \cdot \frac{1}{\eta_m} \end{aligned}\right\} \quad . \quad . \quad . \quad . \quad (61)$$

1) Fortschritte der Physik 1892, S. 421.

E_g, J_g, E_m und J_m werden gemäß der Schaltung Fig. 200 gemessen, η_m aus der Eichkurve Fig. 207 für die zugeführte Leistung $N_{zm} = E_m \cdot J_m$ entnommen.

Hat der Generator Fremderregung, so sind die Erregerverluste V_e zu berücksichtigen. Es ist dann:

$$\left.\begin{aligned} N_{zg} &= N_{zm} \cdot \eta_m + V_e \\ \eta_g &= \frac{N_{ag}}{N_{zm} \cdot \eta_m + V_e} \end{aligned}\right\} \quad \ldots \ldots \quad (61\,a)$$

Statt mit $N_{zm} \cdot \eta_m$ zu rechnen, kann man aus der Eichkurve auch direkt $N_{am} = N_{zm} \cdot \eta_m$ entnehmen und in die Gl. (61) einsetzen.

d) Die Leerlaufs- und Trennungsmethode.

Allgemeines. Beide Methoden können zusammen behandelt werden, da die Versuche, welche zur Aufnahme der Reibungs- und Eisenverluste dienen, dieselben sind. Die Trennungsmethode bezweckt nur die Zerlegung der Summe $V_R + V_{Fe} = V_R + V_w + V_h = V_0'$, die beim Versuch aufgenommen wird, in ihre einzelnen Glieder (s. unter „Trennung der Verluste").

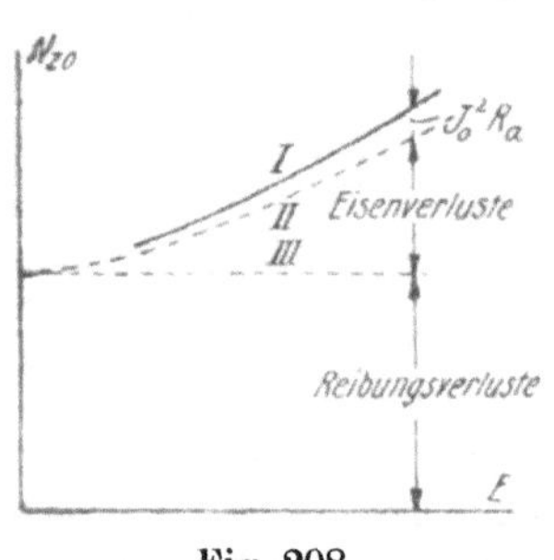

Fig. 208.

Die Maschine muß als Motor leer laufen. Die bei Leerlauf dem Anker zugeführte Leistung ist nur Verlustleistung: $N_{z0} = N_{v0}$ (die Indexe 0 und v bezeichnen „Leerlauf" und „Verlust"). N_{z0} wird für verschiedene Spannungen E bei $n =$ konst. aufgenommen. Man beginnt dabei mit einer um 25 bis 30% höheren Spannung und geht dann möglichst weit nach unten, wobei n durch entsprechende Feldregelung stets konstant zu halten ist. Trägt man N_{z0}, welches zur Deckung der bei Leerlauf vorhandenen Verluste dient (Reibungs-, Eisen- und Stromwärmeverluste): $N_{z0} = V_R + V_{Fe} + J_0^2 R_a = V_0$) in Abhängigkeit von E auf, so erhält man Kurve I (Abb. 208). Von den Ordinaten derselben zieht man die Stromwärmeverluste $J_0^2 R_a$, welche durch den Leerlaufstrom J_0 im gesamten Ankerwiderstand R_a verursacht werden, ab. Die Ordinaten der Kurve II stellen die Summe $N_{z0}' = V_R + V_{Fe} = V_0'$ dar. Für $E = 0$ wird das Glied V_{Fe} gleich 0. Verlängert man also die Kurve bis zum Schnitt mit der Abszissenachse, so erhält man dort die Reibungsverluste V_R für n = konst. Die Eisenverluste sind dann gleich den zwischen der Kurve II und den zur Abszissenachse parallelen Geraden III liegenden Ordinatenabschnitten.

Bemerkungen:

1. Da die Lagerreibung sich mit der Lagertemperatur bekanntlich stark ändert, so ist der Leerlaufsversuch in gut eingelaufenem Zustande der Maschine vorzunehmen. Ein solcher wird im allgemeinen nach drei bis fünf Stunden Lauf erreicht sein. Am besten wird der Versuch im Anschluß an die Dauerprobe ausgeführt.

2. § 41 der Normalien legt fest, daß in die Wirkungsgradberechnung nur die Summe der „meßbaren Verluste" einzusetzen ist. Durch elektrische Messungen und Umrechnungen wird der Verlust durch Stromwärme in Feld-, Anker-, Bürsten- und Übergangswiderstand bei entsprechender Belastung ermittelt. Die Änderung der Eisen- und Reibungsverluste, welche durch den Leerlaufsversuch für normale Spannung und Drehzahl bestimmt wurden, mit der Belastung bleibt unberücksichtigt. Wie erwähnt, kommen für diese Wirkungsgradbestimmung auch die zusätzlichen Verluste nicht in Frage.

3. Will man dagegen den Wirkungsgrad aus sämtlichen Einzelverlusten berechnen, so sind letztgenannte Verluste, wie bei der Hilfsmotormethode angegeben wird, zu bestimmen. Zu beachten ist noch in diesem Falle:

Die Größe der Eisenverluste V_{Fe} hängt nur von der im Anker vorhandenen Induktion, also auch von der induzierten EMK E_a ab. Aus der Fig. 208 sind demnach die Eisenverluste V_{Fe} für eine solche Klemmenspannung E' abzulesen, bei der die EMK E_a gleich jener des betreffenden Belastungspunktes ist (vgl. Beispiel S. 210). Somit gelten die Beziehungen bei Gleichstrommaschinen:

α) Für Motoren:

$$E_a = E' - J_0 \cdot R_a = E - J_a \cdot R_a$$

Daraus: $$E' = E - J_a R_a + J_0 R_a \quad \ldots\ldots \quad (62)$$

β) Für Generatoren, welche den Leerlauf als Motoren machen:

$$E_a = E' - J_0 R_a = E + J_a R_a$$

Daraus: $$E' = E + J_a R_a + J_0 \cdot R_a \quad \ldots\ldots \quad (62a)$$

4. Zur graphischen Auftragung der Kurven Fig. 208 empfiehlt sich eine von Dr. Breslauer angegebene Methode, bei welcher $V_0' = V_R + V_{Fe}$ als Funktion der Quadrate der Spannungen E aufgetragen wird: $V_0' = f(E^2)$. Die Punkte niedriger Spannung rücken näher zusammen, die Kurve braucht weniger weit verlängert zu werden und der Verlauf des nicht aufgenommenen Kurventeiles kann genauer festgelegt werden.

Berechnung des Wirkungsgrades. Für die einzelnen Maschinengattungen ist noch zu sagen:

1. Gleichstrommaschinen. α) Stromwärmeverluste in der Ankerwicklung $V_a = J_a^2 r_a$. Für r_a ist der im warmen Zustande (im Anschluß an die Dauerprobe) gemessene Wert einzusetzen. Ist letzteres nicht durchführbar, so ist es auch zulässig, die Widerstände kalt zu messen und die Zunahme durch einwandsfreie Umrechnungen zu ermitteln (Vergleich mit ausgeführten Maschinen gleicher Type, bei denen die warmen Widerstände gemessen wurden, also die Widerstandszunahmen bekannt sind).

β) Stromwärmeverluste im Bürsten- und Bürstenübergangswiderstand $V_{bü} = J_a^2 \cdot (r_ü + r_{bü})$. Der Übergangswiderstand ist von einer Reihe von Faktoren abhängig (s. S. **103**).

In Prüffeldern wird vielfach der Bürsten- und Bürstenübergangswiderstand nicht gemessen. Man rechnet mit Erfahrungswerten für die verwendete Bürstensorte. Bei Kohlebürsten legt man der Rechnung für die zulässige Stromdichte einen Spannungsverlust $E_{bü}$ von 1 bis 2 V an einer positiven und negativen Bürste zugrunde. Dann ist:

$$V_{bü} = E_{bü} \cdot J.$$

Beispiel: $J_{norm} = 100$ A, Spannungsverlust $E_{bü}$ für die betreffende Bürstensorte 1,5 V. Es ergibt sich für:

	1/1	1/2	1/4 Last
$J =$	100	50	25 A
$V_{bü} =$	150	75	37,5 Watt

γ) Stromwärmeverluste in der Erregerwicklung $V_e = e \cdot i$. Ein etwaiger bei normalem Betrieb in einem Vorschaltwiderstand für die Feldwicklung auftretender Verlust ist mit in Rechnung zu ziehen. Das geschieht, wenn man wie seither e als Spannung am Feld + Widerstand betrachtet.

2. Synchronmaschinen. Bei der Untersuchung von diesen ist die Leerlaufsmethode natürlich gleichfalls anwendbar, nur ist bei deren Durchführung darauf zu achten, daß die Erregung

jedesmal so eingestellt wird, daß der Stromverbrauch ein Minimum wird, was einer Phasengleichheit zwischen Strom und Spannung entspricht. Bezüglich der Verluste gilt das bei den Gleichstrommaschinen Gesagte. Für die Bestimmung der Erregerströme (zur Kontrolle ob die gegebene Erregerspannung ausreicht) kann man, falls keine Belastungsaufnahmen vorliegen, die Methoden S. 229 und 237 verwenden. Die Bürstenverluste $V_{bü}$ (Schleifringe) sind klein, so daß sie praktisch zu vernachlässigen sind. Man kann für die gebräuchlichen Bürstensorten mit einem Spannungsverlust von 0,2 V pro Bürste rechnen.

3. Asynchronmotoren. α) Die Änderung der Reibungsverluste infolge der bei Belastung sinkenden Drehzahl wird nicht berücksichtigt.

β) Stromwärmeverluste. Die Stromwärmeverluste im Stator V_a werden aus dem gemessenen Strom und Widerstand bestimmt. Die Verluste im Sekundäranker V_r können anstatt durch Widerstands- und Strommessung durch Ermittlung der Schlüpfung festgelegt werden. Bei Drehstrom ist der Verlust durch Stromwärme ziemlich genau proportional der Schlüpfung, bei Einphasenmotoren ist dagegen der Verlust V_r nahezu doppelt so groß, wie der mit der gemessenen Schlüpfung berechnete. Zur Berechnung ist in letzterem Falle also der doppelte Schlupf zu verwenden.

Die auf den Rotor übertragene Leistung N_{sr} ist gleich der dem Stator elektrisch zugeführten Leistung N_z, abzüglich der Stromwärme- und Eisenverluste im Stator, also:

$$N_{sr} = N_z - (V_a + V_{Fe}).$$

Somit beträgt der Verlust V_r, wenn der Schlupf σ in Prozenten bestimmt ist:

Bei Drehstrommotoren:

$$V_r = (N_z - (V_a + V_{Fe})) \cdot \frac{\sigma}{100} = N_{sr} \cdot \frac{\sigma}{100} \quad . \quad . \quad (63)$$

bei Einphasenmotoren:

$$V_r = (N_z - (V_a + V_{Fe})) \cdot \frac{2\,\sigma}{100} = N_{sr} \cdot \frac{2\,\sigma}{100} \quad . \quad . \quad (63\,\mathrm{a})$$

Gleichungen zur Berechnung von η. Nach den Gl. (58) ergeben sich bei bekannten (gemessenen und berechneten) Verlusten die weiteren Gleichungen:

α) Für Generatoren:

$$\eta = \frac{N_a}{N_a + V_{Cu} + V_R + V_{Fe}} \quad \ldots \quad (64)$$

β) für Motoren:

$$\eta = \frac{N_z - (V_{Cu} + V_R + V_{Fe})}{N_z} \quad \ldots \quad (64\,a)$$

Für die zu berechnenden Stromwärmeverluste wurde allgemein V_{Cu} eingeführt. Für V_{Cu} ist einzusetzen:

α) Bei Gleichstrom- und Synchronmaschinen:

$$V_{Cu} = V_a + V_{b\ddot{u}} + V_e,$$

β) bei Asynchronmotoren:

$$V_{Cu} = V_a + V_r.$$

e) Die Hilfsmotormethode.

Allgemeines. Zum Unterschied von der indirekten mechanischen Methode werden hier nur Versuche angestellt, bei denen der Generator keine Leistung abgibt. Der Hilfsmotor hat nur die Summe Reibungs- + Eisenverluste $V_0' = V_R + V_{Fe}$ im Generator zu decken. Anwendung findet diese Methode dann, wenn sich der Ermittlung der Reibungs- und Eisenverluste nach der Leerlaufs-(Trennungs-)methode Schwierigkeiten in den Weg stellen, was z. B. der Fall ist, wenn eine gleichartige Stromquelle nicht zur Verfügung steht. Riemenverbindung zwischen Hilfsmotor und Generator ist möglichst zu vermeiden, außerdem ist der Wirkungsgrad η_R der Übertragung zu berücksichtigen.

Ausführung der Messungen. Die Bestimmung der vom Hilfsmotor abgegebenen Leistung N_{am} kann auf dreierlei Art erfolgen:

1. Ist der Hilfsmotor so klein, daß er durch die Verluste des Generators angenähert voll belastet wird, so muß er durch Aufnahme eines genauen Bremsdiagrammes geeicht werden (wie bei der indirekten Bremsmethode).

2. Ist der Hilfsmotor groß (etwa so groß wie der zu untersuchende Generator), so kann man die Motorverluste mit Ausnahme der Stromwärmeverluste im Anker des Motors als konstant betrachten. Man braucht dann bei entkuppeltem Hilfsmotor nur einen Leerlaufsversuch auszuführen. Dabei muß der Motor mit normaler Spannung E_m und Drehzahl laufen. Beträgt

der von ihm aufgenommene Strom J_{om}, sein Anker- + Bürstenwiderstand R_{am}, so erhält man die konstanten Motorverluste:

$$V_{om}' = V_{Rm} + V_{Fem} = J_{om} \cdot (E_m - J_{om} \cdot R_{am}).$$

Wird der Motor durch den Generator belastet, so ist die von ihm abgegebene Leistung N_{am} gleich der ihm zugeführten N_{zm} vermindert um die in ihm auftretenden Reibungs-, Eisen- und Ankerkupferverluste:

$$N_{am} = N_{zm} - V_{Cum} - V_{om}' = J_m \cdot E_m - J_m^2 R_{am} - J_{om} \cdot (E_m - J_{om} R_{am}),$$

$$N_{am} = J_m \cdot (E_m - J_m \cdot R_{am}) - J_{om} \cdot (E_m - J_{om} R_{am}).$$

3. Steht als Hilfsmotor die den Generator antreibende Dampfmaschine zur Verfügung, dann kann die von dieser abgegebene Leistung durch Indikatordiagramme bestimmt werden. Sie ist die Differenz zwischen der indizierten Leistung bei Belastung N_i und bei Leerlauf (Generator abgekuppelt) N_{oi}.

In allen drei Fällen werden folgende Versuche durchgeführt:

α) Generator unerregt; die vom Motor abgegebene Leistung dient zur Deckung der Reibungsverluste des Generators $N_{am}' = V_R$.

β) Generator normal erregt; die vom Motor abgegebene Leistung dient zur Deckung der Reibungs- und Eisenverluste des Generators $N_{am}'' = V_R + V_{Fe}$.

Die übrigen Verluste des Generators werden wie bei der Leerlaufsmethode ermittelt und berechnet. Dann gelten die Gl. (64) zur Bestimmung des Generatorwirkungsgrades.

Bestimmung des Wirkungsgrades unter Berücksichtigung der zusätzlichen Verluste. Die Hilfsmotormethode kann benutzt werden, um die zusätzlichen Verluste zu ermitteln. Außer den vorbeschriebenen Versuchen wird noch folgende Messung vorgenommen:

γ) Der Generator wird kurzgeschlossen und so erregt, daß im Anker der normale Strom J fließt. Die abgegebene Motorleistung N_{am}''' dient zur Deckung der Reibungsverluste V_R, der Kupferverluste im Anker und in den Bürsten $V_a' = V_a + V_{bü}$ und der zusätzlichen Verluste V_{zus}. Die Eisenverluste V_{Fe} sind in der kurzgeschlossenen Maschine nur sehr gering, da die Erregung nur sehr schwach ist.

Die Erregerverluste V_e sind noch zu den so gefundenen Verlusten zu addieren. Als Gesamtverlust ergibt sich:

$$N_v = (V_R + V_{Fe}) + (V_a' + V_{zus}) + V_e = N_{am}'' + N_{am}''' - N_{am}' + V_e.$$

Beispiele zur Wirkungsgradbestimmung.

a) Bestimmung des Wirkungsgrades nach der direkten mechanischen Bremsmethode.

Mittels Pronyschem Zaumes wurde ein Nebenschlußmotor abgebremst. Beobachtet wurde E, J, Q und n. Die Größe des Hebelarmes von Q betrug 0,5 m, der Scheibendurchmesser d war 0,45 m. Mit diesen Größen und den beobachteten Werten wurde berechnet $N_z = E \cdot J$ und N_a nach den Gl. (60); aus N_a und N_z: $\eta = \frac{N_a}{N_z}$.

beobachtet:				berechnet:		
E	J	n/Min.	Q	N_z	N_a	η
220 V	34,0 A	1220	10,20 kg	7500 W	6350 W	84,8 %
„	26,5 „	1240	7,9 „	5830 „	5020 „	86 „
„	21,1 „	1255	6,1 „	4630 „	3940 „	85 „
„	13,0 „	1270	3,6 „	2860 „	2340 „	82 „
„	6,0 „	1290	1,2 „	1320 „	790 „	60 „
„	2,3 „	1300	Leerlauf	505 „	0	—

η kann in bekannter Weise als $f(N_a)$ oder $f(N_z)$ aufgetragen werden. Im ersteren Falle beginnt die η-Kurve im Koordinatenanfangspunkt, im letzteren Falle auf der Abszissenachse im Leerlaufspunkte (505 W).

b) Vollständige Untersuchung eines Maschinenaggregates.

Zwecks Vergleich verschiedener Methoden zur Bestimmung des Wirkungsgrades sei hier die vollständige Untersuchung eines Maschinenaggregates wiedergegeben. Zur Verfügung standen zwei Gleichstrommaschinen gleicher Type, Bauart und Größe: 440 V, 120 A, $n = 700$ Umdr./Min., direkt gekuppelt, fremderregt. Beide arbeiteten in Parallelschaltung auf ein Netz, welches also (vgl. S. 159) die Verluste mit Ausnahme der Erregerverluste zu decken hatte. Letztere wurden auch bei der Durchrechnung nicht mit in Betracht gezogen. An Stelle der Bezeichnungen m (Motor) und g (Generator) treten im folgenden die Kennzeichen 1 und 2.

1. Direkte Wirkungsgradbestimmung. Maschine I lief als Motor, Maschine II als Dynamo. Nach Gl. (52) [vgl. auch Gl. (59)] ergeben sich die Wirkungsgrade der einzelnen Maschinen aus dem Gesamtwirkungsgrad η der Kraftübertragung zu:

$$\eta_1 = \eta_2 = \sqrt{\eta} = \sqrt{\frac{N_{a2}}{N_{z1}}}.$$

Bei Vollast trifft dies ungefähr zu, da die höher gesättigte Dynamo größere Eisenverluste, aber kleinere Kupferverluste als der Motor besitzt. Bei niedrigen Belastungen sind diese Gleichungen nicht mehr zulässig.

α) Fig. 209 gibt wieder: $\eta = \frac{N_{a2}}{N_{z1}} = f(N_{a2})$ und $N_{z1} = f(N_{a2})$, $n =$ konst., Klemmenspannung $E_1 = E_2 =$ konst.

β) Fig. 210. Aus derselben sind die Verhältnisse des belasteten Motors (Maschine I) ersichtlich. In Abhängigkeit von der zugeführten Leistung wurde gemessen und aufgetragen der Erregerstrom $i_1 = f(N_{z1})$, der Ankerstrom $J_1 = f(N_{z1})$, die Bürstenverluste $V_{bü_1} = f(N_{z1})$. Berechnet wurde mit Hilfe des Gesamtwirkungsgrades η aus Fig. 209 der Wirkungsgrad η_1.

γ) Fig. 211 gibt die Verhältnisse der belasteten Dynamo (Maschine II) wieder, und zwar $i_2 = f(N_{a2})$, $J_2 = f(N_{a2})$, $V_{bü_2} = f(N_{a2})$ und $\eta_2 = f(N_{a2})$.

δ) In Tabelle I, S. 215, sind verschiedene für die späteren Rechnungen wichtige Werte zusammengestellt, insbesondere wurden auch die in den Maschinen jeweils induzierten EMK E_{a1} und E_{a2} berechnet. Vergleicht man hierzu die Gl. (62), so wurde dabei das Glied $J_0 \cdot R_a$ wegen seiner Kleinheit vernachlässigt, $J_a \cdot R_a = J_a \cdot r_a + E_{bü}$ gesetzt (Bezeichnungen nach S. 104); $E_{bü}$ bestimmt man aus den gemessenen Bürstenverlusten $V_{bü}$ zu $E_{bü} = \frac{V_{bü}}{J_a}$. Da die Maschinen außerdem mit Fremderregung arbeiten, so gilt weiter $J_a = J$.

Bemerkt sei noch, daß im angegebenen Widerstand r_a derjenige der Hilfspole mit enthalten ist. Die Widerstandsmessungen erfolgten am Schlusse eines jeden Versuches.

2. Bestimmung der Einzelverluste. α) Leerlaufsversuche. Für diese blieben die Maschinen gekuppelt; eine Maschine lief jeweils als Motor, die andere mit offenem Anker und unerregt: Fig. 212 gilt für Maschine I, Fig. 213 für Maschine II. Für die nach Tabelle I ermittelten Spannungen E_{a1} und E_{a2} bei der betreffenden Belastung bestimmen sich die Eisenverluste V_{Fe} nach Tabelle II. Man entnimmt zu E_{a1} bzw. E_{a2} die Gesamtleerlaufsverluste V_0, zieht von diesen ab die Reibungsverluste beider Maschinen $V_{R1} + V_{R2}$, sowie die geringen Ankerstromwärme- und Bürstenverluste der als Motor laufenden Maschine, welche zu etwa 10 W für die beiden gerechneten Punkte bestimmt wurden. Aus den Figuren ist auch die bedeutende Feldschwächung (i_1 bzw. i_2 ist eingetragen), die erforderlich ist, um die Drehzahl bei variabler Ankerklemmenspannung konstant zu halten, ersichtlich.

β) Kurzschlußversuche. Wie beim Leerlaufsversuch war $n =$ konst. $= 700$ Umdr./Min. Als Hilfsmotor für die im Kurzschluß laufende Maschine des Aggregates wurde die andere Maschine desselben benutzt. Von der der letzteren zugeführten Leistung müssen sämtliche durch Rechnung und Messung ermittelbaren Verluste abgezogen werden, um ihre zusätzlichen Verluste V_{zus} zu erhalten (vgl. Tabelle III). (Man kann auch nach den Angaben S. 209 verfahren.) Zu bedenken ist dabei, daß auch in der als Antriebsmotor dienenden Maschine zusätzliche Verluste auftreten, doch sind diese, da die zugeführte Leistung klein bleibt (kleine Ankerströme), zu vernachlässigen gegen die der kurzgeschlossenen Maschine. Bemerkt sei, daß wieder der Widerstand r_a sofort nach beendetem Versuch gemessen wurde. Für die Bürstenverluste der Maschine I wurden etwas abweichende Werte gefunden. Die Fig. 214 und 215 geben die dem jeweiligen Antriebsmotor zugeführten Leistungen N_{z2} und N_{z1} in Abhängig-

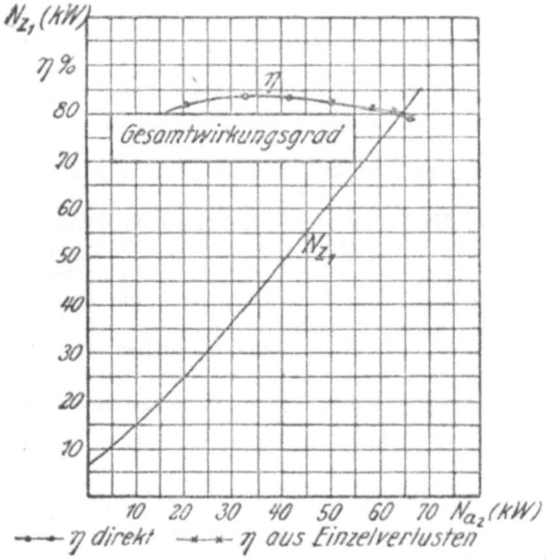

Fig. 209.

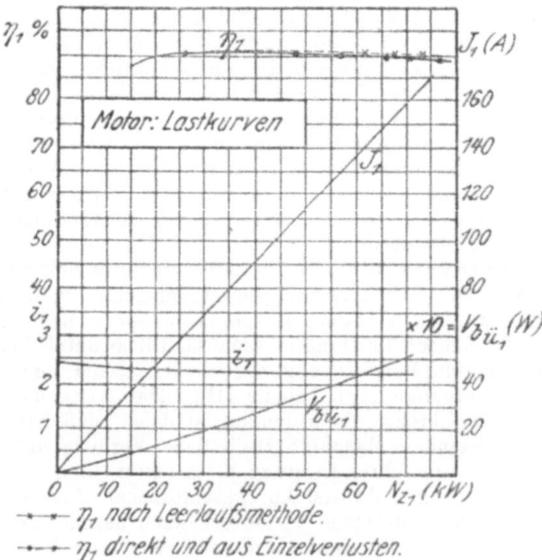

Fig. 210.

keit von den Strömen J_1 bzw. J_2 der kurzgeschlossenen Maschine wieder. Die Eisenverluste der Antriebsmaschine sind für die entsprechende EMK aus den Fig. 212 und 213 zu entnehmen.

3. Berechnung des Wirkungsgrades aus den Einzelverlusten. Dabei ist nach S. 205 zu verfahren: Die zusätzlichen Verluste V_{zus} sind der Belastung, die Eisenverluste V_{Fe} der im Anker induzierten EMK E_a entsprechend einzusetzen. Die in Frage kommenden Werte sind den Tabellen bzw. Figuren zu entnehmen. Hierzu Tabelle IV.

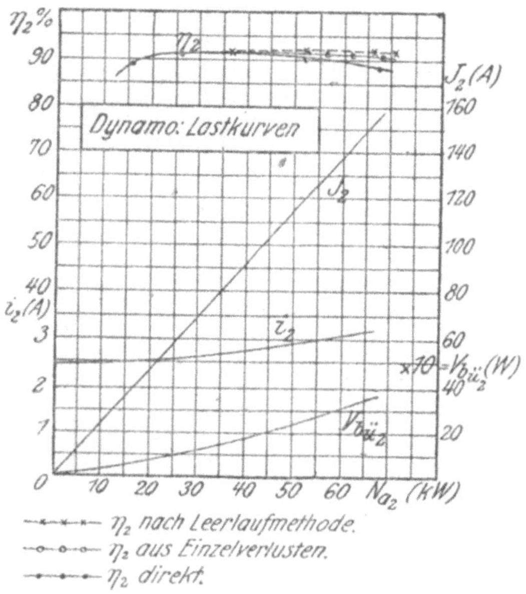

Fig. 211.

4. Berechnung des Wirkungsgrades nach der Leerlaufsmethode. Die V_{Fe} werden für die Klemmenspannung $E = 440$ V aus den Leerlaufskurven entnommen und in konstanter Größe für alle Belastungspunkte in Rechnung gesetzt. Die V_{zus} bleiben unberücksichtigt. Berechnung s. Tabelle V.

Vergleicht man die Tabellen I, IV und V, so findet man erst bei höherer Last bemerkbare Abweichungen der Wirkungsgrade η_1 und η_2, welche nach den drei Methoden ermittelt wurden. Die Leerlaufsmethode ergibt die besten Werte (vgl. auch die Fig. 209÷211).

Man kann nun mit Hilfe der aus den Einzelverlusten berechneten Wirkungsgrade η_1 und η_2 den Gesamtwirkungsgrad η ermitteln. Auf die Wiedergabe dieser einfachen Rechnung sei hier verzichtet.

Bemerkung: Der kleine Maßstab der Figuren erschwert ein genaues Ablesen. Entsprechend größere Figuren konnten aus Raummangel nicht beigefügt werden.

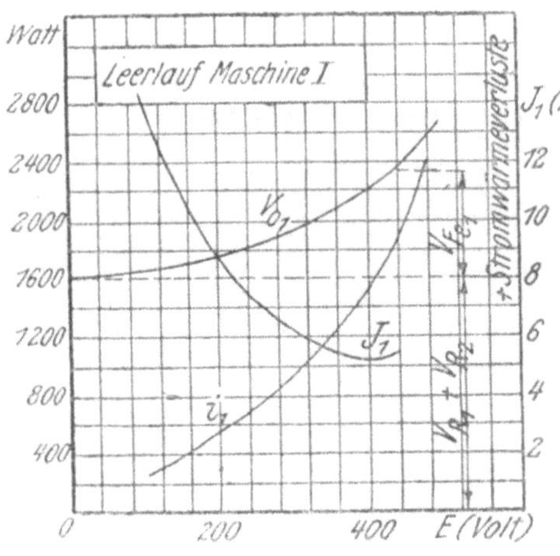

Fig. 212.

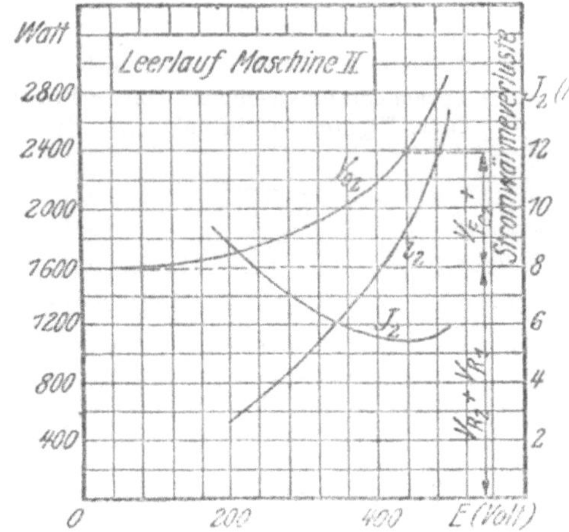

Fig. 213.

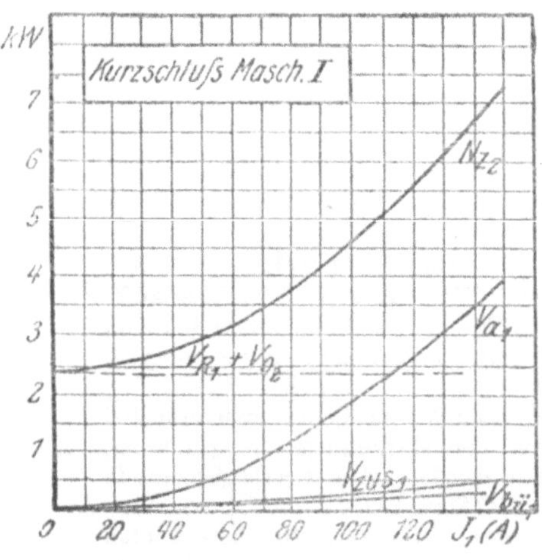

Fig. 214.

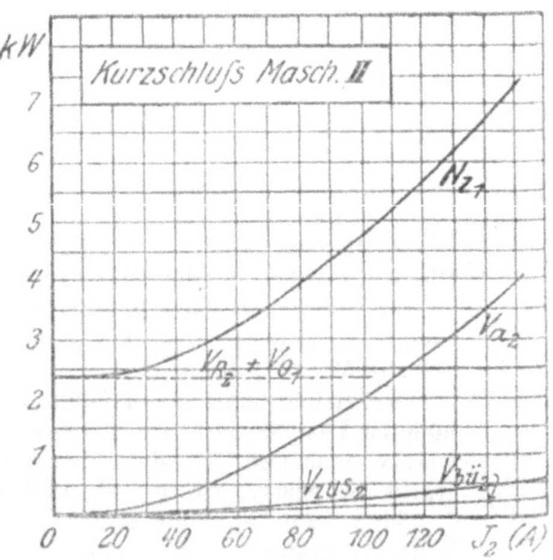

Fig. 215.

Tabelle I.

Motor (Maschine I)			Dynamo (Maschine II)		
E_1 (Netzspanng. schwankte etwas)	439,4 V	438,8 V	E_2 (konstant einreguliert) . . .	440 V	440 V
J_1	60 A	120 A	J_2	60 A	120 A
zugeführte Leistung $N_{z1} = E_1 \cdot J_1$	26,38 kW	52,66 kW	abgegebene Leistung $N_{a2} = E_2 \cdot J_2$	26,4 kW	52,8 kW
$\eta_1 = \sqrt{\eta}$ (Fig. 209)	91,2 %	91,0 %	$\eta_2 = \sqrt{\eta}$ (Fig. 209)	91,4 %	90,3 %
$V_{b\ddot{u}1}$ (für N_{z1})	150 W	360 W	$V_{b\ddot{u}2}$ (für N_{a2})	93 W	144 W
$E_{b\ddot{u}1} = \frac{V_{b\ddot{u}1}}{J_1}$	2,5 V	3,0 V	$E_{b\ddot{u}2} = \frac{V_{b\ddot{u}2}}{J_2}$	1,56 V	2,03 V
$E_{a1} = E_1 - J_1 r_{a1} - E_{b\ddot{u}1}$ . . .	425 V	412,5 V	$E_{a2} = E_2 + J_2 \cdot r_{a2} - E_{b\ddot{u}2}$ . . .	452,5 V	464 V
r_{a1} (warm)	0,196 Ω		r_{a2} (warm)	0,185 Ω	
$V_{a1} = J_1^2 r_{a1}$	710 W	2820 W	$V_{a2} = J_2^2 r_{a2}$	670 W	2670 W

Tabelle II.

Maschine I			Maschine II		
E_{a1} (Tabelle I)	412,5 V	425 V	E_{a2} (Tabelle I)	452,5 V	464 V
Dazu aus Fig. 212 V_{01}	2210 W	2270 W	Dazu aus Fig. 213 V_{02}	2490 W	2590 W
Reibungsverluste $V_{R1} + V_{R2}$ . .	1600 „	1600 „	Reibungsverluste $V_{R1} + V_{R2}$ . .	1600 „	1600 „
Ankerstromwärme- + Bürstenübergangsverlust	10 „	10 „	Ankerstromwärme- + Bürstenübergangsverlust	10 „	10 „
Also: Eisenverluste V_{Fe}	600 W	660 W	Also: Eisenverluste V_{Fe_2} . . .	880 W	980 W

Tabelle III.

Maschine I im Kurzschluß			Maschine II im Kurzschluß		
Es beträgt bei J_1	60 A	120 A	Es beträgt bei J_2	60 A	120 A
Die zugeführte Leistung N_{z2} . .	3180 W	5520 W	Die zugeführte Leistung N_{z1} . .	3200 W	5590 W
Diese teilt sich in:			Diese teilt sich in:		
Reibungsverluste $V_{R1} + V_{R2}$ . .	1600 „	1600 „	Reibungsverluste $V_{R1} + V_{R2}$ . .	1600 „	1600 „
Stromwärme- und Bürstenverluste der Masch. II $V_{a2} + V_{bü2}$	20 „	30 „	Stromwärme- und Bürstenverluste der Masch. I $V_{a1} + V_{bü1}$	20 „	50 „
Eisenverluste der Maschine II V_{Fe2}	750 „	740 „	Eisenverluste der Maschine I V_{Fe_1}	710 „	700 „
Stromwärmeverlust in Maschine I $V_{a1} = J_1^2 r_{a1}$	640 „	2580 „	Stromwärmeverlust in Masch. II $V_{a2} = J_2^2 r_{a2}$	670 „	2670 „
r_{a1}	0,179 Ω		r_{a2}	0,185 Ω	
Bürstenverlust Masch. I $V_{bü1}$.	90 W	260 „	Bürstenübergangsverlust $V_{bü2}$.	100 W	250 „
Sonach: Zusätzl. Verluste V_{zus1}	80 „	310 „	Sonach: Zusätzl. Verluste V_{zus2}	100 „	320 „

Tabelle IV.

Motor (Maschine I)			Dynamo (Maschine II)		
E_1 (Tabelle I)	439,4 V	438,8 V	E_2	440 V	440 V
J_1	60 A	120 A	J_2	60 A	120 A
$V_{R_1} = \frac{V_{R_1} + V_{R_2}}{2} = \frac{1600}{2}$	800 W	800 W	$V_{R_2} = \frac{V_{R_1} + V_{R_2}}{2} = \frac{1600}{2}$	800 W	800 W
V_{Fe_1} (Tabelle II)	660 "	600 "	V_{Fe_2} (Tabelle II)	880 "	980 "
$V_{a_1} = J_1^2 r_{a_1}$ (r_{a_1} s. Tabelle I)	710 "	2820 "	$V_{a_2} = J_2^2 r_{a_2}$ (r_{a_2} s. Tabelle I)	670 "	2670 "
$V_{b\ddot{u}_1}$ (Tabelle I)	150 "	360 "	$V_{b\ddot{u}_2}$ (Tabelle I)	100 "	250 "
V_{zus_1} (Tabelle III)	80 "	310 "	V_{zus_2} (Tabelle III)	100 "	320 "
Summe der Verluste $V_1 = N_{v_1}$	2440 W	4890 W	Summe der Verluste $V_2 = N_{v_2}$	2550 W	5020 W
$N_{z_1} = E_1 \cdot J_1$	26,38 kW	52,66 kW	$N_{a_2} = E_2 \cdot J_2$	26,4 kW	52,8 kW
$\eta_1 = \frac{N_{z_1} - N_{v_1}}{N_{z_1}} \cdot 100$	90,8 %	90,7 %	$\eta_2 = \frac{N_{a_2}}{N_{a_2} + N_{v_2}} \cdot 100$	91,2 %	91,3 %

Tabelle V.

Motor (Maschine I)			Dynamo (Maschine II)		
E_1 (Tabelle I)	439,4 V	438,8 V	E_2	440 V	440 V
J_1	60 A	120 A	J_2	60 A	120 A
$V_{R_1} + V_{Fe_1}$ (für 440 V)	1520 W	1520 W	$V_{R_2} + V_{Fe_2}$ (für 440 V)	1560 W	1560 W
V_{a_1} (Tabelle I)	710 "	2820 "	V_{a_2} (Tabelle I)	670 "	2670 "
$V_{b\ddot{u}_1}$ (Tabelle I)	180 "	360 "	$V_{b\ddot{u}_2}$ (Tabelle I)	120 "	240 "
Summe der Verluste $V_1 = N_{v_1}$	2410 W	4700 W	Summe der Verluste $V_2 = N_{v_2}$	2350 W	4470 W
N_{z_1}	26,38 kW	52,66 kW	N_{a_2}	26,4 kW	52,8 kW
$\eta_1 = \frac{N_{z_1} - N_{v_1}}{N_{z_1}} \cdot 100$	90,9 %	91,1 %	$\eta_2 = \frac{N_{a_2}}{N_{a_2} + N_{v_2}} \cdot 100$	91,8 %	92,3 %

c) Bestimmung des Wirkungsgrades eines Asynchronmotors nach der Leerlaufsmethode.

An einem Drehstrommotor für 550 kW Nutzleistung, 6500 V (Sternschaltung) Netzspannung, $\nu = 25$ wurden die Kurven Fig. 192 und 194 aufgenommen, ferner der Schlupf σ % (Fig. 216) und die dem Stator zugeführte Leistung N_z mittels der Zweiwattmetermethode. Gemessen wurde der Widerstand einer Statorphase $r_a = 1{,}18\ \Omega$ warm.

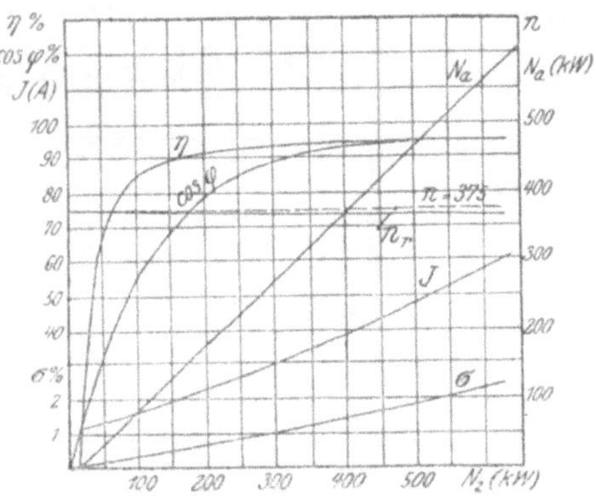

Fig. 216.

Berechnet wurden nach folgender Tabelle der $\cos\varphi$, N_a und η. Diese ergeben als $f(N_z)$ aufgetragen die Fig. 216. Eingetragen ist in derselben auch die mit steigender Belastung abnehmende Drehzahl n_r und die synchrone Drehzahl $n = 375$.

Zugeführte Leistung	N_z	600 kW	400 kW	200 kW
Volt	Netzspannung (Stern) E	6500 V	6500 V	6500 V
Ampere	$J_{\text{Phase}} = J_{\text{Netz}}$ . . .	57 A	38,3 A	22,5 A
$\cos\varphi$ %	$\cos\varphi = \dfrac{N_z}{E\cdot J\cdot\sqrt{3}}$	93,7	92,7	79,0
Schlupf σ % . . .	nach angegebenen Methoden (S. 116) gemessen	2,3	1,4	0,65
Auf Rotor übertragen	$N_{sr} = N_z - V_s$ . .	581,8 kW	388,02 kW	191,4 kW
Statorkupferverlust .	$V_a = 3\,J^2 r_a$ . . .	11,4 kW	5,18 kW	1,8 kW
Eisenverluste . . .	V_{Fe} aus Leerlauf .	6,8 „	6,8 „	6,8 „
Statorverluste . . .	$V_s = V_a + V_{Fe}$ . .	18,2 kW	11,98 kW	8,6 kW
Rotorverluste	$V_r = N_{sr}\cdot\dfrac{\sigma}{100}$ . .	13,4 „	5,45 „	1,25 „
Reibungsverluste . .	V_R aus Leerlauf. .	9,0 „	9,0 „	9,0 „
Gesamtverlust . . .	$V = V_z + V_r + V_R$	40,6 kW	26,43 kW	18,85 kW
Abgegebene Leistung N_a	$N_a = N_z - V$ . . .	559,4 „	373,57 „	181,25 „
η (Gl. 64a) % . . .	$\eta = \dfrac{N_a}{N_z}\cdot 100$ . . .	93,2	93,4	90,6

d) Weitere Beispiele.

Berechnung des Wirkungsgrades einer Synchronmaschine S. 238 und eines Einankerumformers S. 261.

Trennung der Verluste bei Gleichstrommaschinen.

Allgemeines. Kennt man die Ursachen der in einer Maschine auftretenden Verluste, so kann man erwägen, ob und wie es möglich ist, letztere zu verkleinern. Die Trennung der bei Leerlauf gemessenen Verluste V_0 in Reibungs- und Eisenverluste wurde bereits besprochen. Hier handelt es sich um die Zerlegung der letztgenannten in Hysteresis- und Wirbelstromverluste (V_h und V_w). Die experimentelle Trennung wird ermöglicht durch das verschiedene Verhalten dieser Verluste bei einer Änderung der Drehzahl. Der einzuschlagende Weg ist der folgende:

1. Bei konstanter Induktion $\mathfrak{B}_a$ wird $V_{Fe} = V_h + V_w$ in Abhängigkeit von der Drehzahl n bestimmt und aufgetragen.

2. Nach der Tabelle S. 193 gilt:

3. Man bildet:

$$\left.\begin{aligned} V_{Fe} &= V_h + V_w = c_2 \cdot n + c_3 \cdot n^2 \\ \frac{V_{Fe}}{n} &= \frac{V_h}{n} + \frac{V_w}{n} = c_2 + c_3 n \end{aligned}\right\} \quad . \quad . \quad (65)$$

Die Werte $\frac{V_{Fe}}{n}$ werden als Funktion von der Drehzahl aufgetragen. Die Kurve $\frac{V_{Fe}}{n} = f(n)$ ist eine Gerade. Für $n = 0$ erhält man den Abschnitt der Geraden auf der Ordinatenachse. Dieser ist aber die Konstante $c_2 = \frac{V_h}{n}$.

4. Für die Hysteresisverluste ergibt sich sonach für beliebige Drehzahlen:

$$V_h = c_2 \cdot n \quad . \quad . \quad . \quad . \quad . \quad . \quad . \quad . \quad (65\,a)$$

5. Für die Berechnung der Wirbelstromverluste $\frac{V_w}{n} = c_3 \cdot n$ ist zu beachten, daß c_3 der Steigungskoeffizient der Geraden ist. Bezeichnet man mit y die Ordinaten derselben, so ist

$$\left.\begin{aligned} c_3 &= \frac{y - c_2}{n} \\ \text{und} \qquad V_w &= c_3 \cdot n^2 = (y - c_2) \cdot n \end{aligned}\right\} \quad . \quad . \quad . \quad . \quad (65\,b)$$

Als Methoden zur Trennung der Verluste dienen die Auslaufs-, Trennungs- (Leerlaufs-) und Hilfsmotormethode.

a) Auslaufsmethode[1]).

Allgemeines. Schaltet man einen in Drehung befindlichen Anker von seiner Energiequelle plötzlich ab, so wird das in ihm aufgespeicherte Arbeitsvermögen dazu verbraucht, die Verluste zu decken. Als solche treten auf, solange der Anker sich noch dreht:

1. Nur Reibungsverluste V_R, wenn man sowohl Anker wie Feld abschaltet;
2. Reibungsverluste V_R und Eisenverluste V_{Fe}, wenn man bloß den Anker abschaltet.

Nimmt man während des Auslaufens in gewissen Intervallen die Drehzahlen n und die seit dem Abschalten verstrichene Zeit t auf, so ergibt die graphische Darstellung $n = f(t)$ die „Auslaufskurven". In Fig. 217 ist I die Auslaufskurve einer Maschine, wenn Anker- und Feldstrom ausgeschaltet wurden. Die Auslaufszeit beträgt 75 Sekunden. Bei Auslaufskurve II — Auslaufszeit 32 Sekunden — wurde der Erregerstrom nicht abgeschaltet. Bemerkt sei:

α) Eisenverluste sind infolge des geringen remanenten Magnetismus auch in Kurve I enthalten, doch sind diese so klein, daß sie gegenüber V_R verschwinden.

β) Die Bestimmung der Drehzahlen während des Auslaufens kann besser als mit einem Tachometer mit einem Voltmeter erfolgen. Die angezeigten Spannungen E_x sind den jeweiligen Drehzahlen n_x proportional. War vor dem Abschalten die im Anker induzierte Spannung E_a, so gilt:

$$n_x = n \cdot \frac{E_x}{E_a}.$$

Zur Feststellung der Drehzahlen von Kurve I nach dieser Methode muß natürlich ein empfindliches Instrument benutzt werden, da die vom remanenten Feld induzierten Spannungen E_x nur gering sind.

Theoretische Grundlagen. Nach den Lehren der Mechanik beträgt das Arbeitsvermögen A eines mit der Winkelgeschwindigkeit $\omega = \frac{\pi \cdot n}{30}$ um seine Achse rotierenden Körpers vom Trägheitsmomente J:

$$A = \frac{\omega^2}{2} \cdot J = \frac{1}{2} \cdot \frac{\pi^2 \cdot n^2}{30^2} J.$$

[1]) ETZ 1899, S. 203 u. 380; ETZ 1901, S. 393.

Ist $-dA$ die Abnahme des Arbeitsvermögens in der Zeit dt, so bedeutet der Differentialquotient $-\frac{dA}{dt}$ den Arbeitsverbrauch in der Sekunde, d. i. die Leistung N_0', welche für den Fall eines auslaufenden Ankers zur Deckung der Reibungs- und Eisenverluste $V_0' = V_R + V_{Fe}$ bzw. der Reibungsverluste V_R allein (Kurve II bzw. Kurve I Fig. 217) verwendet wird. Somit wird:

$$N_0' = -\frac{dA}{dt} = -J \cdot \left(\frac{\pi}{30}\right)^2 n \cdot \frac{dn}{dt} \text{ in mkg/s,}$$

$$N_0' = -9{,}81 \cdot J \cdot \left(\frac{\pi}{30}\right)^2 \cdot n \frac{dn}{dt} \text{ in Watt.}$$

Führt man für die konstanten Werte den Buchstaben c ein, so erhält man:

$$\boldsymbol{N_0' = -c \cdot n \cdot \frac{dn}{dt}} \quad \ldots\ldots \quad (66)$$

Geometrisch gedeutet stellt ein Ausdruck von der Form $n \cdot \frac{dn}{dt}$ die Subnormalen einer Kurve $n = f(t)$ dar. Ist somit die Auslaufskurve $n = f(t)$ und der Faktor c bekannt, so findet man nach Gl. (66) die zur Deckung der Verluste nötige Leistung $N_0' = V_0' = V_R$ bzw. $N_0' = V_0' = V_R + V_{Fe}$, je nachdem während des Auslaufens das Feld ab- oder eingeschaltet war.

Rechnerisch läßt sich c wegen der schwierigen Bestimmung des Trägheitsmomentes schlecht ermitteln. Dagegen findet man c leicht, wenn die Kurve $N_0' = f(n)$ für eine beliebige konstante Erregung und eine Auslaufskurve für die gleiche Erregung aufgenommen wird.

Ausführung der Versuche. 1. Die Auslaufskurven werden für $i = 0$ und $i =$ konst, wie bereits erwähnt, bestimmt. Fig. 217 Kurven I und II. Die Maschine wird dazu fremderregt, auf normale Drehzahl gebracht und Anker und Feld oder nur der Anker abgeschaltet.

2. Aufnahme der Kurve III. Fig. 217, $N_0' = f(n)$. Die Erregung ist die gleiche wie für Kurve II und konstant zu halten. Die am Anker liegende Spannung E wird mittels eines Widerstandes verändert, der aufgenommene Strom J und die Drehzahl n werden gemessen. Die Ankerstromwärmeverluste $J_0^2 R_a$ werden abgezogen. Man erhält:

$$N_0' = E \cdot J - J_0^2 R_a = f(n).$$

3. Bestimmung von c. Für verschiedene Drehzahlen $n = n_1$, $n = n_2$ usw. erhält man aus der Kurve II die zugehörigen Subnormalen, aus der Kurve III die diesen Drehzahlen entsprechenden Leistungen N_0'. Der Faktor c ergibt sich zu diesen Werten nach Gl. (66). Erhält man für c verschiedene Werte, so benutzt man für die weitere Rechnung den Mittelwert.

4. Bestimmung der Reibungsverluste $V_R = f(n)$. Man zeichnet für die einzelnen Punkte der Kurve I die Subnormalen und berechnet mittels derselben und des nun bekannten Faktors c die zu den verschiedenen Drehzahlen gehörigen Reibungsverluste V_R nach Gl. (66). Man erhält Kurve IV:

$$V_R = c \cdot n \cdot \frac{dn}{dt} \cdot$$

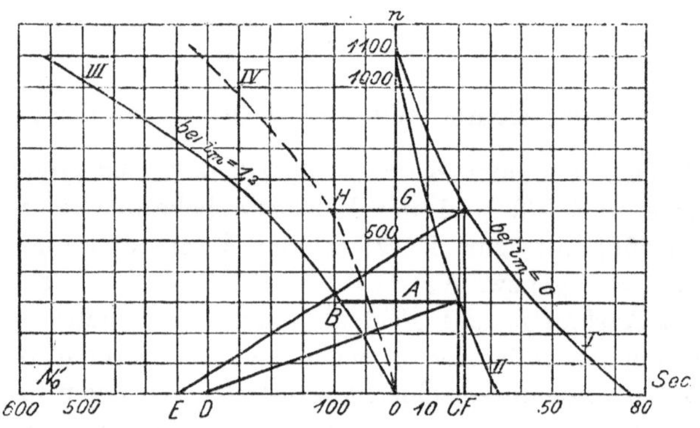

Fig. 217.

Das — Zeichen ist jetzt weggelassen. In den früheren Gleichungen drückte es die Abnahme des Arbeitsvermögens aus.

5. Bestimmung und Trennung der Eisenverluste V_{Fe}. Die Differenzen der Kurvenabszissen III und IV liefern in Abhängigkeit von n aufgetragen die Kurve $V_{Fe} = f(n)$. Damit ist das Ziel erreicht. Die Zerlegung der Eisenverluste erfolgt nach den Angaben S. 219 Gl. (65)$\div$(65 b).

Beispiel. Aufgenommen und aufgetragen wurden in Fig. 217:

1. Die Auslaufskurve I für $i = 0$,
2. die Auslaufskurve II für $i = 1{,}2$ A = konst.,
3. die Kurve III $N_0' = V_0' = f(n)$ für $i = 1{,}2$ A = konst.

Mit Hilfe dieser Kurven bestimmt sich für $n = 300$:

1. Die seit Beginn des Auslaufes (Kurve II) bis zur Erreichung der Drehzahl $n = 300$ verstrichene Zeit zu 20 Sekunden; die zugehörige Subnormale $CD = 28$ mm.

2. Aus Kurve III die zur Deckung der Verluste $V_0' = V_R + V_{Fe}$ benötigte Leistung $N_0' = AB = 86$ W. Somit wird (ohne Rücksicht auf den Maßstab):

$$c = \frac{86}{28} = 3{,}1.$$

3. Mit $c = 3{,}1$ und den Werten der Subnormalen von Kurve I wird die Kurve $V_R = f(n)$ [Kurve IV] berechnet. Beispielsweise beträgt für $n = 600$ die Subnormale für diesen Punkt an Kurve I: $EF = 32{,}5$ mm.

Somit wird: $V_R = HG = 32{,}5 \cdot 3{,}1 = 102$ W.

4. Man bildet die Abszissendifferenzen der Kurven III und IV, erhält so die Kurve der Eisenverluste $V_{Fe} = f(n)$. Nach Gl. (65) bestimmt man jetzt die Gerade $\frac{V_{Fe}}{n} = f(n)$ (Fig. 218). Als Abschnitt auf der Ordinatenachse erhält man $c_2 = 0{,}12$.

Damit berechnet sich der Hysteresisverlust für die verschiedenen Drehzahlen. Für $n = 1000$ beträgt $V_h = 1000 \cdot 0{,}12 = 120$ W (Punkt P Fig. 219).

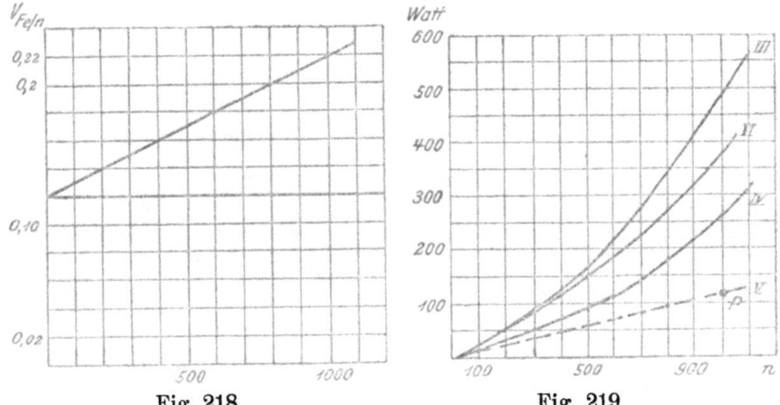

Fig. 218. Fig. 219.

In Fig. 219 sind die Kurven III und IV aus Fig. 217 eingetragen. Kurve V ist die Gerade $V_h = c_2 \cdot n$. Die Ordinaten dieser werden zu jenen der Kurve IV addiert (Kurve VI). Die Differenzen der Ordinaten von VI und III sind gleich den Wirbelstromverlusten V_w.

Für $n = 1000$ betragen hier:

Die Reibungsverluste	260 W,
die Hysteresisverluste	120 „,
die Wirbelstromverluste	100 „.

Methode für kleine Maschinen[1]). Abgesehen von ganz kleinen Maschinen läßt sich die Auslaufskurve I für $i = 0$ wohl stets aufnehmen. Ist das Feld jedoch erregt (Kurve II Fig. 220), so

[1]) ETZ 1905, S. 610.

kommen kleine Maschinen meist sehr rasch zum Stillstand. Zur Untersuchung solcher Maschinen hat Dr. Linke ein Verfahren angegeben. Man bestimmt, wie bei Fig. 217, die Kurve III $N_0' = f(n)$, bildet die Werte $\frac{N_0'}{n}$ und trägt diese in Abhängigkeit von n auf: Kurve $\frac{N_0'}{n} = f(n)$. (Fig. 220.) Dann ermittelt man die reziproke Kurve $\frac{n}{N_0'} = f(n)$. (Vgl. ebenfalls Fig. 220.) Es gilt der Satz:

Die von der Kurve $\frac{n}{N_0'}$, der Abszissenachse und zwei zu beliebigen Drehzahlen n_1 und n_2 gehörigen Ordinaten eingeschlossene Fläche ist proportional der Zeit, welche verstreicht, damit die Drehzahl von n_1 auf n_2 sinkt. Die ganze Fläche zwischen $n = 1000$ und $n = 0$ und der Kurve $\frac{n}{N_0'}$ ist somit der ganzen Auslaufszeit proportional.

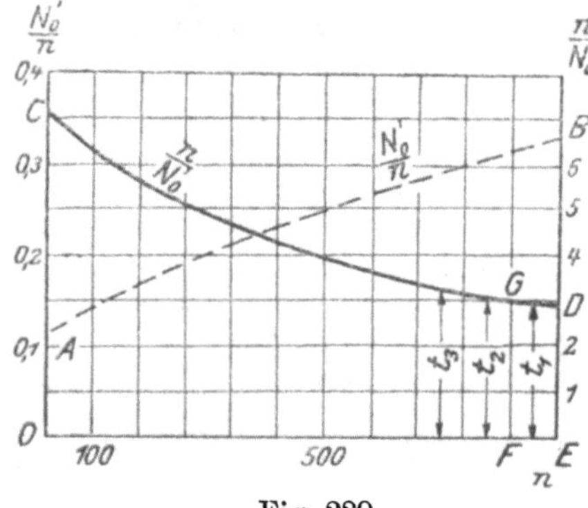

Fig. 220.

Beweis. Es ist allgemein:

1. Die Leistung N = Kraft $\times$ Kraftweg pro Sekunde $= P \times v$,
2. die Kraft P = Masse $\times$ Beschleunigung $= m \times p$,
3. die Beschleunigung $p = \frac{dv}{dt} = c' \cdot \frac{dn}{dt}$, worin $v = c' \cdot n$.

Aus diesen Gleichungen findet man:

$$4. \qquad \frac{N}{v} = m \cdot p,$$

$$\frac{N}{c' \cdot n} = m\, c' \cdot \frac{dn}{dt}.$$

Die letzte Gleichung gibt nach der Zeit t integriert:

$$5. \qquad t = m\, c^{2\prime} \int_{n=n_2}^{n=n_1} \frac{n}{N}\, dn.$$

Für unseren Fall ist N_0' einzusetzen. Da die Masse m eine Konstante ist, so kann gesetzt werden $m \cdot c'^2 = c''$ und man erhält:

$$t = c'' \cdot \int_{n=n_2}^{n=n_1} \frac{n}{N_0'} \, dn.$$

Der Integralausdruck ist aber die von der Abszissenachse, der Kurve $\frac{n}{N_0'}$ und den Ordinaten von n_1 und n_2 eingeschlossene Fläche. Setzt man nach Fig. 220 $n = n_a = 1000$ (n_a Drehzahl am Anfang des Auslaufs) und $n = 0$ für n_1 und n_2 ein, so ist die gesamte Auslaufszeit T der ganzen Fläche proportional. In ähnlicher Weise findet man, daß die Auslaufszeiten t_1 von $n_a = 1000$ bis $n_1 = 900$, t_2 von $n_2 = 900$ bis $n_3 = 800$ usw. den Teilflächen mit den betreffenden Grundlinien oder, da letztere einander gleich ($= 100$) sind, den mittleren Höhen dieser Flächen proportional sind.

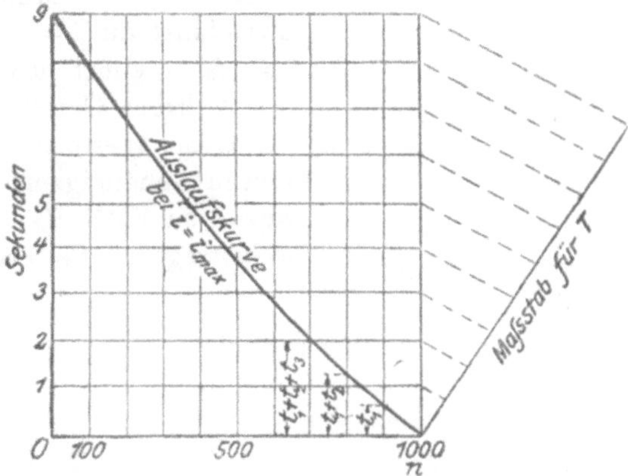

Fig. 221.

Man trägt nun einfach in einem beliebigen Maßstabe die Zeiten t_1, $t_1 + t_2$, $t_1 + t_2 + t_3$ usw., welche aus Fig. 220 ermittelt werden, zu den zugehörigen Drehzahlen auf (Fig. 221). Die gesamte Auslaufszeit T ergibt sich graphisch $T = t_1 + t_2 + t_3 \cdots t_n$. Der Maßstab für dieselbe wird dadurch festgelegt, daß man T an der erregten Maschine mißt. In Fig. 221 beträgt $T = 9$ Sek. Ordinate 09 braucht nun bloß entsprechend eingeteilt zu werden, was mittels der schrägen Geraden, auf der 9 gleiche Teile abgetragen sind, und den Parallelen geschehen kann.

Weiterhin wird die Kurve I Fig. 217 für die unerregte Maschine experimentell aufgenommen und die Trennung der Verluste, wie früher beschrieben, ausgeführt.

b) Trennungsmethode.

Wie auf S. 204 ausgeführt, läßt man die zu untersuchende Maschine als Motor leer laufen. Im Gegensatz zu den dort gemachten Ausführungen (es handelte sich nur um die Abtrennung der Reibungsverluste von der Summe $V_{Fe} + V_R$) wird jetzt die Drehzahl bei konstantem Feld (Feldstrom i, Fremderregung) durch Veränderung der Klemmenspannung E (was mittels eines in den Hauptstromkreis geschalteten Widerstandes geschehen kann, wenn keine regelbare Spannung vorhanden ist) variiert. Der Leerlaufstrom J_0, die Klemmenspannung E und die Drehzahl n sind zu messen. $N_0' = V_0' = V_R + V_{Fe} = E \cdot J_0 - J_0^2 R_a$ wird berechnet. Die Aufnahme wird ausgeführt für $i = i_1 =$ konst., $i = i_2 =$ konst. usw.

Weiterer Gang:

1. Die Werte N_0' und n werden in Abhängigkeit von der induzierten EMK $E_a = E - J_0 R_a$ aufgetragen. Es ergeben sich

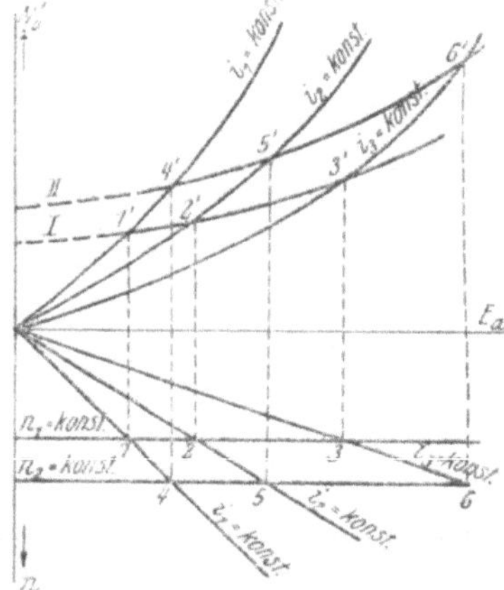

Fig. 222.

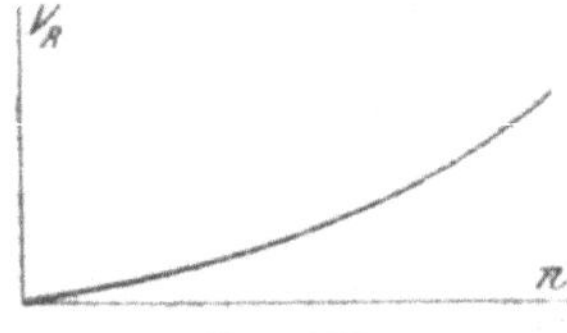

Fig. 223.

die Kurvenscharen Fig. 222. Die Linien $n = f(E_a)$ sind Gerade durch den Koordinatenanfangspunkt, da E_a bei konstantem Kraftfluß der Drehzahl n direkt proportional ist. (Die Ordinaten von n sind in der Fig. 222 nach unten eingetragen.)

2. Man zieht die zur Abszissenachse parallele Gerade $n = n_1$ = konst. Zu den Punkten 1, 2, 3 findet man auf den Kurven für N_0' die Punkte 1', 2', 3'. Diese Punkte verbunden ergeben eine Kurve I, welche N_0' bei konstanter Drehzahl aber veränder-

licher Erregung in Abhängigkeit von E_a darstellt. Ebenso verfährt man für n_2 = konst. (Punkte 4, 5, 6 bzw. 4′, 5′, 6′ und Kurve II) usw. Verlängert man die Kurven I, II usw., so findet man auf der Ordinatenachse die den betreffenden Drehzahlen entsprechenden Reibungsverluste V_R, welche als $V_R = f(n)$ aufgetragen werden (Fig. 223).

3. Da die Reibungsverluste nun für jede Drehzahl n bekannt sind, so kann eine weitere Trennung der Verluste leicht erfolgen. Man subtrahiert von einer Kurve der ersten Schar $N_0' = f(E_a)$ den zu jeder Drehzahl gehörigen Reibungsverlust und erhält die Eisenverluste V_{Fe}. Man zeichnet weiter die Kurve $V_{Fe} = f(n)$ und zerlegt die V_{Fe} nach den Gl. (65)÷(65b).

c) Hilfsmotormethode.

Diese läßt sich ebenfalls zur Bestimmung der Kurve $V_{Fe} = f(n)$ benutzen, wenn man die auf S. 209 angegebenen Versuchsreihen für verschiedene Drehzahlen und Erregungen, welch letztere natürlich für jede einzelne Reihe konstant zu halten sind, durchführt. Der Hilfsmotor muß für die verschiedenen Drehzahlen geeicht werden. Der Gang der Zerlegung ist nach Ermittlung der Kurven $N_0' = V_0' = V_R + V_{Fe} = f(E_a)$ ebenso wie bei Methode b.

Trennung der Verluste bei Synchronmaschinen und bei Asynchronmotoren.

Synchronmaschinen. a) Auslaufsmethode. Diese läßt sich in gleicher Weise wie bei Gleichstrommaschinen zur Trennung der Verluste benutzen. Für eine bestimmte konstante Erregung wird für verschiedene Dreh- bzw. Periodenzahlen die Verlustkurve $N_0' = f(n) = f(\nu)$ bestimmt und für die gleiche Erregung eine Auslaufskurve aufgenommen (vgl. Fig. 217 Kurven II und III). Der Faktor c in Gl. (66) kann dann berechnet werden. Weiter werden für andere Erregungen Auslaufskurven aufgenommen und verfahren wie früher angegeben worden ist.

b) Hilfsmotormethode. Man nimmt für verschiedene Periodenzahlen, also bei verschiedenen Drehzahlen der durch den Hilfsmotor angetriebenen Maschine, und bei konstanter Feldstärke der letzteren, die Kurven $N_0' = V_0' = V_R + V_{Fe} = f(\nu)$ und $V_R = f(\nu)$ auf, bestimmt aus beiden die Eisenverluste

$V_{Fe} = V_0' - V_R = f(\nu)$, bildet die Kurve $\frac{V_{Fe}}{\nu} = f(\nu)$. Diese entspricht der Geraden $\frac{V_{Fe}}{n} = f(n)$ (S. 219) und ist auch angenähert eine Gerade. Auswertung wie auf S. 219 ausgeführt.

Asynchronmotoren. a) Die Ummagnetisierungs- und Wirbelstromverluste verteilen sich bei diesen auf Stator und Rotor. Infolge der geringen Schlüpfung sind sie jedoch in letzterem bei Leerlauf unbedeutend, so daß es vollkommen berechtigt ist die nach Fig. 192 ermittelten Eisenverluste als Statoreisenverluste in Rechnung zu setzen. Will man die zusätzlichen Verluste ermitteln, welche in diesen enthalten sind und welche dadurch entstehen, daß beim Vorbeigang der Rotorzähne vor den Statorzähnen die Induktion in den Zähnen mit ziemlich hoher Periodenzahl pulsiert, so benutzt man die Hilfsmotormethode[1]). Für Punkte oberhalb und unterhalb des Synchronismus werden folgende Aufnahmen durchgeführt und in Abhängigkeit von der Drehzahl n_r des mit dem Hilfsmotor gekuppelten Rotors aufgetragen (Fig. 224):

1. Die Stator- und Rotorwicklung ist offen. Die vom Hilfsmotor abgegebene Leistung N_{am}' stellt die Reibungsverluste des Asynchronmotors $V_R = f(n_r)$ dar (Kurve I).

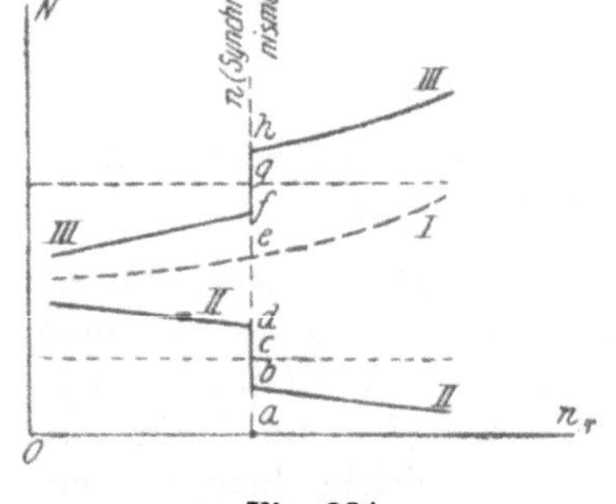

Fig. 224.

2. Der Stator wird mit der konstanten Klemmenspannung erregt. Die von ihm aufgenommene Leistung ist N_z (Kurve II). Vom Hilfsmotor wird auf den offenen Rotor übertragen N_{am}'' (Kurve III).

Die Kurven II und III zeigen im Synchronismus also für $n_r = n$ einen Sprung gleicher Größe (s. unten). Dieser entspricht dem doppelten Rotorhysteresisverlust[2]). Man erhält aus den Kurven für die synchrone Drehzahl $n_r = n$:

α) Die Reibungsverluste, dargestellt durch die Strecke $a\,e$,

β) die Eisenverluste des Stators (+ Stromwärmeverlust), dargestellt durch $a\,c$,

[1]) Bragstad und Bache-Wiig: Zeitschrift für Elektrotechnik 1905, S. 381 u. 713; ETZ 1906, S. 106.

[2]) ETZ 1903, S. 35, 507, 692, 735; 1910, S. 1249.

γ) die Hysteresisverluste im Rotor, gegeben durch

$$b c = \frac{b d}{2} = \frac{f h}{2},$$

δ) die zusätzlichen Verluste gleich der Strecke $e g$.

Dem Hysteresisverlust im Rotor entspricht ein gewisses Drehmoment. Dieses wirkt motorisch bei Untersynchronismus, h. h. die ihm entsprechende Leistung muß vom Stator auf den Rotor übertragen werden, es wirkt generatorisch im Übersynchronismus, d. h. die entsprechende Leistung muß mechanisch zugeführt werden. Damit erklären sich die Sprünge $f h$ und $d b$ in Fig. 224.

b) Auch die Auslaufs- und Trennungsmethode[1]) läßt sich zur Trennung der Verluste von Asynchronmotoren benutzen.

Zehnter Abschnitt.

Indirekte Methoden zur Bestimmung der Belastungsfähigkeit elektrischer Maschinen.

Analytisch-graphische Bestimmung der Spannungsänderung bei Synchrongeneratoren.

Allgemeines. Zur Feststellung der Spannungsänderung von Synchrongeneratoren kann ein Belastungsversuch dienen (s. Abschnitt 8, S. 151). Da aber insbesondere bei großen Generatoren die Ausführung eines solchen im Prüffeld oft mit bedeutenden Unkosten verknüpft, wenn nicht gar unmöglich ist, die Spannungsänderung oft außerdem auch noch bei induktiver Last ermittelt werden muß, so ist es einfacher zu ihrer Bestimmung eine analytisch-graphische Methode zu verwenden. Nötig sind hierzu nur die Aufnahmen der Leerlaufs- und Kurzschlußcharakteristik.

Bemerkungen: 1. In den folgenden Gleichungen stellen Bezeichnungen mit einem Punkt, z. B. $\dot{E}$, Vektoren, also Größen von einer bestimmten gegenseitigen Lage („gerichtete Größen"), dar. Auf dieselben sind die Regeln der geometrischen (vektoriellen) Addition anzuwenden.

---

[1]) ETZ 1903, S. 34.

2. Zu beachten ist, daß die in den Wicklungen induzierten elektromotorischen Kräfte um 90° ihren erzeugenden Ursachen, also den zugehörigen Feldern, bzw. den dieselben erregenden Ströme nacheilen.

3. Auch der Ohmsche Spannungsabfall kann als eine EMK aufgefaßt werden. Er ist gegenüber seinem erzeugenden Strom um 180° in der Phase verschoben.

Vektordiagramme. Es werde angenommen, daß der Ankerstrom $J_a = J$ der im Anker induzierten EMK E_a um einen Winkel ψ nacheilt. Dann gilt:

a) $\dot{E}_a$ eilt dem Hauptfelde Φ_e und damit dem Erregerstrom i um 90° nach.

b) J erzeugt ein Ankerfeld. Folgen desselben sind ein Streufluß Φ_x, der sich nur um die Nuten herum und durch den Luftraum schließt, sowie ein Kraftfluß Φ_a', der sich über Luftraum, Pol und Joch schließt, also auf das Feld der Magnete direkt zurückwirkt. Φ_x und Φ_a' sind in Phase mit J und diesem proportional. Für die weitere Behandlung zerlegt man J in eine Komponente J_q in Richtung von E_a und in J_g senkrecht zu E_a. Diesen Komponenten entsprechen die Komponenten des Kraftflusses Φ_a' und zwar Φ_q, welche senkrecht zum Hauptfelde Φ_e steht und deshalb das Querfeld des Ankers heißt, und Φ_g, welche um 180° gegen das Hauptfeld Φ_e verschoben ist, also das Gegenfeld des Ankers darstellt und eine entmagnetisierende Wirkung ausübt (Fig. 225).

Bemerkungen: α) Sehr deutlich erkennt man an diesem Diagramm (s. a. S. 157): Phasennacheilender Strom schwächt das Hauptfeld beim Generator. Für phasenvoreilenden Strom ist sinngemäß Fig. 225 abzuändern. Das Hauptfeld wird verstärkt, Φ_g fällt in Richtung von Φ_e. Die Größen von Φ_q und Φ_g, also $\Phi_q = \Phi_a' \cdot \cos\psi$ und $\Phi_g = \Phi_a' \cdot \sin\psi$ hängen nur vom $\measuredangle\, \psi$ ab, derart, daß für $\psi = 0°$: $\Phi_g = 0$ und für $\psi = 90°$: $\Phi_q = 0$ wird.

β) Unberührt von der Zerlegung des Kraftflusses Φ_a' bleibt Φ_x.

Den Kraftflüssen Φ_x, Φ_q und Φ_g entsprechen dann die EMK E_x, E_q und E_g, deren Richtung aus Fig. 225 ersichtlich ist. Die Summe aller im Generator erzeugten EMK muß die Klemmenspannung E ergeben. Somit ist:

$$\dot{E} = \dot{E}_a + \dot{E}_g + \dot{E}_q + \dot{E}_x - \dot{J} r_a \quad . \quad . \quad . \quad (67)$$

Für diese Gleichung gilt Diagramm Fig. 225. Im Pol desselben sind alle auftretenden Ströme, Felder und die von diesen erzeugten EMK angetragen. Aus letzteren ist unter Beachtung der Richtung der geschlossene Linienzug gezeichnet. In diesem ist:

$OA = E_a$ senkrecht gerichtet zu Φ_e,
$AB = E_g$ entgegengesetzt zu E_a und senkrecht gerichtet zu Φ_g,
$BC = E_q$ senkrecht gerichtet zu E_a und zu Φ_q,
$CD = E_x$ senkrecht gerichtet zu Φ_x und zu J,
$DE = -J \cdot r_a$ entgegengesetzt gerichtet zu J,
$OE = E$ ist dann die zur Verfügung stehende Klemmenspannung, die mit J den Winkel φ und mit E_a den Winkel ψ' einschließt.

Vielfach kehrt man die Pfeilrichtungen der Strecken AB, BC, CE und DE um. Dann stellen diese Strecken die Komponenten der im Anker induzierten Spannung E_a dar, welche zur Deckung der einzelnen EMK dienen. Als letzte Komponente ist die Klemmenspannung E zu betrachten.

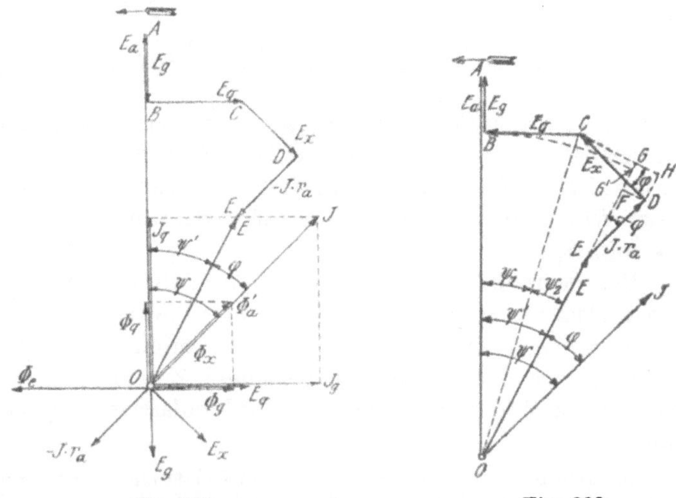

Fig. 225. Fig. 226.

Das Diagramm ist in dieser Form nochmals in Fig. 226 gezeichnet. Als Konstruktionen sind dort noch ausgeführt:

α) Der Kreisbogen mit dem Radius OB um O bis zum Schnitt G' auf der Verlängerung von OE.

β) DF und CH senkrecht zu OE. DH parallel zu OE. Punkt G fällt in Wirklichkeit mit G' fast zusammen, so daß man stets setzen kann:

$$OG' = OG = OE + EG = OB.$$

γ) Aus der Figur ist ferner ersichtlich:

$$EG = EF + FG = EF + DH,$$
$$EG = J \cdot r_a \cdot \cos\varphi + E_x \cdot \sin\varphi.$$

Somit wird:

$$OE = OB - EG = OB - J \cdot r_a \cdot \cos\varphi - E_x \sin\varphi.$$

Für die prozentuale Spannungserhöhung ε_1 bzw. für den prozentualen Spannungsabfall erhält man unter Verwendung dieser Gleichung und der Gl. (56) und (56a):

$$\varepsilon_1 = \frac{OA - OE}{OE} \cdot 100 = \frac{OB + BA - OE}{OE} \cdot 100,$$

$$\varepsilon_1 = \frac{J \cdot r_a \cdot \cos\varphi + E_x \cdot \sin\varphi + E_g}{E} \cdot 100 \quad . \quad . \quad (68)$$

$$\varepsilon_2 = \frac{OA - OE}{OA} = \frac{OB + BA - OE}{OA} \cdot 100,$$

$$\varepsilon_2 = \frac{J \cdot r_a \cdot \cos\varphi + E_x \cdot \sin\varphi + E_g}{E_a} \cdot 100 \quad . \quad . \quad (68a)$$

Für die Berechnung von ε_1 bzw. ε_2 ist bekannt E bzw. E_a (die Klemmenspannung bei Leerlauf ist gleich der im Anker induzierten EMK E_a, vgl. S. 184), ferner J als Belastungsstrom und der Winkel φ. Zur Berechnung sind dann noch weiter nötig r_a, E_x und E_g.

a) Bestimmung von r_a. Es genügt r_a durch eine normale Widerstandsmessung zu ermitteln. Kann die Messung von r_a nicht im warmen Zustande der Maschine erfolgen, so ist zum kalt gemessenen Werte ein entsprechender Zuschlag zu machen (gemäß den nach den Normalien des VdE zulässigen Temperaturzunahmen).

Streng genommen ist der Widerstand bei Belastung höher als der mit Gleichstrom gemessene Wert. Grund: Zusätzliche Verluste in den Ankerleitern. Man kann r_a finden aus

$$J_k^2 r_a = N_{am}''' - N_{am}'.$$

Die durch einen Hilfsmotor angetriebene Maschine ist dabei kurzgeschlossen und wird so erregt, daß der Kurzschlußstrom $J_k = J$ entsteht. Die vom Hilfsmotor abgegebene Leistung wird zur Deckung der Ankerkupferverluste einschließlich auftretender zusätzlicher Verluste und der Reibungsverluste benutzt. Im übrigen s. S. 209. Für r_a ergibt sich meist das Doppelte des mit Gleichstrom gemessenen Wertes.

b) Bestimmung von E_x. Im Kurzschluß wird $E = 0$. Das Diagramm Fig. 226 nimmt die Form nach Fig. 227 an, in welcher Punkt E mit Punkt O zusammenfällt. Da $\psi = \psi_k$ fast 90° beträgt, so wirkt der Kurzschlußstrom J_k fast nur entmagnetisierend, so daß auch E_q vernachlässigt werden kann. Das Diagramm erhält so die einfache Gestalt Fig. 227a.

Setzt man $$\dot{E}_a - \dot{E}_g = \dot{E}_a',$$
also $$OA - AB = OB,$$
so folgt: $$E_x = \sqrt{E_a'^2 - (J_k \cdot r_a)^2}.$$

$J_k r_a$ kann gegen E_{ak}' (E_{ak}' sei die Bezeichnung für E_a' im Kurzschluß) vernachlässigt werden. Man erhält so $E_x = E_{ak}'$ und $E_{ak}' = E_{ak} - E_g$. E_{ak} bestimmt man aus der Leerlaufscharakteristik als die Ordinate zum Erregerstrome i_k, der zur Erzeugung des betreffenden Kurzschlußstromes nötig war. Zieht man

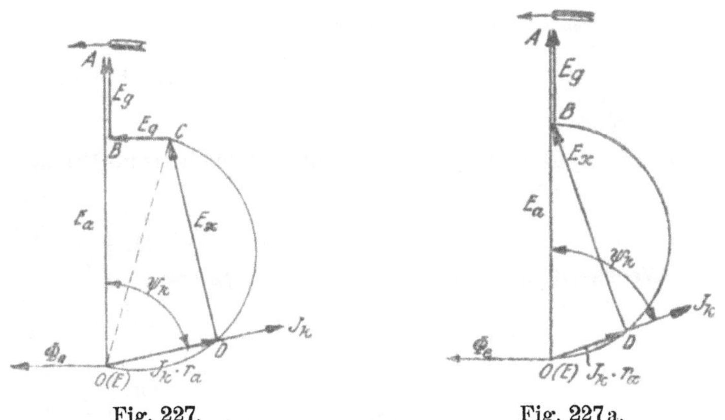

Fig. 227. Fig. 227a.

in Fig. 229 von i_k einen Erregerstrom i_{gk} ab, das ist der Feldstrom, der zur Kompensierung der entmagnetisierenden Wirkung des Stromes J_k nötig ist, so stellt die zu $i_k - i_{gk} = i_x$ gehörige aus der Leerlaufscharakteristik entnommene Ordinate $E_{ak}' = E_x$ unter der erwähnten Vernachlässigung von $J \cdot r_a$ dar. Es ist:

$$\left.\begin{aligned} AW_{gk} &= k_0 \cdot f_w \cdot \mathfrak{p} \cdot w \cdot J_k \sin \psi_k \\ i_{gk} &= \frac{AW_{gk}}{w_e} \end{aligned}\right\} \quad . \quad . \quad . \quad (69)$$

Darin ist:

AW_{gk} die Zahl der Gegenamperewindungen bei Kurzschluß oder die Anzahl der zur Kompensation von AW_{gk} erforderlichen Erregeramperewindungen,

w_e die Windungszahl der Erregerwicklung,

i_{gk} der zur Kompensierung der Entmagnetisierung erforderliche Erregerstrom,

w die Windungszahl pro Phase,

$\mathfrak{p}$ die Phasenzahl,

$\sin \psi_k$ bei Kurzschluß gleich 0,96 bis 1,0, im Mittel etwa gleich 0,98 zu setzen,

k_0 ein Faktor, abhängig von dem Verhältnis $\frac{\text{Polbreite}}{\text{Polteilung}} = \frac{b_p}{\tau_p}$. Derselbe kann aus Fig. 228 entnommen werden.

f_w der Wicklungsfaktor.

Berechnung von f_w. Für f_w gelten folgende Gleichungen, in welchen bezeichnen:

Q die Zahl der Nuten pro Pol,

$q = \frac{Q}{\mathfrak{p}}$ die Zahl der bewickelten Nuten pro Pol und Phase bei $\mathfrak{p}$ Phasen,

S die Spulenbreite bei verteilten (Gleichstrom-)Wicklungen,

τ_p die Polteilung.

1. Wechselstromwicklungen:
$$f_w = \frac{\sin\left(\frac{\pi}{2}\cdot\frac{q}{Q}\right)}{q\sin\left(\frac{\pi}{2}\cdot\frac{1}{Q}\right)}.$$

2. Verteilte (Gleichstrom-)Wicklungen:
$$f_w = \frac{\sin\left(\frac{\pi}{2}\cdot\frac{S}{\tau_p}\right)}{\frac{\pi}{2}\cdot\frac{S}{\tau_p}}.$$

Werte dazu sind in der Tabelle zusammengestellt.

	Wechselstromwicklungen			Verteilte Wicklungen			
Anzahl Nuten pro Pol und Phase . . . . . . $q=$	2	3	4	$\frac{S}{\tau_p}=\frac{1}{3}$	$\frac{1}{2}$	$\frac{2}{3}$	1
Ein- und Zweiphasengeneratoren mit $Q=2q$ Nuten pro Pol . . . . . $f_w=$	0,923	0,91	0,906	—	0,901	—	0,636
Ein- und Dreiphasengeneratoren mit $Q=3q$ Nuten pro Pol . . . . . $f_w=$	0,966	0,96	0,958	0,956	—	0,830	0,636

In Fig. 229 gehört zum Kurzschlußstrome $J_k = 1\ 2$ eine Erregerstromstärke $i_k = 0\ 1$. Zu dieser bestimmt sich eine EMK $E_{ak} = E_x + E_{gk} = 1\ 6$. In Wirklichkeit entsteht aber nur $E_x = E_{ak}'$ infolge der entmagnetisierenden Wirkung. Man berechnet nach den Angaben $i_{gk} = \frac{AW_{gk}}{w_e}$, bildet $i_k - i_{gk}$ und findet dazu als Ordinate $4\ 5 = E_x$. Aus der Fig. 229 ist noch E_{gk} ersichtlich. $E_{gk} = 3\ 6$.

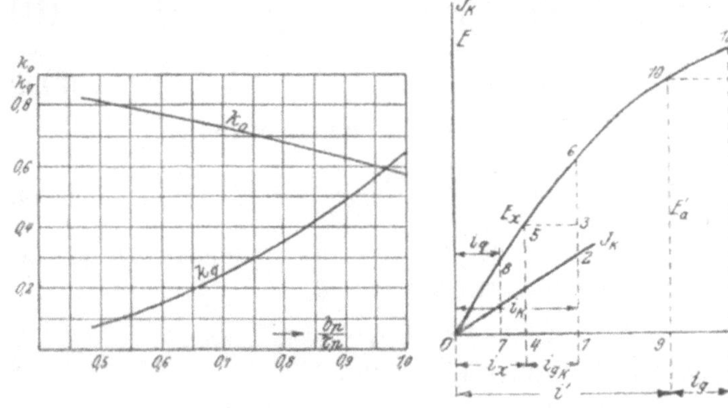

Fig. 228. Fig. 229.

c) Bestimmung von E_g bei normaler Belastung. 1. Man berechnet die AW_g und i_g für normale Belastung, wobei man ganz ähnlich, wie oben verfährt. Es ist:

$$\left.\begin{aligned} AW_g &= k_0 \cdot f_w \cdot \mathfrak{p} \cdot w \cdot J \cdot \sin\psi \\ i_g &= \frac{AW_g}{w_e} \end{aligned}\right\} \quad . \quad . \quad . \quad (70)$$

2. Unbekannt ist hier der Winkel $\psi = \varphi + \psi' = \varphi + \psi_1 + \psi_2$

$$\psi' = \psi_1 + \psi_2 = \sphericalangle BOC + \sphericalangle COG \quad \text{(Fig. 226).}$$

Die sehr kleinen Winkel ψ_1 und ψ_2 werden durch die Länge des zwischen ihren Schenkeln liegenden Kreisbogens, Radius OB, bestimmt. Der Bogen kann dabei mit hinlänglicher Genauigkeit durch die Tangenten BC und $CG = CG'$ ersetzt werden. Beobachtet man, daß dem Halbkreis $OB \cdot \pi$ ein Winkel von 180° entspricht und daß $OB = OG' = OG$ gesetzt worden ist, so erhält man:

$$\psi' = \psi_1 + \psi_2 = \frac{180^\circ}{\pi} \cdot \frac{BC + CG}{OG}.$$

Nach Fig. 226 ist:

$$BC = E_q$$
$$CG = CH - HG = CH - DF$$
$$CG = E_x \cdot \cos\varphi - J \cdot r_a \cdot \sin\varphi .$$

Diese Werte in $\psi' = \psi_1 + \psi_2$ eingesetzt, ergeben:

α) Für die Berechnung der Spannungserhöhung (OG s. S. 231):

$$\psi' = 57{,}3 \frac{E_q + E_x \cdot \cos\varphi - J \cdot r_a \cdot \sin\varphi}{E + J \cdot r_a \cos\varphi + E_x \cdot \sin\varphi} \quad . \; . \; (71)$$

und

$$\psi = \varphi + \psi' \quad . \; . \; . \; . \; . \; . \; . \; . \; . \; . \; . \; . \; . \; (71\,a)$$

β) Für die Berechnung des Spannungsabfalles:

$$\psi' = 57{,}3 \frac{E_q + E_x \cdot \cos\varphi - J \cdot r_a \sin\varphi}{E_a} \quad . \; (71\,b)$$

In Gl. (71 b) wurde, da die gesuchte Spannung E bei Belastung noch unbekannt ist, gesetzt

$$E + J \cdot r_a \cdot \cos\varphi + E_x \cdot \sin\varphi = E_a .$$

Dies ist mit großer Annäherung gültig.

3. E_q ist in den Gleichungen noch zu bestimmen. Zur Berechnung ermittelt man die äquivalenten Amperewindungen AW_q, welche zur Kompensierung des Querfeldes erforderlich sind.

$$AW_q = k_q \cdot f_w \cdot \mathfrak{p} \cdot w \cdot J \cdot \cos\psi .$$

k_q ist abhängig von dem Verhältnis $\frac{b_p}{\tau_p}$ und kann aus Fig. 228 entnommen werden.

Da φ und ψ, also auch $\cos\varphi$ von $\cos\psi$ nur wenig verschieden ist, so kann man den Winkel φ in Rechnung setzen. Somit wird

Zu
$$\left.\begin{aligned} AW_q &= k_q \cdot f_w \cdot \mathfrak{p} \cdot w \cdot J \cos\varphi \\ i_q &= \frac{AW_q}{w_e} \end{aligned}\right\} \quad . \; . \; . \; . \; (72)$$

entnimmt man E_q aus der Leerlaufscharakteristik. i_q muß dabei vom Nullpunkte aus aufgetragen werden. Vgl. Fig. 229: $i_q = 0\,7$ und $E_q = 7\,8$.

d) Weiterer Rechnungsgang. Ist $\psi = \psi' + \varphi$ bestimmt und E_q ermittelt, so kann man nach der bereits angegebenen

Gleichung AW_g und i_g berechnen. Der dazu gehörige Wert E_g muß aber für den Teil der Kurve ermittelt werden, für den die der induzierten EMK entsprechende Sättigung erreicht ist.

1. Bei der Bestimmung der Spannungserhöhung geht man von der Klemmenspannung E aus, berechnet

$$E_a' = E + J\, r_a \cdot \cos\varphi + E_x \sin\varphi = 9-10 \quad \text{(Fig. 229)},$$

entnimmt aus der Leerlaufscharakteristik den zugehörigen Feldstrom $i' = 0\,9$, addiert dazu i_g und findet den unter den verlangten Bedingungen erforderlichen Erregerstrom $i = i_g + i' = 0\,11$, sowie die zu letzterem gehörige $E_a = 11-12$. E_g ist die Differenz $E_a - E_a'$.

2. Bei der Bestimmung des Spannungsabfalles ermittelt man die zur Spannung $E = E_a$ (für $J = 0$) gehörige Erregerstromstärke i, zieht jetzt i_g ab und sucht zu $i - i_g$ die zugehörige Spannung E_a'. Die Differenz der Ordinaten E_a und E_a' gibt E_g.

Bemerkungen. α) Wird die Maschine verschieden belastet, so verfährt man für jede einzelne Belastung ebenso.

β) Die so ermittelten Erregerströme ermöglichen sofort eine Kontrolle, ob die Erregerspannung e für die Betriebsverhältnisse ausreichend ist. Es muß sein $e \gtreqless i \cdot r_e$, worin r_e der Widerstand der Erregerwicklung und i der für die verlangte Belastung nötige Erregerstrom ist.

Gleichungen zur Bestimmung der Erregerstromstärke bei Belastung. Um schnell einen Überblick über die bei Belastung nötige Feldstromstärke zu gewinnen, kann man mit Vorteil folgende Gleichungen anwenden.

$$\left.\begin{array}{llll} \alpha) & \text{Für} & \cos\varphi = 0{,}8 & i = 1{,}25\, i_k + i_0 \\ \beta) & \text{„} & \cos\varphi = 0{,}9 & i = i_k + i_0 \\ \gamma) & \text{„} & \cos\varphi = 1{,}0 & i = \sqrt{(1{,}25\, i_k)^2 + i_0^2} \end{array}\right\} \quad . \; . \; . \quad (73)$$

i_k ist darin die zum Kurzschlußstrom $J_k = J_{\text{norm}}$, i_0 die zu $E_a = E$ bei Leerlauf gehörige Feldstromstärke.

Beispiel. Bei einem Drehstromgenerator für 225 kVA, 225 V (Sternschaltung verkettet), 580 A, $\nu = 50$, soll die Spannungserhöhung für $^1/_1$ und $^1/_2$ Last und zwar für $\cos\varphi = 1{,}0$ und 0,8 berechnet werden. Anschließend ist der Wirkungsgrad für $^1/_1$ Last und $\cos\varphi = 1{,}0$ und 0,8 zu ermitteln.

Allgemeine Daten:

w = Windungszahl pro Phase = 15, w_e = Erregerwindungen = 2500,

$\frac{b_p}{\tau_p} = \frac{\text{Polbreite}}{\text{Polteilung}} = 0{,}7$, dazu aus Fig. 228 $k_0 = 0{,}73$ und $k_q = 0{,}24$,

$\mathfrak{p} = 3$, r_a pro Phase (warm) $= 0{,}003$,

$q = 3$, dazu f_w aus Tabelle $f_w = 0{,}96$.

Als Aufnahmen liegen vor die Kurzschluß- und Leerlaufscharakteristik, ferner wurden mittels Hilfsmotors die Leerlaufsverluste $N_{z0} = V_0 = V_R + V_{Fe}$ gemessen und in Abhängigkeit von der bei Leerlauf gemessenen Klemmenspannung E aufgetragen (E wurde in Richtung der Ordinatenachse gelegt, Fig. 230).

1. Berechnung der Spannungserhöhung.

$\cos\varphi$	1,0	1,0	0,8	0,8
Last	1/1	1/2	1/1	1/2
J	580 A	290 A	580 A	290 A
a) $J \cdot r_a \cdot \sqrt{3} = J \cdot 0{,}003 \cdot \sqrt{3}$	3 V	1,5 V	3 V	1,5 V
b) i_k für $J = J_k$	8,1 A	4,05 A	8,1 A	4,05 A
$AW_{gk} = 31{,}5 \cdot J_k \cdot 0{,}98$	17 950	8975	17 950	8975
$i_{gk} = \frac{AW_{gk}}{2500}$	7,18 A	3,59 A	7,18 A	3,59 A
$i_x = i_k - i_g$	0,92 A	0,46 A	0,92 A	0,46 A
E_x aus Leerlaufscharakteristik	18 V	9 V	18 V	9 V
c) 1. $AW_q = 10{,}35 \cdot J \cdot \cos\varphi$	6000	3000	4800	2400
$i_q = \frac{AW_q}{2500}$	2,4	1,2	1,9	0,95
E_q aus Leerlaufscharakteristik	46 V	23 V	37 V	18,5 V
2. ψ'	16°	8,1°	14,1°	7,25°
φ (entspr. dem $\cos\varphi$)	0°	0°	37°	37°
$\psi = \varphi + \psi'$	16°	8,1°	51,1°	44,25°
3. $AW_g = 31{,}5 \cdot J \cdot \sin\psi$	5000	2550	14 200	6550
$i_g = \frac{AW_g}{2500}$	2 A	1,02 A	5,7 A	2,63 A
d) $E_a' = E + J \cdot r_a \cdot \cos\varphi + E_x \sin\varphi$	228 V	226,5 V	238,2 V	231,6 V
i' aus Leerlaufscharakteristik	17,2 A	16,9 A	19,6 A	18,0 A
$i = i_g + i'$ für $E = 225$ V	19,2 A	17,92 A	25,3 A	20,63 A
E_a	236 V	231 V	255 V	242 V
$\varepsilon_1 = \frac{E_a - E}{E} \cdot 100$	4,95 %	2,7 %	11,8 %	7,55 %

2. Bemerkungen: Zu a). Alle Charakteristiken sind in gleicher Schaltung aufgenommen (Stern). Man kann dabei gleich mit den verketteten Spannungen rechnen und diese aus den Kurven entnehmen. Als Spannungsabfall ist dann auch das $\sqrt{3}$-fache des Spannungsabfalles pro Phase zu nehmen.

Zu b). Der Rechnungsgang für E_x schließt sich an die Ausführungen an. Die AW_{gk} wurden nach Gl. (69) bestimmt. Für die konstanten Glieder wurde $k_0 \cdot f_w \cdot \mathfrak{p} \cdot w = 0{,}73 \cdot 0{,}96 \cdot 3 \cdot 15 = 31{,}5$ eingesetzt. Für die Werte des Erregerstromes i_k würde man aus der Leerlaufscharakteristik die Spannung $E_{ak} = E_{gk} + E_x$ erhalten. Man bildet deshalb $i_k - i_{gk} = i_x$ und findet hierzu E_x.

Setzt man dagegen den zu i_x bestimmten Wert gleich E_{ak}', so bestimmt sich E_x aus $E_x = \sqrt{E_{ak}'^2 - (J \cdot r_a \cdot \sqrt{3})^2}$. Berechnet man daraus E_x, so sieht man, daß der nun gefundene Wert nur wenig abweicht von dem vorher bestimmten.

Zu c). 1. Für die Bestimmung der AW_q ergeben die konstanten Faktoren den Wert 10,35.

2. ψ' folgt aus Gl. (71) unter Verwendung der gefundenen Werte. Damit ist der Winkel $\psi = \varphi + \psi'$ auch bekannt. 3. Man berechnet nach Gl. (70) die AW_g und den äquivalenten Erregerstrom i_g.

Zu d). Es ergibt sich zunächst E_a'; dann der zu dieser Spannung gehörige Erregerstrom i'; man muß nun, um den für die betreffende Belastung und für die Klemmenspannung $E = 225$ V gehörigen Erregerstrom zu erhalten, die Summe bilden $i_g + i_a' = i$ und zu letzterem E_a ablesen.

e) Zum Vergleich seien die aus Gl. (73) für i sich ergebenden Werte angeführt (für $^1/_1$ Last).

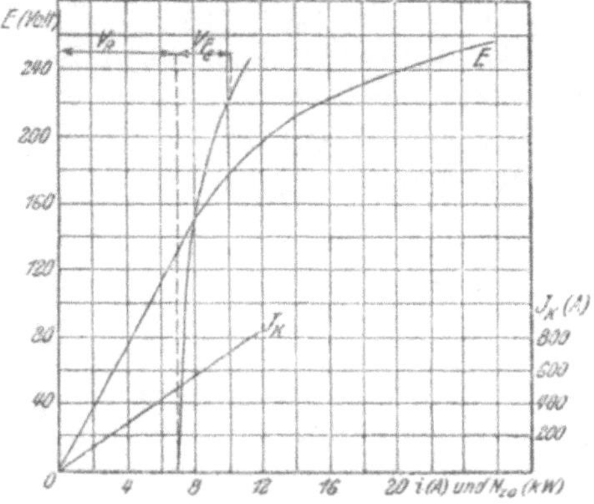

Fig. 230.

α) $\cos\varphi = 1{,}0 \qquad i = \sqrt{(1{,}25 \cdot 8{,}1)^2 + 16{,}6^2} = 19{,}45$ A.

β) $\cos\varphi = 0{,}8 \qquad i = 8{,}1 + 16{,}6 = 24{,}5$ A.

Die Werte stimmen also recht gut mit den oben berechneten überein.

3. Berechnung des Wirkungsgrades.

Die Erregerspannung betrug 110 V, der gemessene Phasenwiderstand $r_a = 0{,}003\ \Omega$.

$\cos\varphi$	—	1,0	0,8
E	—	225 V	255 V
J	—	580 A	580 A
Eisen- + Reibungsverluste	$V_{Fe} + V_R$ aus Fig. 230	10,1 kW	10,1 kW
Stromwärmeverluste .	$V_a = 3 J^2 r_a$	3,04 „	3,04 „
Erregerverlust . . .	$V_e = e \cdot i$ ($i = 19{,}2$ A bzw. 25,3 A nach Rechnung)	2,10 „	2,78 „
Summe der Verluste .	$V = N_v = V_{Fe} + V_R + V_a + V_e$	15,24 kW	15,92 kW
Abgegebene Leistung.	$N_a = \sqrt{3}\, E \cdot J \cdot \cos\varphi$	225 „	180 „
Wirkungsgrad	$\eta = \dfrac{N_a}{N_a + N_v} \cdot 100$	93,6 %	91,1 %

Das Kreisdiagramm des Drehstrommotors.

Allgemeines. Auf die theoretischen Grundlagen[1]) des Kreisdiagramms soll und kann hier nicht näher eingegangen werden. Bezüglich derselben sei auf die umfangreiche Literatur verwiesen. Von der Besprechung des Heylanddiagrammes[2]) wird Abstand genommen, da sich das Ossannadiagramm[3]) in Prüffeldern mehr und mehr eingebürgert hat.

S a t z: Unterwirft man einen Asynchronmotor verschiedenen Betriebszuständen bei konstanter Statorklemmenspannung, so ist der geometrische Ort aller Stromvektoren $\dot{J}$ (J = Statorstrom, J_r = Rotorstrom) ein Kreis[4]).

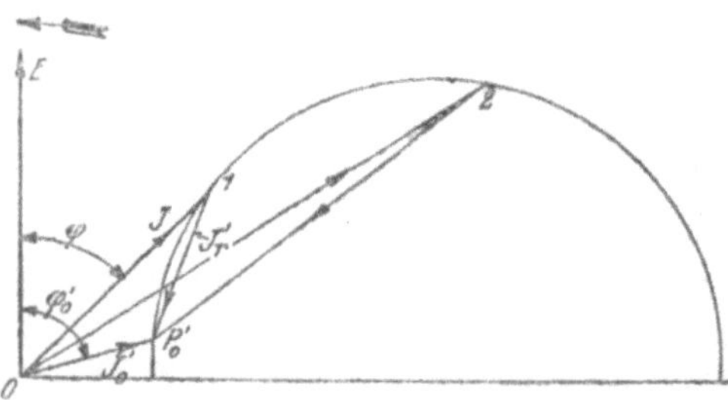

Fig. 231.

In Fig. 231 ist $\dot{E}$ der Vektor der konstanten Klemmenspannung, $\dot{J}$ der Vektor des um den Winkel φ nacheilenden Statorstromes, $\dot{J}_0'$ jener des reinen Leerlaufstromes, dessen eine Komponente $J_0' \sin \varphi_0'$ zur Magnetisierung, dessen andere Komponente zur Deckung der Eisenverluste $J_0' \cdot \cos \varphi_0'$ dient. $\dot{J}_r' = \dot{J}_r \cdot \frac{w_r}{w}$ ist der auf den Stator bezogene Rotorstrom, wobei

1) Vgl. die Werke von Arnold, Kittler-Petersen, Thomälen usw.

2) ETZ 1894, S. 561; 1895, S. 649; 1896, S. 138 u. 632; The Electrician April 1896 (alles Veröffentlichungen von Heyland). Ferner: Experimentelle Untersuchungen an Induktionsmotoren in der Sammlung elektrotechnischer Vorträge.

3) Ossanna, Zeitschrift für Elektrotechnik und Maschinenbau, Wien 1899, S. 223; ETZ 1900, S. 712.

4) Graphische Methoden zur Bestimmung des Kreismittelpunktes: ETZ 1903, S. 972; 1911, S. 131 (Thomälen), Zeitschrift für Elektrotechnik und Maschinenbau, Wien 1907, S. 1022 (Pichelmayer); ETZ 1905, S. 2; 1911, S. 427 (Moser).

w und w_r die Windungszahlen pro Stator- und Rotorphase darstellen. Stets muß die Gleichung erfüllt sein:

$$\dot{J} + \dot{J}_r = \dot{J}_0' .$$

Für alle Belastungen bleibt J_0' der Größe und Richtung nach also konstant. Die Endpunkte der Vektoren $\dot{J}'$ und $\dot{J}_r'$ bewegen sich auf einem Kreise (vgl. die Punkte 1 und 2 in Fig. 231).

Aufzeichnung des Kreises. Dieser kann gezeichnet werden, wenn man zwei Punkte desselben und den Mittelpunkt kennt. Leicht auffindbar ist der synchrone Punkt P_0' für den die Schlüpfung $\sigma = 0$ wird und der Kurzschlußpunkt P_k, für den $\sigma = 1$ wird. Wichtig ist noch der Punkt P_∞ mit der Schlüpfung $\sigma = \pm\infty$. Für die folgenden Ausführungen gilt Fig. 232.

1. Bestimmung des synchronen Punktes P_0'. $\sigma = 0$. Der Leerlaufsversuch gibt für die in Frage kommende Klemmenspannung E den Leerlaufsstrom J_0 und den $\cos\varphi_0$. Auf dem Strahl O unter dem Winkel φ_0 gegen E (E wurde in die Ordinatenachse gelegt) wird in einem bestimmten Maßstabe J_0 aufgetragen: Punkt P_0. Die Senkrechte P_0F_0 entspricht der bei Leerlauf aufgenommenen Leistung $N_{z0} = \sqrt{3}\,E \cdot J_0 \cdot \cos\varphi_0$ im Leistungsmaßstab gemessen,

P_0 ist noch nicht der synchrone Punkt, da die Reibung bereits eine gewisse Belastung des Motors darstellt; also ist auch eine kleine Schlüpfung vorhanden. P_0 kann jedoch zur Konstruktion des Kreises benutzt werden.

Punkt P_0' und damit J_0' (J_0' ist der reine Leerlaufsstrom) findet man durch Abzug der Reibungsverluste V_R auf der Senkrechten P_0F_0. Es ist $P_0P_0' = V_R$. Dazu muß bemerkt werden:

α) $P_0'F_0$ enthält noch die geringen Stromwärmeverluste bei Leerlauf.

β) P_0' und J_0' kann sofort erhalten werden, wenn man bei Phasenankern den Rotorkreis einen Augenblick öffnet und möglichst schnell die in Frage kommenden Werte abliest. Auch mit fast synchron angetriebenem Rotor kann J_0' und φ_0' bestimmt werden. Der Wert ist auch nicht ganz einwandfrei, da das von der Hysteresis herrührende Drehmoment außer acht gelassen wird. Bei Kurzschlußankern wäre die Messung mit synchron angetriebenem Rotor vorzunehmen. Praktisch fällt P_0 mit P_0' fast zusammen, so daß man bei der Aufzeichnung den bei Leerlauf aufgenommenen Strom J_0 und $\cos\varphi_0$ verwenden kann (vgl. das Beispiel).

γ) Um den Leistungsfaktor leicht abgreifen zu können, empfiehlt es sich, den $\cos\varphi$-Kreis zu zeichnen. Der Mittelpunkt fällt auf den Vektor der Klemmenspannuug. Wird der Durchmesser gleich 1 genommen, so ist die von dem Statorstromvektor $\dot{J}$ herausgeschnittene Sehne ihrem Zahlenwerte nach gleich dem $\cos\varphi$.

δ) Maßstäbe. Nimmt man 1 mm $= c$ Amp., so ist

$$1 \text{ mm} = \sqrt{3} \cdot E \cdot c = c_1 \text{ Watt},$$

gemessen auf den Senkrechten zur Abszissenachse (s. a. S. 243).

ε) Es ist zu beachten, ob Stern- oder Dreieckschaltung vorliegt. Angenommen wird hier stets Sternschaltung. Somit ist der Leitungsstrom J gleich dem Phasenstrom, E aber der $\sqrt{3}$-fache Betrag der Phasenspannung (E ist die gemessene Spannung). Man kann auch die Phasenwerte verwenden, die entsprechenden Zahlenfaktoren dürfen nicht übersehen werden. Ebenso ist zu beachten, ob Kurzschluß- und Leerlaufsversuch in gleichen oder verschiedenen Schaltungen ausgeführt sind.

2. Bestimmung des Kurzschlußpunktes J_k. $\sigma = 1$. Die Kurzschlußcharakteristik $J_k = f(E)$, welche meist nur bis zu einer Spannung $E' < E$ aufgenommen wird, weist einen Verlauf wie Fig. 194 auf. Um J_k für $E = E_{\text{norm}}$ zu bestimmen, nimmt man vom höchsten aufgenommenen Punkt a (Fig. 194), in welchem der Kurzschlußstrom J_k' betrage, geradlinigen Verlauf der Charakteristik an, legt in diesem Punkte eine Tangente an die Kurve, bestimmt deren Abschnitt e' auf der Abszissenachse und berechnet:

$$J_k = J_k' \cdot \frac{E - e'}{E' - e'} \quad . \; . \; . \; . \; . \; . \quad (74)$$

Der $\cos\varphi_k$ zeigt in den meisten Fällen einen fast konstanten Verlauf. P_k kann mit J_k und $\cos\varphi_k$ gezeichnet werden.

3. Bestimmung des Kreismittelpunktes. Ein geometrischer Ort für denselben ist das Mittellot zur Sehne $P_0 P_k$ oder zu $P_0' P_k$. Von P_0 geht man dann senkrecht zur Abszissenachse bis zum Punkte a auf OP_k und zieht vom Mittelpunkt b der Strecke $P_0 a$ eine Parallele zur Abszissenachse. Schnittpunkt mit dem Mittellot ist der Kreismittelpunkt M (vgl. Fig. 232).

4. Bestimmung des Punktes P_∞. $\sigma = \pm\infty$. Für diesen ideellen Punkt müßte der Rotor mit unendlicher Drehzahl im Sinne des Untersynchronismus, also gegen das Drehfeld, bzw. im Sinne des Übersynchronismus, also in Richtung des Drehfeldes angetrieben werden. Zwecks einfacher Konstruktion nimmt man an, daß im Punkte P_k die zugeführte Leistung $N_{zk} = \sqrt{3}\, E \cdot J_k \cos\varphi_k$ gleichmäßig zur Deckung der Stator- und Rotorverluste V_s und V_r verwendet wird. $N_{zk} = V_s + V_r$ wird dargestellt durch $P_k F_k$ (Fig. 232). Man halbiert diese Ordinate und zieht Oc bis zum Schnitt mit dem Kreise (Punkt P_∞).

Additional information of this book

(Messungen an elktrischen Maschinen; 978-3-662-23294-1)

is provided:

http://Extras.Springer.com

Anwendung des Kreisdiagramms.

Folgende Größen können aus dem Diagramm entnommen werden (die Werte gelten beispielsweise für Punkt P):

1. Der Statorstrom J, der $\cos\varphi$ und der Rotorstrom J_r.
α) Die Größe des Statorstromes J ist bestimmt durch die Länge des Strahles OP; es ist

$$J = c \cdot OP \quad \text{(75)}$$

β) φ und damit $\cos\varphi$ ist gegeben durch die Lage des Vektors $\dot{J}$ zum Vektor $\dot{E}$. Verlängert man OP bis zum Schnitt mit dem $\cos\varphi$-Kreis, so gibt diese Sehne in mm gemessen den $\cos\varphi$ in % an, wenn der Durchmesser des letztgenannten Kreises 100 mm beträgt.

γ) Für den auf die Statorwindungszahl bezogenen Rotorstrom J_r' gilt:

$$J_r' = \frac{c \cdot P_0'P}{1 + \tau/2} \quad \text{(75a)}$$

Berücksichtigt ist in dieser Gleichung der Streuungskoeffizient τ, welcher bestimmt ist durch das Verhältnis (s. S. 127)

$$\tau = \frac{J_0'}{J_k - J_0'} = \frac{J_0}{J_k - J_0} \quad \text{(75b)}$$

Somit ergibt sich für J_r:

$$J_r = \frac{c \cdot P_0'P}{1 + \tau/2} \cdot \frac{w}{w_r} \quad \text{(75c)}$$

2. Die dem Stator zugeführte Leistung N_z. Es ist:

$$N_z = \sqrt{3} \cdot E \cdot J \cdot \cos\varphi = \sqrt{3} \cdot E \cdot c \cdot OP \cos\varphi .$$

Da die Spannung E konstant ist, so kann gesetzt werden $\sqrt{3}E \cdot c = c_1$ und da $OP \cdot \cos\varphi = PF$ ist, so erhält man

$$N_z = c_1 \cdot PF \quad \text{(76)}$$

Die zugeführte Leistung ist proportional den von den betreffenden Belastungspunkten auf die Abszissenachse gefällten Senkrechten. Die Abszissenachse ist somit die Linie der zugeführten Leistung.

3. Die Schlüpfung σ. Folgende Betrachtung der Leistungsverteilung im Drehstrommotor möge vorausgeschickt werden [vgl. auch Gl. (63)]:

Dem Stator wird elektrisch zugeführt die Leistung . . . . . N_z

Im Stator wird zur Deckung von Kupfer- und Eisenverlusten verbraucht. . . . . $N_s = V_a + V_{Fe} = V_s$

Vom Stator wird also auf den Rotor übertragen . . . . $N_{sr} = N_z - N_s = \dfrac{N_r}{\sigma}$

Zur Deckung der Rotorverluste V_r wird eine N_{sr} und σ proportionale Leistung N_r verbraucht . . $N_r = N_{sr} \cdot \sigma$

Zur Überwindung mechanischer Widerstände (Reibung V_R + Nutzleistung N_a) steht zur Verfügung N_a' . . . . $N_a' = N_{sr} \cdot (1 - \sigma)$

Die Nutzleistung ergibt sich zu . $N_a = N_a' - V_R$ (77)

Gebildet wird noch
$$\frac{N_a'}{N_r} = \frac{1-\sigma}{\sigma} \quad . \; . \; . \; . \; . \qquad (77\,\text{a})$$

Die Gl. (77) und (77 a) lehren:

α) Für $\sigma = 0$... Synchronismus. Es wird auf den Rotor keine Leistung übertragen: $N_{sr} = 0$. Die zugeführte Leistung N_z wird lediglich zur Deckung der Statorverluste verbraucht. $N_z = N_s$. Da N_{sr}, N_r und N_a' gleich Null sind, so ergibt sich $V_R = -N_a$ d. h. eine mechanische Leistung muß dem Rotor zugeführt werden um die Reibungsverluste zu kompensieren.

β) Für $\sigma = 1$ ($\sigma = 100\%$)... Kurzschlußpunkt P_k. N_a' wird gleich Null, ebenso N_a und V_R (Rotor steht still). Die auf den Rotor übertragene Leistung N_{sr} wird nur zur Deckung der Rotorverluste verbraucht $N_{sr} = N_r$.

γ) Punkte für $\sigma > 1$ erhält man durch Antrieb des Rotors gegen seine Drehrichtung. Für $N_a' = N_{sr} \cdot (1 - \sigma)$ ergibt sich mit $\sigma > 1$ ein negativer Wert d. h. auch durch mechanischen Antrieb muß dem Rotor Leistung zugeführt werden. Ähnliches gilt, wenn σ negativ wird, der Rotor also übersynchron in seiner Drehrichtung angetrieben wird.

δ) Im Punkte $\sigma = \pm \infty$ wird der Ausdruck
$$\frac{N_a'}{N_r} = \frac{1-\infty}{\infty} = -1.$$

In beiden Fällen. $N_r = -N_a'$ muß also durch mechanische Leistungszufuhr gedeckt werden.

Ermittlung von σ aus dem Diagramm. α) Man wählt auf dem Kreise beliebig einen Pol S, zieht die Strahlen SP_0', SP, SP_k und SP_∞. Zu letzterem wird in beliebigem Abstande eine Parallele gezogen, die Schlupflinie I in Fig. 232. Dann wird σ dargestellt durch das Verhältnis der Strecken Q_0Q und Q_0Q_k wenn Q_0, Q, Q_k die Schnittpunkte der gezogenen Strahlen mit dieser Schlupflinie bezeichnen:

$$\sigma = \frac{Q_0 Q}{Q_0 Q_k} \quad . \quad . \quad . \quad . \quad . \quad . \quad . \quad . \quad (78)$$

Zweckmäßig ist es, die Schlupflinie so zu ziehen, daß Q_0Q_k 100 mm beträgt. Die Abschnitte Q_0Q, in mm gemessen, geben σ sofort in % an.

β) Es ist üblich den Pol S mit dem Punkt P_0' zusammenfallen zu lassen; die von P_0' gezogenen Strahlen $P_0'P$, $P_0'P_k$, $P_0'P_\infty$ entsprechen den Strahlen vom Pol S aus: SP, SP_k, SP_∞. Dem 4. Strahl SP_0' entspricht die Tangente in P_0'.

Geometrischer Beweis mit Hilfe von Peripheriewinkeln über gleichen Sehnen.

Macht man $P_0'd$ auf $P_0'P_\infty$ 100 mm und zieht dQ_k' (Fig. 233) parallel zur Tangente $P_0'Q_0'$ in P_0', sowie Q_kQ_0' parallel zu $P_0'P_\infty$, so geben die Abschnitte des Strahles $P_0'P$ auf $Q_0'Q_k'$ in mm gemessen den Schlupf wieder in % an. Zieht man dagegen $Q_0'Q_k'$ im 2-, 3-, 4-fachen Abstand parallel zu $P_0'P_\infty$, trägt man also die Strecke dQ_k' 2-, 3-, 4-mal usw. ab, so stellen 2, 3, 4 mm usw., auf den entsprechenden Parallelen gemessen, je ein Prozent Schlupf dar. Siehe Fig. 233 und Schlupflinie II in Fig. 232.

Mit den Werten E, J und den aus dem Diagramm zu J bestimmten Werten $\cos\varphi$ und σ kann N_z, N_{sr}, N_a und η berechnet werden, da aus der Leerlaufnahme noch die Eisen- und Reibungsverluste bekannt sind. Die erwähnten Werte N_{sr}, N_a und η können aber auch aus dem Diagramm direkt entnommen werden.

4. Die auf den Rotor übertragene Leistung N_{sr} entspricht gleichzeitig dem Drehmoment. Sie ist gleich 0 für $\sigma = 0$ und für $\sigma = \infty$. Die Linie $P_0'P_\infty$ heißt daher die Drehmomentlinie. Die Abstände derselben von den Kreispunkten sind proportional N_{sr} bzw. dem entsprechenden Drehmomente. Für Punkt P ergibt sich

$$N_{sr} = c_1 \cdot PG \quad . \quad . \quad . \quad . \quad . \quad . \quad (79)$$

5. Die an der Welle abgegebene Nutzleistung N_a wird zu Null im Punkte P_0 und im Punkte P_k (Rotor steht still, $\sigma = 1$).

Die Gerade $P_0 P_k$ heißt die Leistungslinie. Die Ordinatenabschnitte von den Kreispunkten bis zur Leistungslinie entsprechen der abgegebenen Leistung N_a. Für Punkt P gilt:

$$N_a = c_1 \cdot PH \quad \ldots\ldots \quad (80)$$

6. Der Wirkungsgrad η. In beliebigem Abstand parallel zur Abszissenachse wird die η-Linie gezogen. Die verlängerte Gerade $P_0 P_k$ schneidet die Abszissenachse in N, die Wirkungsgradlinie in K_0, letztere wird noch von der Senkrechten zu N in K_n, von der Geraden PN in K geschnitten. Es ergibt sich mit Hilfe ähnlicher Dreiecke:

$$\eta = \frac{N_a}{N_z} = \frac{PH}{PF} = \frac{PF - HF}{PF} = 1 - \frac{HF}{PF},$$

$$\eta = 1 - \frac{\frac{HF}{NF}}{\frac{PF}{NF}} = 1 - \frac{\frac{NK_n}{K_0 K_n}}{\frac{NK_n}{KK_n}},$$

$$\eta = 1 - \frac{KK_n}{K_0 K_n} = \frac{K_0 K_n - KK_n}{K_0 K_n},$$

$$\eta = \frac{K_0 K}{K_0 K_n} \quad \ldots\ldots\ldots\ldots \quad (80\text{a})$$

Macht man $K_0 K_n = 100$ mm, so gibt die Strecke $K_0 K$ in mm gemessen den Wirkungsgrad direkt in % an.

Der Asynchronmotor als Generator. Treibt man den Rotor übersynchron an, so wird σ negativ (vgl. Fig. 232 „Generatorseite"). Ohne auf die Verhältnisse näher einzugehen, kann zusammenfassend gesagt werden:

α) Von einer gewissen Umlaufszahl an, die ganz unwesentlich über der synchronen liegt, bis zu einer anderen wesentlich höheren sind die Abstände der Kreispunkte von der Abszissenachse negativ, d. h. die Maschine gibt elektrische Leistung an das Netz ab und wirkt als Generator. Für den Kreispunkt P_1 ist OP_1 der zugehörige Primärstrom (Fig. 232), $P_1 F_1$ die der abgegebenen Leistung proportionale Strecke. Auf den Schlupflinien I und II werden von den Strahlen SP_1 und $P_0' P_1$ die Punkte Q_1 und Q_1' ausgeschnitten, welche dem Übersynchronismus entsprechend auf den negativen Seiten der Linien liegen.

β) Die mechanisch zugeführte Leistung ist jetzt $P_1 H_1$. Behalten wir die gleichen Bezeichnungen wie beim Motor, so ist die abgegebene Leistung nunmehr N_z, die zugeführte N_a. Der Wirkungsgrad η ist jetzt gegeben durch:

$$\eta = \frac{N_z}{N_a}.$$

Auf der Wirkungsgradlinie erhält man, wie beim Motor das Verhältnis $\frac{K_0 K_1}{K_0 K_n}$. Dieses stellt aber jetzt den reziproken Wert $\frac{1}{\eta}$ dar, da die Linien der zugeführten und abgegebenen Leistung ihre Rollen vertauscht haben. Somit:

$$\eta = \frac{K_0 K_n}{K_0 K_1} \quad \text{(80c)}$$

Maximale Punkte im Diagramm. 1. Für den Motorzustand. α) Den max. $\cos\varphi$ (φ_{min}) erhält man, wenn man den Stromvektor J so groß wählt, daß er den Kreis tangiert. Punkt P_2.

β) Die mechanische Leistung N_a wird im Punkte P_3, das Moment im Punkte P_4, die elektrisch zugeführte Leistung N_z in P_5 am größten. Diese Punkte findet man, wenn man durch M Senkrechte auf die ihnen entsprechenden Geraden fällt.

γ) Für η_{max} muß die Gerade KN den Kreis tangieren.

δ) Bemerkt sei noch, daß der Motor nur stabil läuft für Kreispunkte, die zwischen P_0' und P_4 liegen.

2. Für den Generatorzustand. α) $(\cos\varphi)_{max}$ und η_{max} sind dadurch bestimmt, daß die zugehörigen Strahlen den Kreis tangieren.

β) Die Punkte der max. zugeführten Leistung, des max. Drehmoments und der max. abgegebenen elektrischen Leistung liegen diametral zu den entsprechenden Motorpunkten, wobei wieder zu beachten ist, daß N_a und N_z ihre Bedeutung wechseln. Punkte P_6, P_7, P_8.

γ) Stabilität des Generatorbetriebes besteht nur für Kreispunkte zwischen F_0 und P_7.

Beispiel.

Für den durch die Fig. 192/194 dargestellten Drehstrommotor soll das Diagramm entworfen werden.

1. Maßstäbe: 1 mm = 3 A, 1 mm = $\sqrt{3} \cdot 6500 \cdot 3 = 33{,}6$ kW.

2. Konstruktion des Kreises. α) Punkt $P_0'(P_0)$. Aus Fig. 192 ergibt sich für 6500 V, $J_0 = 11$ A, $\cos\varphi_0 = 0{,}03$. Aufgetragen: $J_0 = OP = \frac{11}{3} = 3{,}7$ mm unter dem Winkel φ_0. Den Reibungsverlusten von

Leistungslinie Na
Drehmomentlinie
Strahl OP₀
Linie für Nz
Strahl OPK
4 mm = 1% Schlupf
3 mm = 1%
2 mm = 1%
1 mm = 1%
cos φ Kreis
cos φ (P)

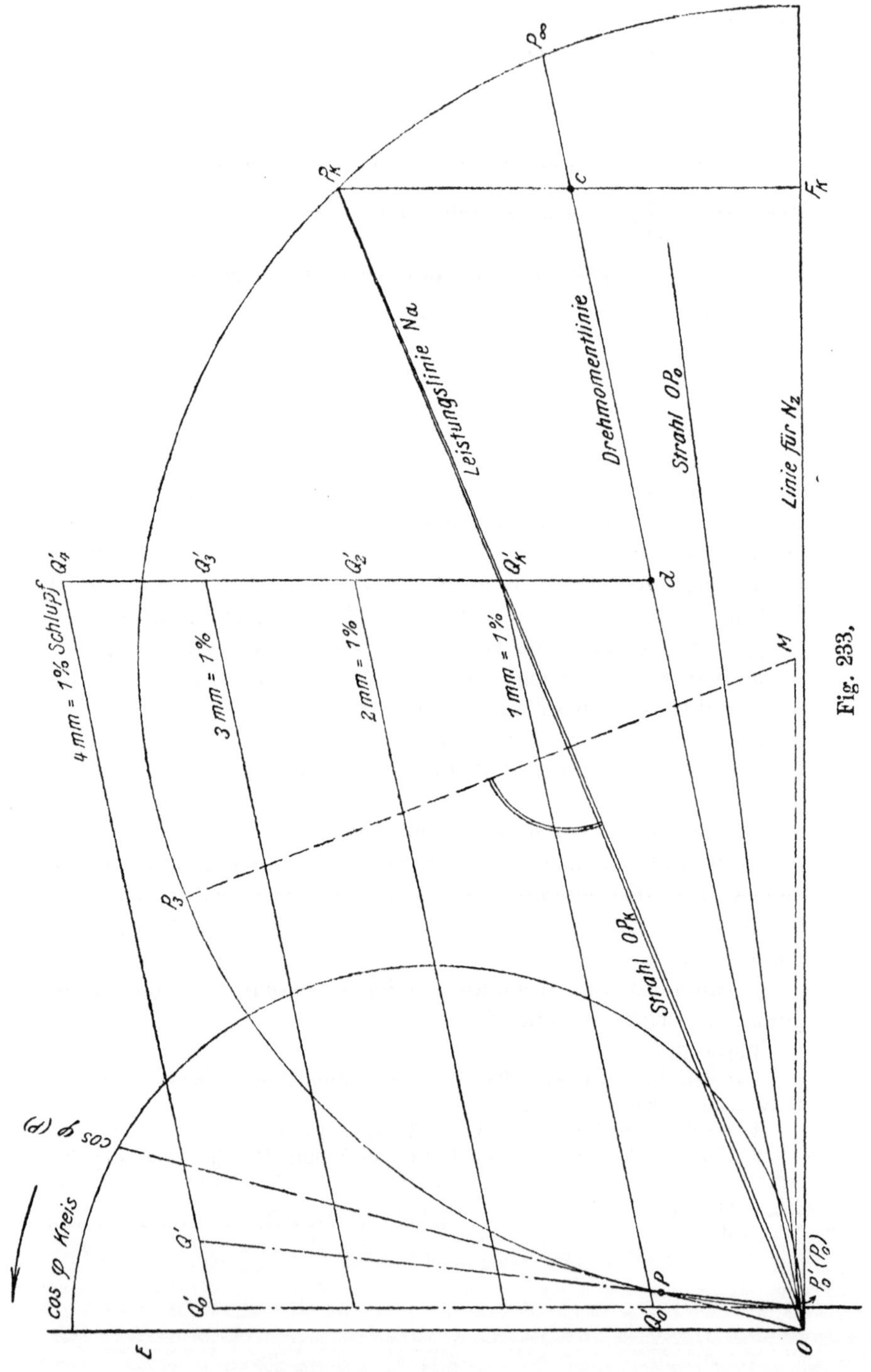

Fig. 233.

9 kW würde in der Zeichnung (Fig. 233) die nicht mit genügender Genauigkeit abmeßbare Strecke $P_0 P' = 0{,}27$ mm entsprechen. Man sieht, daß man P_0 mit P_0' praktisch zusammenfallen lassen kann.

β) Punkt P_k. Die Kurve $J_k = f(E)$ der Fig. 194 zeigt nur eine schwache Krümmung. Für $E' = 2400$ V erhält man $J_k' = 174$ A. Die Tangente in diesem Punkt schneidet auf der Abszissenachse $e' = 400$ V ab. Man erhält für 6500 V also:

$$J_k = J_k' \cdot \frac{E - e'}{E' - e'} = 174 \cdot \frac{6500 - 400}{2400 - 400} = 530 \text{ A}.$$

Aufzutragen $J_k = OP_k = 177$ mm unter dem Winkel φ_k, wobei $\cos \varphi_k = 0{,}37$ aus der Kurzschlußcharakteristik für 2400 V zu entnehmen ist.

γ) Punkt P_∞, der Mittelpunkt M, die Leistungslinie werden nach den gemachten Angaben gefunden. Für die Konstruktion der Schlupflinie sei noch bemerkt Strecke $P_0' d = 100$ mm, $d Q_4' \parallel$ zur Tangente in P_0. Strecke $d Q_4' = 4 \cdot d Q_k'$. Je 4 mm der Schlupflinie $Q_0' Q_4'$ entsprechen dann einer Schlüpfung von 1 %.

3. α) Für den normalen Vollaststrom von etwa 57 A $= OP = 19$ mm erhält man aus dem so gezeichneten Diagramm:

$\cos \varphi = 0{,}940$ gegen $\cos \varphi = 0{,}937$ nach S. 218 Fig. 216,
$\sigma = 2{,}38$ % gegen $\sigma = 2{,}3$ % „ S. 218 Fig. 216.

σ dargestellt durch $Q_0' Q' = 9{,}5$ mm ergibt den vorstehenden Wert. Mit den Werten E, J, $\cos \varphi$, σ, den aufgenommenen Reibungs- und Eisenverlusten kann der Wirkungsgrad nach S. 218 berechnet werden.

β) Als $(\cos \varphi)_{max}$ liefert das Diagramm $(\cos \varphi)_{max} = 0{,}945$, gehörig zu einem etwas höheren Stromwert als $J = 57$ A.

Die Überlastbarkeit des Motors folgt als das Verhältnis der senkrechten Abstände der Punkte P_3 und P von der Leistungslinie N_a. Sie beträgt ungefähr das 3-fache der normalen Leistung.

Elfter Abschnitt.

Messungen an Einankerumformern.

Übersetzungsverhältnis.

Bezeichnungen. Es bedeute:

$\mathfrak{p}$ die Phasenzahl des Umformers (bei Einphasenstrom $\mathfrak{p} = 2$!),

$\overline{E}$ die Gleichstromspannung,

$\overline{J}$ den Gleichstrom,

$\tilde{E}$ die Schleifringspannung (= Phasenklemmenspannung),

$\tilde{J}$ den Leitungs- oder Schleifringstrom,

$\tilde{J}_\varphi$ den Phasenstrom.

Beziehungen. Es gelten folgende Beziehungen:

1. Zwischen Schleifring- und Gleichstromspannung $\frac{\tilde{E}}{\overline{E}} = \frac{\sin\frac{\pi}{p}}{\sqrt{2}}$

2. Zwischen Schleifringstrom und Gleichstrom $\frac{\tilde{J}}{\overline{J}} = \frac{2 \cdot \sqrt{2}}{p}$

3. Zwischen Schleifringstrom und Phasenstrom $\frac{\tilde{J}}{\tilde{J}\varphi} = 2 \sin\frac{\pi}{p}$

Unter der Annahme sinusförmigen Stromverlaufes, ferner unter Vernachlässigung der Verluste und etwaiger Phasenverschiebung können die Werte dieser Verhältnisse aus der Tabelle entnommen werden.

Phasen-zahl p	$\frac{\tilde{E}}{\overline{E}}$	$\frac{\tilde{J}}{\overline{J}}$	$\frac{\tilde{J}}{\tilde{J}\varphi}$
2	0,707	1,414	2,0
3	0,613	0,943	1,732
4	0,500	0,707	1,414
6	0,354	0,472	1,0
12	0,183	0,236	0,513

Berechnet man aus der Tabelle die Ströme $\tilde{J}$, so erhält man nur die dem Gleichstrom entsprechende Komponente des Wechselstromes. Zu ihnen zu addieren ist der Strom, welcher zur Bestreitung der Verluste im Umformer aufgewendet wird, sowie die wattlose Komponente im Falle einer Phasenverschiebung zwischen Wechselstrom und Wechselspannung. Bezüglich des Verhältnisses $\frac{\tilde{E}}{\overline{E}}$, welches man als das Übersetzungsverhältnis berzeichnet, ist zu sagen, daß sich dasselbe etwas ändert mit der Belastung und der jeweiligen Erregung, welche bei einer Schwächung eine Phasennacheilung, bei einer Verstärkung eine Phasenvoreilung des Stromes bewirkt. (Angenommen ist, daß der Umformer als Synchronmotor läuft, gegen Unter- bzw. Übererregung verhält er sich wie ein solcher [vgl. Tabelle S. 157].) Bei konstant zugeführter Wechselstromspannung $\tilde{E}$ fällt die Gleichstromspannung im ersten und wächst im letzten Falle. Außerdem fällt die Gleichstromspannung mit steigender Belastung.

Der Spannungsabfall des Umformers zwischen Null und Vollast ist aber viel geringer, als bei gewöhnlichen Gleichstromnebenschlußmaschinen. Beispielsweise beträgt er bei Umformern bis 300 kW etwa 3÷4 %, bei solchen bis 1000 kW etwa 2÷3 %. Der Umformer ist, wie man sagt, viel steifer und nähert sich in seinem Verhalten einer Kompoundmaschine.

Bei ausgeführten Umformern rechnet man mit folgenden Verhältnissen:

$\frac{\tilde{E}}{\overline{E}} = 0{,}63 \div 0{,}66$ bei Dreiphasenumformern,

$\frac{\tilde{E}}{\overline{E}} = 0{,}71 \div 0{,}74$ bei Sechsphasenumformern, wenn bei diesen $\tilde{E}$ als Diametralspannung (zwischen gegenüberliegenden Punkten der Wicklung) gemessen wird (vgl. Fig. 236).

Anlassen[1]).

Man kann die Umformer sowohl gleichstromseitig, als auch wechselstromseitig anlassen (Methoden 1 bzw. 2 und 3).

1. Gleichstromseitiges Anlassen. Der Umformer wird als Gleichstrommotor angelassen, drehstromseitig synchronisiert und aufs Netz geschaltet. Bei stark schwankender Gleichstromspannung macht das Synchronisieren manchmal Schwierigkeiten. Ein einfaches Mittel, sich von diesen Netzschwankungen unabhängig zu machen, besteht darin, daß man während des Synchronisierens nicht den Anlasser vollständig kurzschließt, sondern einige Stufen eingeschaltet läßt, die dann als Beruhigungswiderstand wirken. Die Spannungsschwankungen haben so in weit geringerem Maße Stromschwankungen zur Folge.

2. Anlassen mittels Anwurfmotors. α) Gewöhnlich gibt man dem Anwurfmotor (Drehstrommotor) des Umformers eine Polzahl, die um zwei geringer ist als die des Umformers. Die synchrone Drehzahl des letzteren ist also kleiner. Durch entsprechende Einstellung des Rotoranlassers wird der Umformer auf Synchronismus gebracht, als eigenerregte Maschine auf nomale Spannung erregt und aufs Netz geschaltet.

---

[1]) Es sei hier besonders auf die Abhandlung aufmerksam gemacht: Linke, Das Anlassen von Einankerumformern, ETZ 1915, S. 133 u. 149.

Um das umständliche Synchronisieren zu vermeiden, sind noch eine Reihe abgeänderter Methoden ausgearbeitet worden, so beispielsweise

β) das Anlassen mittels gleichpoligen Anwurfmotors und Synchronisieren durch Anlegen der Schleifringe über Schutzwiderstände oder Drosselspulen ans Netz. Mittels des Motors wird der Einankerumformer in Betrieb gesetzt. Er hat dann eine entsprechend der Schlüpfung des Asynchronmotors kleinere Drehzahl als die synchrone. Die Schleifringe werden über einen Schutzwiderstand direkt ans Netz gelegt. Der Widerstand ist praktisch so zu bemessen, daß er mit dem Leerlaufsstrom des bei $^1/_3$ der vollen Spannung unerregt laufenden Umformers etwa $^2/_3$ der Netzspannung vernichtet, d. h. der Widerstand pro Phase muß etwa doppelt so groß gewählt werden, wie die Ankerreaktanz des Umformers. Der über den Widerstand zustande kommende Strom ist dann etwa $^2/_3$ des Normalstromes. Durch denselben kommt der Umformer automatisch in Tritt. Schaltet man den Anker mit ziemlich großem Widerstand im Feldkreis auf Selbsterregung, so kann das Intrittfallen noch begünstigt werden. Nicht ratsam ist es, den Feldregler so einzustellen, daß eine Selbsterregung vor dem Anlegen der Schleifringe ans Netz auftreten kann. Nach dem Intrittfallen verstärkt man die Selbsterregung so, daß die Stromaufnahme ein Minimum wird, und schließt hierauf den Widerstand kurz.

3. Asynchrones Anlassen. Dabei wird den Schleifringen eine Spannung zugeführt, welche zwischen 20÷40 % der normalen Betriebsspannung liegt. Liegt der Umformer an der Sekundärseite eines Transformators, so gibt man diesem eine entsprechende Anzapfung. Beim asynchronen Anlauf wirkt das Feldsystem und eine eventuell vorhandene Dämpferwicklung als Kurzschlußwicklung (wie der Kurzschlußanker eines Asynchronmotors). Im Anker wird ein Drehfeld von einer der Perioden- und Polzahl entsprechenden Geschwindigkeit erzeugt. Dieses Drehfeld rotiert relativ zum Anker stets mit der synchronen Drehzahl n. Beträgt dessen Drehzahl selbst n_r, so ist die absolute Drehfeldgeschwindigkeit im Raume $n_\sigma = n - n_r$. Bei Stillstand ($n_r = 0$) rotiert also das Drehfeld mit der synchronen Geschwindigkeit n, es steht dagegen still im Raume für $n_r = n$, wenn also Synchronismus erreicht ist. Immer aber schneiden die Ankerleiter das Feld mit der vollen synchronen Drehzahl

Folgeerscheinungen während des Anlaufes sind Funkenbildung am Kollektor, hervorgerufen durch Kurzschlußströme in den durch die Bürsten kurzgeschlossenen Ankerwindungen und erhebliche Spannungen in der Feldwicklung, induziert durch das Drehfeld.

α) Funkenbildung. Das Bürstenfeuer ist bei Wendepolumformern im allgemeinen etwas stärker als bei solchen ohne Wendepole. Man sucht es dadurch in unschädlichen Grenzen zu halten, daß man den Umformer an eine so niedrige Spannung legt, welche ihn eben noch mit Sicherheit anlaufen läßt. Der Transformator erhält darum meist mehrere Anzapfungen, deren günstigste bei der Prüfung bzw. Inbetriebsetzung ausprobiert wird.

Ein Mittel zur Milderung des Bürstenfeuers bei Wendepolmaschinen besteht darin, daß man beim Anlauf die Bürsten etwas verschiebt und zwar ist es gleichgültig, ob dies vor- oder rückwärts geschieht. Man stellt sie so, daß die kurzgeschlossenen Wicklungselemente in der Mitte zwischen Haupt- und Wendepolen liegen. Nach dem Anlassen bringt man die Bürsten wieder in die richtige Lage.

Ein weiteres Mittel zur Verringerung des Bürstenfeuers besteht in der Anbringung einer starken Dämpferwicklung der Wendepole, was am besten durch Kurzschließen der Wendepolwicklung während des Anlassens erreicht wird.

β) Die Größe der während der Anlaufperiode in der Feldwicklung induzierten Spannungen hängt von der Konstruktion des Umformers, vor allem von dem Material der Pole (ob diese massiv oder lamelliert sind), ferner von der eventuell vorhandenen stärkeren oder schwächeren Dämpferwicklung ab. Sie kann bis zu mehreren 1000 V betragen. Früher schützte man die Wicklungen gegen diese hohen Spannungen durch Feldtrennschalter: Während des Anlaufes wurde das Feld an mehreren Stellen unterbrochen. In neuerer Zeit ist es üblich geworden, das Feld entweder in sich kurzzuschließen oder man schließt es beim Anlaufen über den Anker, schaltet also während dieser Periode den Umformer bereits auf Eigenerregung.

Die zum Anlauf des Umformers erforderliche Stromstärke beträgt etwa 80÷300% des Vollaststromes. Da jedoch der Transformator im Mittel schon bei etwa 30% seiner normalen Spannung angezapft ist, so beträgt der Anlaufstrom im Primärnetz nur 30÷120% des normalen Vollaststromes. Die kleineren Werte gelten für Umformer mit größeren Leistungen und umgekehrt.

Mittel zur Erzielung der richtigen Polarität. Der asynchron anlaufende Umformer fällt im allgemeinen bei einer beliebigen Polarität in Tritt. Zur Erzielung der richtigen Polarität sind folgende Verfahren üblich:

α) Man legt in die Gleichstromseite einen doppelpoligen Umschalter. Dieser wird so eingeschaltet, daß der Umformer mit richtiger Polarität ans Netz angeschlossen wird. Dieses Verfahren ist das einfachste, da ein Umpolarisieren wie bei β und γ nicht erforderlich ist. Es ist jedoch nur anwendbar bei kleineren Umformern, da der Umschalter für größere Stromstärken einen ziemlich großen Kostenaufwand verursacht.

β) Man schaltet den Umformer drehstromseitig kurzzeitig ($2 \div 3$ Sekunden) vom Netz ab und dann wieder ein. Durch wiederholtes Versuchen, richtiges Abpassen der Ausschaltezeit, wird man leicht die richtige Polarität erzielen. Nicht anwendbar bei großen Umformern (mit hohen Stromstärken).

γ) Die Umpolarisierung kann so erfolgen, daß man den Umformer drehstromseitig eingeschaltet läßt und das Feld kurzzeitig durch einen Umschalter im Feldkreis umpolarisiert. Vor dem Umlegen des Feldes muß dieses natürlich erst langsam ausgeschaltet werden. Der Umformer fällt dann von selbst, allerdings unter einigem Bürstenfeuer, um eine Polteilung zurück. Sobald die richtige Polarität erzielt ist, ist der Umschalter wieder umzulegen. Würde man das nicht tun, so würde eine dauernde Änderung der Polarität auftreten, der Umformer überhaupt nicht in Tritt kommen und dauernd je um eine Polteilung zurückfallen. — Das Feld ist dann wieder normal zu erregen.

Spannungsregulierung.

Aus dem Übersetzungsverhältnis $\frac{\tilde{E}}{E}$ folgt:

a) Bei einer bestimmten Spannung des zugeführten Drehstromes kann auch nur Gleichstrom von einer bestimmten Spannung entnommen werden und umgekehrt. Hat die erzeugte Spannung nicht den gewünschten Wert, so muß ein Transformator zur Transformierung genommen werden — vgl. die folgenden Schaltbilder.

b) Spannungsschwankungen des Drehstromnetzes (im folgenden werden nur Drehstromumformer behandelt) übertragen sich in voller Größe auf die Spannung der Gleichstromseite. Will man diese konstant halten oder muß eine Regulierung derselben erfolgen, so führen verschiedene Mittel zum Ziele.

1. Spannungsregulierung durch Zusatzmaschinen. a) Die Gleichstromzusatzmaschine spielt wegen ihrer teueren Bauart (verhältnismäßig niedrige Spannungen bei großem Strom) praktisch nur eine geringe Rolle.

b) Die Wechselstromzusatzmaschine hat gleiche Polzahl wie der Umformer und ist so auf dessen Welle aufgekeilt, daß ihre Spannung mit der des Umformers in Phase liegt. Die Felderregung kann durch einen Umschalter in beiden Richtungen erfolgen, so daß die den Schleifringen zugeführte Spannung in den Grenzen sekundäre Transformatorspannung ± Zusatzmaschinenspannung geändert werden kann.

Je nach der Erregung arbeitet die Zusatzmaschine als Motor oder als Generator, d. h. sie entnimmt mechanische Leistung von der Welle oder überträgt solche auf die Welle. Auch der Umformer ändert damit seine charakteristische Eigenschaft als mechanisch unbelastete Maschine. Je nach der Erregung der Zusatzmaschine wirkt er als Motor oder als Generator. Beim reinen Umformer kompensieren sich im Anker nahezu Gleich- und Drehstrom, bei gleichzeitigem Motor- oder Generatorbetrieb ist dies nicht mehr der Fall. Es stimmt dann auch nicht mehr die Wendepolerregung, wenn Wendepole vorhanden sind. Die Erregung der Wendepole muß entsprechend der Erregung der Zusatzmaschine geändert werden, was mit einer Hilfswicklung auf den Wendepolen und Hilfserregermaschine geschehen kann. Deren Erregung erfolgt vom Hauptstrom aus. Ein Regulator im Kreise der Hilfserregerwicklung wird entsprechend dem Feld der Zusatzmaschine eingestellt. — Heute wird diese Methode wenig angewandt.

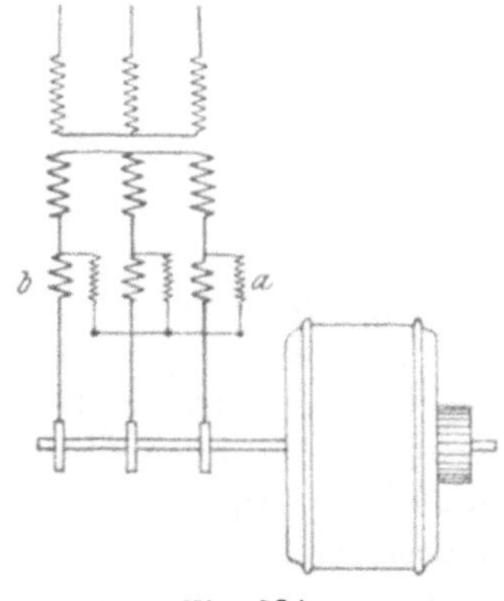

Fig. 234.

2. Spannungsregulierung durch Drehtransformator. Ein Drehtransformator ist nichts anderes als ein Transformator in Sparschaltung, bei dem die magnetischen Achsen der Wicklungen gegeneinander verdreht werden können. Der Aufbau ist der gleiche wie bei einem Drehstrommotor, nur trägt der Stator meist die Sekundär-, der Rotor die Primärwicklung. Die Sekundärwicklung b (Fig. 234) ist in Serie zwischen die Sekundärklemmen des Transformators und die Schleifringe geschaltet. Die Primärwicklung a liegt einerseits an der Transformatorsekundärspannung und ist andererseits verkettet. Das Primärfeld des Drehtransformators induziert in der Sekundärwicklung eine Spannung $\tilde{e}_d$, deren Richtung je nach der Stellung des Rotors beliebig verändert werden kann. Die Schleifringspannung $\tilde{E}$ ist die vektorielle Summe aus der Sekundärspannung $\tilde{E}_n$ des Transformators und der Sekundärspannung $\tilde{e}_d$ des Drehtransformators:

$$\dot{\tilde{E}} = \dot{\tilde{E}}_n + \dot{\tilde{e}}_d\,.$$

$\tilde{E}$ kann also bei einer Drehung des Rotors um 180° (elektrische Grade) um $\pm\,\tilde{e}_d$ geändert werden (vgl. die Stellungen 1 und 2 des Vektors $\tilde{e}_d$ in Fig. 235).

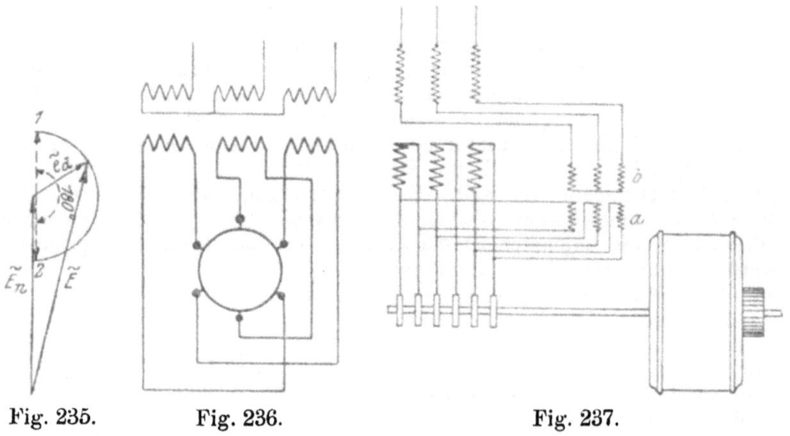

Fig. 235. Fig. 236. Fig. 237.

Fig. 236 zeigt das Schaltbild des Sechsphasenumformers ohne, Fig. 237 die Anordnung eines solchen mit Drehtransformator. Bei letzterem ist die Primärwicklung a an die sekundäre Transformatorseite angeschlossen, die Sekundärwicklung b ist aber um große Kupferquerschnitte zu vermeiden nicht in Serie mit der Transformatorwicklung sekundär, sondern in Serie mit der Transformatorwicklung primär gelegt.

Durch die beiden Mittel, Drehtransformator und Zusatzmaschine, lassen sich unschwer Regulierungen von $\pm$ 25% herbeiführen. Für kleinere Regulierungen, meist nur bis zu $\pm$ 10,% benutzt man die

3. Spannungsregulierung durch Drosselspulen. Drehstromseitig werden diese vor die Schleifringe geschaltet. Der Vektor $\dot{\tilde{e}}_s$ des induktiven Spannungsabfalles in der Drosselspule bleibt stets um 90° hinter dem Stromvektor $\dot{\tilde{J}}$ zurück. Somit gilt:

$$\dot{\tilde{E}} = \dot{\tilde{E}}_n + \dot{\tilde{e}}_s .$$

In Fig. 238 liegt der Stromvektor $\dot{\tilde{J}}$ in der Abszissenachse. $\dot{\tilde{E}}_n$ ist wieder die konstante Sekundärspannung des Transformators. Bei Einschaltung der Drosselspule ergeben sich die Fälle:

1. Der Umformer ist übererregt. $\tilde{J}$ ist phasenvoreilend. $\tilde{E}$ wird größer.
2. Der Umformer wird untererregt. $\tilde{J}$ ist phasennacheilend. $\tilde{E}$ wird kleiner.

Mit der Spannung $\tilde{E}$ ändert sich aber gemäß dem Übersetzungsverhältnis des Umformers auch die Gleichstromspannung $\overline{E}$. Man hat es also in der Hand, durch Unter- oder Übererregung die Spannung $\overline{E}$ zu erniedrigen oder zu erhöhen und Spannungsschwankungen auszugleichen. Eine solche Spannungsregulierung ist stets mit einer mehr oder weniger großen Phasenverschiebung verknüpft, phasenverschobener Strom bedingt aber höhere Kupferverluste im Anker (vgl. Abschnitt Wirkungsgrad des Umformers und Fig. 239). Daraus ergibt sich noch das Folgende: Steht nur eine kleine Drosselspule zur Verfügung, so wird man für eine bestimmte Regulierung mit einer größeren Über- oder Untererregung, also mit einer größeren Phasenverschiebung arbeiten müssen, als wenn man eine reichlicher dimensionierte Drosselspule verwendet. Kleinere Drosselspulen bedingen somit eine reichlichere Dimensionierung sowohl der Anker-, als auch der Feldwicklung.

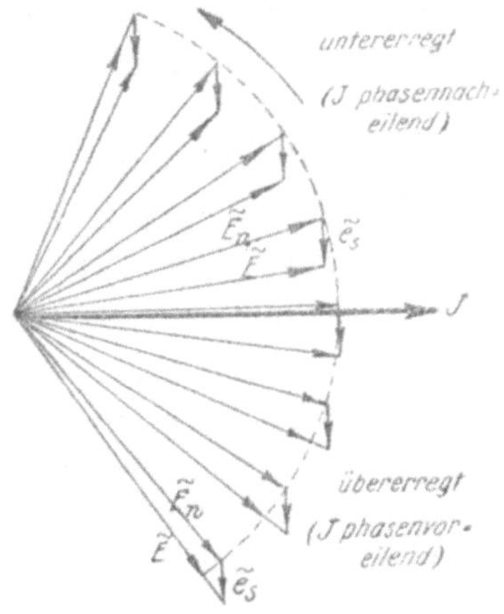

Fig. 238.

Gibt man einem Umformer eine ensprechende Kompoundwicklung und eine Drosselspule, so kann je nach der Schaltung der Kompoundwicklung der Spannungsabfall des Umformers ausgeglichen oder vergrößert werden. Letzteres ist nötig, wenn der Umformer mit Gleichstromnebenschlußgeneratoren parallel arbeiten soll. Diese würden bei starken Belastungsänderungen nicht in dem Maße, wie der Umformer zur Stromabgabe gezwungen werden, da dessen Spannungsabfall viel geringer ist. Der Umformer muß also eine Gegenkompoundwicklung erhalten.

Messungen.

Die experimentelle Untersuchung erstreckt sich auf die gleichen Punkte, die bei den früheren Untersuchungen (VIII. Abschnitt) in Betracht gezogen wurden. Hinzu kommt noch: Messung des Übersetzungsverhältnisses bei Leerlauf und Belastung, Prüfung des Anlaufes, Bestimmung der kleinsten Anlaufspannung, Prüfung des Zusammenarbeitens mit Drosselspulen, Drehtransformatoren oder Zusatzmaschinen.

Für die einzelnen Kurvenaufnahmen möge noch folgendes bemerkt werden:

1. Leerlaufscharakteristik. $\overline{E} = f(i)$ bzw. $\widetilde{E} = f(i)$, $\overline{J}$ und $\widetilde{J} = 0$, $n =$ konst. Eine exakte Messung kann nur erhalten werden, wenn man den Umformer mechanisch antreibt und Fremderregung verwendet. Man mißt sowohl $\overline{E}$, als auch $\widetilde{E}$, und zwar $\widetilde{E}$ zwischen allen Schleifringen, um die Richtigkeit der Wicklungsanschlüsse zu prüfen.

Ist es nicht möglich den Umformer mechanisch anzutreiben, so kann man ihn mit verschiedener Spannung $\overline{E}$, aber mit $n =$ konst. (Regulierung des Feldes!), als Gleichstrommotor laufen lassen. $\widetilde{E}$ wird gemessen. Die Kurve $\widetilde{E} = f(i)$ wird jedoch nur für denjenigen Bereich der Erregung mit Annäherung die Leerlaufscharakteristik ergeben, innerhalb dessen die Ankerrückwirkung und der durch den aufgenommenen Strom verursachte Spannungsabfall vernachlässigt werden kann.

2. Äußere Charakteristik $\overline{E} = f(\overline{J})$, $\widetilde{E} =$ konst., $n =$ konst. Die $\widetilde{E}$ ist konstant zu halten. Es kann Fremd- oder Selbsterregung verwendet werden. Die Reglerstellung im Feldkreise

darf nicht geändert werden. Bestimmung des Spannungsabfalles oder der Spannungserhöhung wie früher.

3. V-Kurven. Es gelten die Ausführungen S. 186.

Bestimmung des Wirkungsgrades.

Einer der Hauptvorzüge des Umformers ist sein hoher Wirkungsgrad. Bei 1000 kW beträgt derselbe etwa 96 %, aber auch bei wesentlich kleineren Umformern liegt er über 92 %. Begründet ist diese Höhe in den geringen Stromwärmeverlusten des Ankers.

Nimmt man an, daß der Einankerumformer als Synchronmotor und als Gleichstromgenerator läuft, so ist der hineingeschickte Wechselstrom im wesentlichen der induzierten EMK entgegengerichtet, während der gelieferte Gleichstrom mit dieser hinsichtlich der Richtung übereinstimmt. Daraus folgt, daß Gleich- und Wechselstrom sich im Anker zum großen Teil aufheben, so daß der Stromwärmeverlust gering ist. Aus der Gleichung[1]) (r_a = Ankerwiderstand) für die Stromwärmeverluste im Anker eines Umformers

$$V_a = \left(\bar{J}^2 + \frac{\tilde{J}^2}{\sin^2\frac{\pi}{\mathfrak{p}}} - \frac{4\sqrt{2}\cdot\mathfrak{p}}{\pi^2}\cdot\bar{J}\cdot\tilde{J}\cos\varphi\right)\cdot r_a \quad . \quad . \quad (81)$$

folgt:

α) Der Verlust V_a ist um so kleiner, je größer die Phasenzahl $\mathfrak{p}$ ist.

β) Bei einem bestimmten Umformer ist V_a am kleinsten, wenn $\cos\varphi = 1{,}0$, die Phasenverschiebung also gleich Null wird.

1. Berechnung des Wirkungsgrades nach der Leerlaufsmethode. Bezüglich der einzelnen Verluste ist zu sagen:

α) Ankerkupferverluste. Anstatt diese nach Gl. (81) zu berechnen, bildet man den Ausdruck $\bar{J}^2 r_a$, wie bei Gleichstrom und multipliziert diesen mit einem Faktor k. Es ist also

$$V_a = k\cdot\bar{J}^2 r_a \quad . \quad . \quad . \quad . \quad . \quad . \quad (82)$$

k beträgt für $\cos\varphi = 1{,}0$ beim Sechsphasenumformer etwa 0,27, beim Dreiphasenumformer 0,56. Arbeitet der Umformer

[1]) Ableitung s. Kittler-Petersen, Allgemeine Elektrotechnik, Bd. III, S. 365.

mit Phasenverschiebung, so steigen die Verluste rasch an, k wächst. In Fig. 239 geben die Kurven 1 und 2 den Faktor k abhängig von der Phasenverschiebung an und zwar für verlustlosen Umformer und sinusförmigen Strom bei Sechs- und Dreiphasenschaltung. Da der Strom zur Deckung der Verluste im Umformer stets etwas größer ist und außerdem nicht rein sinusförmig ist, so tut man gut mit den etwas höheren Werten der Kurven 3 und 4 zu rechnen.

β) Die Stromwärmeverluste in der Wendepol- und Kompoundwicklung sind natürlich nicht mit dem Faktor k zu multiplizieren.

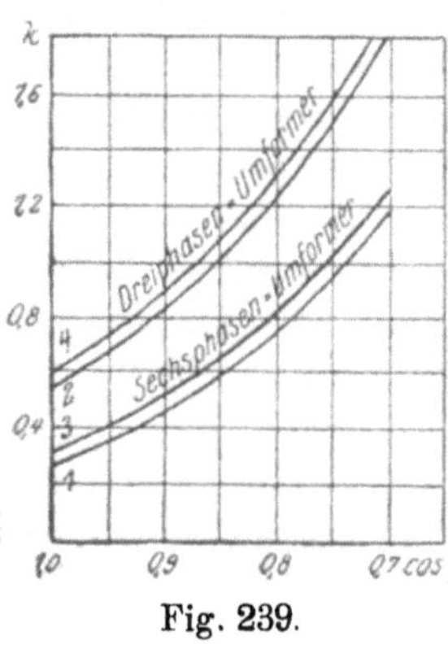

Fig. 239.

γ) Die Erregerverluste sind wie früher nach der Formel $V_e = ei$ zu bestimmen. Für die Bürstenverluste rechnet man bei Anwendung von Bronzekohlen auf den Schleifringen mit 0,2 V Spannungsverlust pro Bürste, bei den Kohlenbürsten auf der Gleichstromseite mit 0,5 ÷ 1,0 V (bzw. 1,0 ÷ 2,0 V für je eine + und eine — Bürste).

δ) Zur Bestimmung der Reibungs- und Eisenverluste $V_R + V_{Fe}$ wird am besten gleichstromseitig bei voller Spannung und Drehzahl die aufgenommene Leistung bestimmt. Der Umformer läuft leer als Motor. Die Kupferverluste im Anker sind so klein, daß sie vernachlässigt werden können.

Der Wirkungsgrad bestimmt sich dann zu:

$$\eta = \frac{\bar{E} \cdot \bar{J}}{\bar{E}\bar{J} + V_a' + V_e + V_{bü} + V_R + V_{Fe}}.$$

Bemerkt muß werden:

In V_a' sind die Stromwärmeverluste im Anker, in der Wendepol- und Kompoundwicklung enthalten. Die zusätzlichen Verluste (höhere Kupferverluste im Anker durch Skineffekt, zusätzliche Kommutierungsverluste, zusätzliche Eisenverluste) werden auch hier nicht in Rechnung gesetzt. Zudem beträgt ihre Größe bei guten Konstruktionen nur etwa $^1/_2$ %. Zusätzliche Verluste in erheblicher Größe würden sich durch starke Erwärmung der Teile, in denen sie auftreten, bemerkbar machen.

2. Bestimmung des Wirkungsgrades nach der direkten elektrischen Methode. Diese empfiehlt sich nur, wenn der

Gesamtwirkungsgrad von Umformer und Transformator ermittelt werden soll. Die vom Umformer gleichstromseitig abgegebene Leistung wird mit Volt- und Amperemeter, die dem Transformator zugeführte Leistung mit Wattmetern (Zweiwattmetermethode) gemessen.

Wollte man beispielsweise bei einem Sechsphasenumformer den Wirkungsgrad η des Umformers allein vermitteln (vgl. Fig. 236), so wären hierzu drei Wattmeter erforderlich, deren gleichzeitige Ablesung ziemlich schwierig ist. Diese Methode empfiehlt sich hier noch weniger als bei anderen elektrischen Maschinen, da die zugeführte und die abgegebene Leistung N_a und N_z noch weniger voneinander abweichen. Ablesungs- und Instrumentfehler beeinflussen das Ergebnis, so daß auch bei Verwendung bester Instrumente und bei guter Ablesung mit höchstens $\pm$ 0,5÷0,6% Genauigkeit gerechnet werden kann.

Beispiel zur Wirkungsgradberechnung nach der Leerlaufsmethode. An einem Dreiphasenumformer für $\bar{E} = 220$ V, $\bar{J} = 320$ A, $N_a =$ 70,5 kW wurde aufgenommen:

Eisenverluste bei 220 V	0,85 kW	bei Leerlauf als Gleichstrommotor gemessen
Reibungsverlust	2,5 „	
Erregerstrom i bei $e = 220$ V . . .	1,82 A	
r_a Anker (warm)	0,00204 Ω	
r_h Wendepole (warm)	0,001 Ω	
Faktor k aus Fig. 239 für $\cos\varphi = 1,0$	0,6	

Für die Berechnung der Bürstenverluste $V_{bü} = E_{bü} \cdot J$ wurde ein Spannungsabfall von 2 V zugrunde gelegt. Die Bürstenverluste der Schleifringseite wurden vernachlässigt. Ferner wurde vorausgesetzt, daß drehstromseitig keine Phasenverschiebung vorhanden ist.

Spannung $\bar{E}$ . . . . Strom $\bar{J}$	— $J = \bar{J}_a$	220 V 320 A	220 V 240 A	220 V 160 A
Eisen- + Reibungsverluste	$V_R + V_{Fe}$	3,35 kW	3,35 kW	3,35 kW
Stromwärmeverluste im Anker und in den Wendepolen . . .	$V_a' = 0{,}6\, J^2 r_a + J^2 \cdot r_h$	1,422 „	0,76 „	0,335 „
Bürstenverluste . . .	$V_{bü} = E_{bü} \cdot J$ . . .	0,64 „	0,48 „	0,32 „
Erregerverlust . . .	$V_e = 220 \cdot 1{,}82$ . .	0,40 „	0,40 „	0,40 „
Summe der Verluste .	$V = N_v$	5,812 kW	4,99 kW	4,405 kW
Nutzleistung	$N_a = \bar{E} \cdot \bar{J}$	70,4 „	52,8 „	35,2 „
Wirkungsgrad . . .	$\eta = \dfrac{N_a}{N_a + N_v} \cdot 100$	92,4%	91,7%	89,0%

Zwölfter Abschnitt.

Bestimmung der Temperaturerhöhung von Maschinen.

Allgemeines. Die Bestimmung der Temperaturerhöhung von Maschinen ist außerordentlich wichtig, denn sie ist maßgebend für die Leistungsfähigkeit. Kann man die Maschine zur Untersuchung direkt belasten, dann entwickelt sich auch ihre Temperatur in normaler Weise. Bestimmt man aber die Belastungsfähigkeit indirekt, dann muß die Temperaturerhöhung, die bei Vollast auftreten würde, noch besonders bestimmt werden, denn es ist möglich, daß sich aus den indirekten Methoden (wie z. B. aus dem Kreisdiagramm für Asynchronmotoren) ergeben würde, daß sich die Maschine in der verlangten Weise belasten läßt. In Wirklichkeit würde sie aber dabei so warm werden können, daß ihre Isoliermittel in kurzer Zeit schadhaft würden.

Über die Ausführung der Messungen muß auf die Normalien des VdE verwiesen werden (§ 9÷21). Folgende Punkte seien hier hervorgehoben:

1. Nach dem Stillsetzen der Maschine ist die Messung, sowohl die thermometrische, als auch die Widerstandsmessung, so schnell wie möglich auszuführen. Zu beachtende Regeln sind weiterhin Messung der Temperatur an mehreren Stellen des betreffenden Maschinenteiles, gute Leitfähigkeit der Thermometer (Stanniolumhüllung), Schutz der Thermometer gegen Wärmeverluste (Überdeckung mit Putzwolle).

2. Es ist zweckmäßig sich zu überzeugen, nach welcher Zeit der Temperaturzustand der Maschine bereits ein konstanter ist. Bei rotierenden Maschinenteilen kann man ihn dadurch ermitteln, daß man die aus der Maschine herauskommende warme Luft mißt und feststellt, ob ihre Temperatur sich nicht mehr ändert. Bei feststehenden Maschinenteilen bringt man an vor bewegter Luft geschützten Stellen Thermometer an (bei Gleichstrommaschinen kann man zum gleichen Zweck auch von Zeit zu Zeit den Widerstand der Feldwicklung messen) und beobachtet die angezeigte Temperatur und die des Prüfraumes. Bei Asyn-

chronmotoren eignet sich besonders das Statoreisen zur Beobachtung. Meistens enthält dasselbe eine Vertiefung zur Aufnahme des Thermometers. Wird die Maschine abgestellt, so beobachtet man noch ein Steigen des Thermometers, da dann die durch die Drehung bedingte Oberflächenkühlung in Wegfall kommt. Trägt man die während des Temperaturlaufes gemessenen Übertemperaturen t_z in Abhängigkeit von der Zeit t auf, so erhält man die sog. Temperaturkurve. Aus dieser ersieht man, nach welcher Zeit an der gemessenen Stelle ein konstanter Temperaturzustand eingetreten ist und kann daraus auf das Verhalten der ganzen Maschine schließen.

3. Über die bei einer maximalen Raumtemperatur von 35° zulässigen Übertemperaturen, gibt folgende Tabelle Auskunft.

	Höchste zulässige Temperaturzunahme	Höchste zulässige Temperatur
a) An Wicklungen, und zwar:		
an ruhenden Gleichstrom-Magnetwicklungen bei Isolierung durch		
unimprägnierte Baumwolle	50°	85°
imprägnierte Baumwolle, Papier	60°	95°
Emaille, Asbest, Glimmer und deren Präparate	80°	115°
an umlaufenden Wicklungen oder in Nuten eingebetteten Wechselstromwicklungen bei Isolierung durch		
unimprägnierte Baumwolle	40°	75°
imprägnierte Baumwolle	50°	85°
Baumwolle mit Füllmasse innerhalb der Nuten sowie Papier	60°	95°
Emaille, Asbest, Glimmer und deren Präparate	80°	115°
b) an Kommutatoren von Maschinen über 10 V.	55°	90°
c) an Kommutatoren von Maschinen bis einschließlich 10 V.	60°	95°
d) an Eisen von Generatoren und Motoren, in das Wicklungen eingebettet sind, und an Schleifringen je nach Isolierung der Wicklung bzw. der Schleifringe die Werte unter a);		
e) an Lagern	45°	80°

Temperaturzunahme von Wicklungen. Die Bestimmung der Temperaturzunahme bei diesen kann sowohl thermometrisch erfolgen als auch aus der Widerstandszunahme berechnet werden.

Beträgt der warme Widerstand r_w, der kalte r_k, so ergibt sich die Temperaturzunahme $t_z = t_w - t_k$ zu [vgl. auch Gl. (33)]:

$$t_z = \frac{r_w - r_k}{r_k \cdot \alpha}.$$

Setzt man für Kupferwicklungen $\alpha = 0{,}004$ in Rechnung, so erhält man in °C:

$$t_z = \frac{(r_w - r_k) \cdot 250}{r_k} \quad . \; . \; . \; . \; . \; . \; . \quad (83)$$

$\alpha = 0{,}004$ gilt darin streng genommen nur für eine Raumtemperatur $t_R = 15^\circ$ C. Nicht berücksichtigt ist in der Formel außerdem der Umstand, daß bei der Messung der Wicklung im warmen Zustande die Raumtemperatur im allgemeinen eine andere sein wird, als bei der Messung im kalten Zustande. Man verwendet statt Gl. (83) daher besser die nachstehende von Emde angegebene Gleichung[1]):

$$t_z = \frac{r_w - r_k}{r_k} \cdot (235 + t_{R1}) - (t_{R2} - t_{R1}) \quad . \quad (83\text{a})$$

t_{R1} und t_{R2} sind die Raumtemperaturen bei der Messung der Wicklung im kalten bzw. im warmen Zustande. Da die Wicklung der nicht in Betrieb befindlichen Maschine die Temperatur der Umgebung annimmt, so gilt:

$$t_{R1} = t_k.$$

Beispiel. Gemessen sei:

kalt $r_k = 0{,}205\ \Omega$ $\qquad t_k = t_{R1} = 20^\circ$

warm $r_w = 0{,}246\ \Omega$ $\qquad t_{R2} = 27^\circ$.

Somit beträgt die Temperaturzunahme t_z der Wicklung im Betriebszustande:

$$t_z = \frac{0{,}246 - 0{,}205}{0{,}205} \cdot (235 + 20) - (27 - 20) = 44^\circ \text{ C}.$$

Wie die Bestimmung der Temperaturzunahme zu erfolgen hat, ob auf thermometrischem Wege oder durch Messung der Widerstände, ist aus folgender Tabelle ersichtlich.

Hierzu möge bemerkt werden:

1. Die Temperatur der Magnete läßt sich überhaupt nicht genau bestimmen. Die Magnetwicklung besteht aus vielen aufeinander gewickelten Lagen Drahtes und die Wärme in ihnen ist hauptsächlich Stromwärme, abgesehen von den geringen Wirbelströmen, die durch das Hin- und Herpendeln der Kraftlinien in den Polschuhen bei Nutenankern entstehen und

[1]) ETZ 1903, S. 818.

Bauart	Feldspulen	Anker bzw. Primäranker	Sekundär-anker
Gleichstrommaschinen und Umformer	Widerstands-zunahme	Thermometer	Thermometer
Wechsel- bzw. Drehstrom-generatoren und Syn-chronmotoren mit fest-stehendem Anker	Widerstands-zunahme	Widerstands-zunahme	Widerstands-zunahme
Wechsel- bzw. Drehstrom-generatoren und Syn-chronmotoren mit rotie-rendem Anker	Widerstands-zunahme	Thermometer	Thermometer
Asynchrone Motoren mit feststehendem Primär-anker	—	Widerstands-zunahme	Thermometer
Asynchrone Motoren mit rotierendem Primäranker	—	Thermometer	Widerstands-zunahme

bei einphasigen Wechselstrommaschinen durch die Schwankungen des Ankerfeldes erzeugt werden. Würde man mit einem Thermometer die äußere Temperatur der Magnetspulen messen, dann erhielte man zu niedrige Werte, weil die Temperatur im Inneren der Spulen viel höher ist. Man bestimmt deshalb die Temperaturzunahme der Magnetspulen durch Messung ihrer Widerstandszunahme.

Die auf diese Weise bestimmte Temperaturerhöhung ist aber auch nur die mittlere Temperaturerhöhung der ganzen Spule, sie ist zwar höher als die außen herrschende Oberflächentemperatur, aber sie weicht nach genaueren Untersuchungen häufig um 20% von der höchsten Temperatur im Innern der Spule ab. Diese Umstände sind allerdings bei den vom Verband deutscher Elektrotechniker als zulässig angegebenen Temperaturzunahmen berücksichtigt insofern, als diese Werte genügend niedrig gewählt sind, so daß die Isolierung bei den dort angegebenen Werten vor Schaden bewahrt ist.

Der oben angegebene Unterschied von 20% zwischen der mittleren gemessenen und der im Inneren vorhandenen Temperaturerhöhung hängt natürlich sehr stark von der Form der Spule ab. Ist diese, wie es heute häufig geschieht, mit Lüftungskanälen versehen, dann ist der obige Unterschied wesentlich geringer als 20%.

2. Beim Anker wird die Wärme hauptsächlich durch die Ummagnetisierungsarbeit und die Wirbelstromverluste hervorgerufen, also hauptsächlich durch das Feld, in zweiter Linie durch Stromwärme. Da aber das Feld nach dem Ankerumfang zu dichter ist, als nach der Welle zu, und gerade in den Zähnen höhere Sättigungen vorkommen, so folgt daraus, daß die Temperatur des Ankers auf seiner Oberfläche am höchsten ist, zumal auch die dritte Wärmequelle, die Drähte, am Umfang in den Nuten liegen. Man kann demnach die Temperatur des Ankers nach dessen Stillsetzen mit dem Thermometer bestimmen. Dieses legt man zu dem Zweck auf einen Zahn, also auf das Eisen und nicht auf eine Nut, weil Metall die

Wärme besser leitet, umwickelt es außerdem noch an seinem unteren Ende mit Stanniol und deckt es mit Putzwolle gut zu.

Rechnerische Ermittlung der Temperaturzunahme großer Maschinen. Bei sehr großen Wechsel- und Gleichstrommaschinen, die sich künstlich nicht erwärmen lassen, kann man die Temperaturzunahme des Ankers nach folgender Art rechnerisch festlegen. Für den Zustand konstanter oder stationärer Temperatur ist die Gleichung gültig:

Entwickelte Wärme = abgegebene Wärme.

Die entwickelte Wärme Q_e ist proportional den Eisen- und Stromwärmeverlusten im Anker. Q_e in Grammkalorien wird sonach:

$$Q_e = 0{,}24\,(V_{Fe} + J_a^2 r_a).$$

Die Eisenverluste V_{Fe} sind nach den früher beschriebenen Methoden zu bestimmen. Die abgegebene Wärmemenge hängt ab von der Konstruktion (der abkühlenden Oberfläche), von der Drehzahl n und von der Übertemperatur t_z über die Umgebung der Maschine. Bezeichnet c eine Konstante, welche die Drehzahl und die Konstruktion der Maschine berücksichtigt, so wird

$$Q_a = c \cdot t_z.$$

Für stationäre Temperatur gilt:

Daraus:

$$\left.\begin{aligned} Q_a &= Q_e = c \cdot t_z. \\ c &= \frac{Q_e}{t_z}. \end{aligned}\right\} \quad \ldots\ldots\ldots \quad (84)$$

Bestimmung von t_z. Man läßt die Maschine als Motor so lange leer laufen bis ihre Temperatur konstant ist und erregt sie so, daß sie ihre normale Drehzahl macht. Nach dem Stillsetzen bestimmt man die Übertemperatur t_{z0} des Ankers auf gewöhnliche Weise. Sind außerdem durch eine Leerlaufsmessung die Eisenverluste für normale Drehzahl gegeben, so folgt für c, bei Vernachlässigung der geringen Leerlaufstromwärmeverluste $J_0^2 r_a$ aus Gl. (84):

$$c = \frac{0{,}24}{t_{z0}} \cdot V_{Fe}.$$

Die wirkliche Übertemperatur des Ankers bei normaler Belastung (Ankerstrom J_a) ist dann:

$$\boldsymbol{t_z = \frac{0{,}24 \cdot (V_{Fe} + J_a^2 r_a)}{c}} \quad \ldots\ldots \quad \mathbf{(84a)}$$

Bestimmung der Temperaturerhöhung aus Leerlauf- und Kurzschlußversuch. Methode von Goldschmidt.

Synchronmaschinen. Die gesamten Verluste setzen sich zusammen aus allen bei Leerlauf auftretenden Verlusten (Erregung so eingestellt, daß die Induktion die normale ist) und den Stromwärmeverlusten im Anker. Letztere entstehen auch, wenn man die Maschine im Kurzschluß laufen läßt und so erregt, daß der normale Strom im Kurzschlußkreise fließt. Da die Temperaturerhöhung nahezu proportional den Verlusten ist, so kann man sie finden durch Addition der bei Leerlauf und bei Kurzschluß ermittelten Temperaturzunahmen t_{zo} und t_{zk}:

$$t_z = t_{zo} + t_{zk}.$$

Im allgemeinen ergeben sich so etwas zu große Werte, so daß eine gewisse Sicherheit vorhanden ist, daß die ermittelte Zunahme t_z im Betriebe unter sonst gleichen Umständen nicht überschritten wird.

Asynchronmotoren. Hier verfährt man ähnlich, doch muß der kurzgeschlossene Rotor mit voller Drehzahl gegen das Drehfeld angetrieben werden, damit die gleiche ventilierende Wirkung erzielt wird, wie beim Lauf. Diese Methode führt jedoch nur dann zu angenähert richtigen Resultaten, wenn die zusätzlichen Verluste nicht groß sind. Die im Kurzschluß der Maschine auftretenden Verluste sind nämlich größer als die entsprechenden Stromwärmeverluste bei Vollast. Der Rotor hat ja unter den angegebenen Versuchsbedingungen die doppelte Periodenzahl des Stators, so daß zusätzliche Wirbelstromverluste im Kupfer und in den massiven Teilen des Rotors entstehen.

Künstliche Erwärmung großer Wechselstrommaschinen nach Goldschmidt[1]. Die Maschine wird von außen mit normaler Drehzahl angetrieben, das Feld normal erregt und der Anker mit Gleichstrom von entsprechender Stärke aus einer Stromquelle (G und G_1 in Fig. 240) gespeist. Der Anker muß dabei so geschaltet werden, daß sich die durch die Drehung im Anker induzierten Wechselspannungen aufheben. Das ist bei Dreieckschaltung nach Fig. 240 I der Fall. Sternschaltung muß in Dreieck umgeschaltet werden (Fig. 240 II).

[1]) ETZ 1901, S. 652.

Die normalen Erregerverluste werden durch Fremderregung gedeckt. Dieses normale Feld erzeugt in dem angetriebenen Anker, wie in gewöhnlichem Betriebszustande die Eisenverluste. Die V_{Fe} und V_R werden durch die mechanisch zugeführte Leistung gedeckt. Die an den Anker geschaltete Gleichstromquelle endlich hat die Kupferverluste im Anker zu kompensieren. Da letztere nur 2÷4 % der Leistung ausmachen, so braucht die Gleichstromquelle nicht groß zu sein.

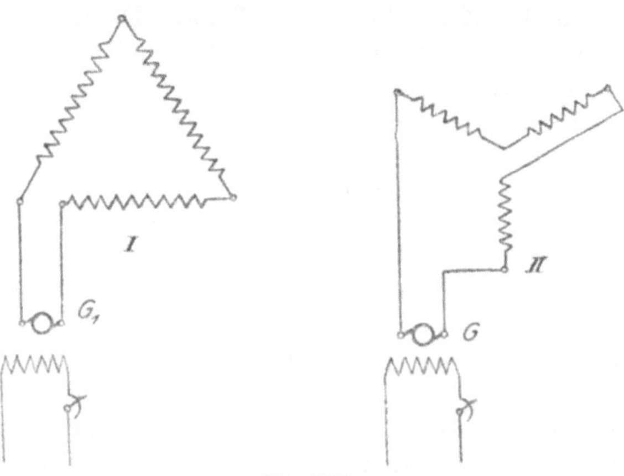

Fig. 240.

Unbequem sind Wechselstrommaschinen niedriger Spannung oder sehr große Maschinen für hohe Stromstärken (kleine Widerstände der Ankerwicklung!). Die zur Erwärmung dienende Stromquelle muß dann eine sehr niedrige Spannung haben und die Möglichkeit gewähren große Ströme liefern zu können.

Dreizehnter Abschnitt.

Experimentelle Untersuchung der Kommutierung von Gleichstrommaschinen.

Allgemeine Angaben.

Bezeichnungen. Es ist:

$J_a' = \frac{J_a}{2a}$ der Strom in einem Ankerzweig. Im folgenden wird $a = 1$ angenommen, dann gilt $J_a' = \frac{J_a}{2}$.

i' der veränderliche Strom in der kurzgeschlossenen Spule während der Kommutierungszeit. $i' = J_a'$ am Beginn, $i' = -J_a'$ am Ende des Kurzschlusses.

$e' = -L' \frac{di'}{dt}$ die EMK der Selbstinduktion in der Spule. Selbstinduktionskoeffizient der letzteren L'.

$e_k, e_{k1}, e_{k2} \cdots$ die durch die Bewegung der Spulen in einem äußeren Feld, dem „kommutierenden" Feld erzeugte EMK.

$U, U_1, U_2 \cdots U_z$ Potentialdifferenzen zwischen Lamellen und Bürste.

$M(e_k), M(e_{k1}), M(e_{k2}) \cdots, M(U), M(U_1), M(U_2)$ Mittelwerte während der Zeitdauer T, bzw. T_k.

$r_ü'$ der Übergangswiderstand zwischen einer Lamelle und einer Bürste.

r', r'' der Übergangswiderstand zwischen auf- bzw. ablaufender Lamelle und der Bürste.

T die Zeitdauer, die ein Punkt des Kollektors braucht, um eine Lamellenteilung zurückzulegen.

T_k die Zeitdauer des Kurzschlusses einer Elementengruppe (einer Spule).

t die seit Beginn des Kurzschlusses verstrichene Zeit.

s die Zahl der induzierten Spulenseiten am Ankerumfange.

s_k die Zahl der kurzgeschlossenen Spulenseiten pro Bürste. Dabei ist angenommen, daß zwischen benachbarten Lamellen je zwei Spulenseiten liegen.

Beziehungen. Für die später folgenden Ableitungen kommen folgende Beziehungen in Betracht:

1. Die Widerstände r' und r'' (Fig. 242) sind, wenn man von dem Einfluß der Stromdichte auf den Bürstenübergangswiderstand absieht, umgekehrt proportional ihren Berührungsflächen. Die Berührungsfläche von r' entspricht aber der Zeit t, die von r'' der Zeit $T_k - t$, die von $r_ü'$ der Zeit T_k. Aus $\frac{r'}{r_ü'} = \frac{T_k}{t}$ folgt:

$$\left.\begin{aligned} r' &= r_ü' \cdot \frac{T_k}{t} \\ \text{Ebenso} \qquad r'' &= r_ü' \cdot \frac{T_k}{T_k - t} \end{aligned}\right\} \quad \ldots \ldots \quad (85)$$

2. Der von der Bürste abgenommene Strom J_a ist die Summe der über r' und r'' abfließenden Ströme (Fig. 242)

$$J_a = (J_a' - i') + (J_a' + i') = 2\,J_a'.$$

3. Die Beträge:

$$\left.\begin{aligned} (J_a' - i') \cdot r' &= (J_a' - i') \cdot r_ü' \cdot \frac{T_k}{t} \\ \text{und} \qquad (J_a' + i') \cdot r'' &= (J_a' + i') \cdot r_ü' \cdot \frac{T_k}{T_k - t} \end{aligned}\right\} \quad \ldots \quad (85\,a)$$

sind nichts anderes als die meßbaren Spannungsdifferenzen U_2 und U_1 zwischen der auf- bzw. der ablaufenden Lamelle und der Bürste.

4. Die Zeitdauer T_k des Kurzschlusses einer Spule verhält sich zur Zeitdauer T' einer Umdrehung, während welcher sämtliche $\frac{s}{2}$ Spulen einmal unter der Bürste durchlaufen, wie $1 : \frac{s}{2}$. Da $T' = \frac{60}{n}$ ist, so wird:

$$T_k = T' \cdot \frac{1}{s/2} = \frac{60}{n} \cdot \frac{1}{s/2}.$$

5. Werden $\frac{s_k}{2}$ Spulen von einer Bürste kurzgeschlossen, so ergibt sich

$$T_k = T' \cdot \frac{s_k}{s} = \frac{60}{n} \cdot \frac{s_k}{s}.$$

Daraus

$$\frac{s_k}{2} = \frac{s}{2} \cdot \frac{n}{60} \cdot T_k \quad \ldots\ldots \quad (86)$$

Der Kommutierungsvorgang. Derselbe besteht darin, daß der Strom $+J_a'$ auf den Wert $-J_a'$ gebracht wird. In der kurzgeschlossenen Spule muß also der Strom $i' = J_a'$, der am Anfange der Kommutierung vorhanden ist, auf Null abnehmen und dann auf den Betrag $-J_a'$ am Ende des Kurzschlusses ansteigen. Die Kommutierung ist gut, d. h. sie geht ohne Funkenbildung an den Bürsten vor sich, wenn die Stromdichte unter den letzteren nirgends den zulässigen Wert überschreitet, am besten überall gleich ist. Von allen Lamellen, die ganz von der Bürste bedeckt sind, müssen also gleichstarke Ströme an diese abgegeben werden, während von der auf- bzw. ablaufenden Lamelle Ströme abfließen, deren Stärken den von der Bürste bedeckten Teilen proportional sein müssen. Der Stromverlauf von

$$i', \quad J_a' + i', \quad J_a' - i'$$

ist in diesem Falle ein linearer (Kurve I in Fig. 241).

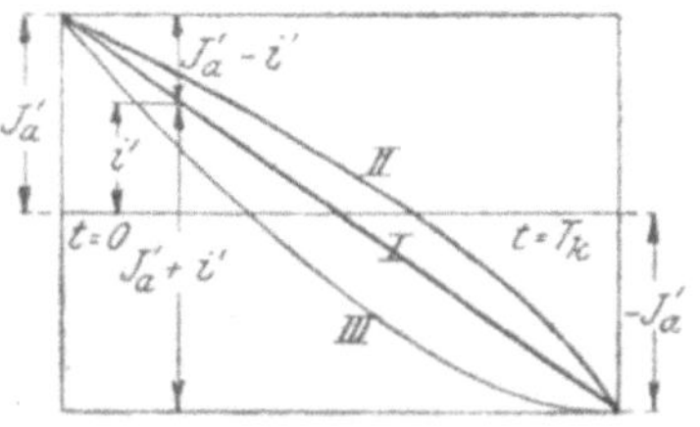

Fig. 241.

Die Änderung des Stromes i' in der Kurzschlußspule ist aber die Ursache einer EMK der Selbstinduktion e', die das Abfallen des Stromes verlangsamt und ebenso das Anwachsen in entgegengesetztem Sinne verzögert. $e' = -L' \frac{di'}{dt'}$ ist somit dem Strome i' gleichgerichtet. Aus Kurve II Fig. 241 geht hervor, daß eine Verzögerung der Kommutierung („Unterkommutierung") eintritt, welche eine zu hohe Stromdichte an der ablaufenden Kante, also hier ein Feuern zur Folge hat.

Um e' aufzuheben, müssen die Bürsten in das „kommutierende" Feld gebracht werden. Wenn dieses von den kurzgeschlossenen Spulen geschnitten wird, so wird in ihnen eine weitere EMK e_k induziert, welche so gerichtet sein muß, daß die durch e' verursachte Verzögerung der Kommutierung aufgehoben wird. Ist e_k zu groß, so tritt „verfrühte" Kommutierung auf („Überkommutierung", Kurve III Fig. 241). Die Folge ist ein

Feuern an der auflaufenden Bürstenkante. Aus dem Gesagten geht hervor, daß die Richtung des kommutierenden Feldes im wesentlichen eine solche sein muß, wie die des Feldes, welches für die Erzeugung des Stromes nach der Kommutierung erforderlich ist.

Aufstellung der Gleichungen. Es sei an den Kirchhoffschen Satz erinnert: Die Summe aller elektromotorischen Kräfte in einem geschlossenen Stromkreise ist gleich der Summe aller Produkte aus Stromstärke mal Widerstand.

1. Fall: Eine Spule befinde sich im Kurzschluß (Fig. 242). Der Widerstand der Spule selbst sei r_s, jener von einer Zuleitung zwischen Lamelle und Spule r_v. Geht man im Kurzschlußkreise (Fig. 242) Spule, Punkt B, Lamelle, Bürste, Lamelle, Punkt A, Spule in dieser Richtung, also in Richtung des Stromes i', so hat man:

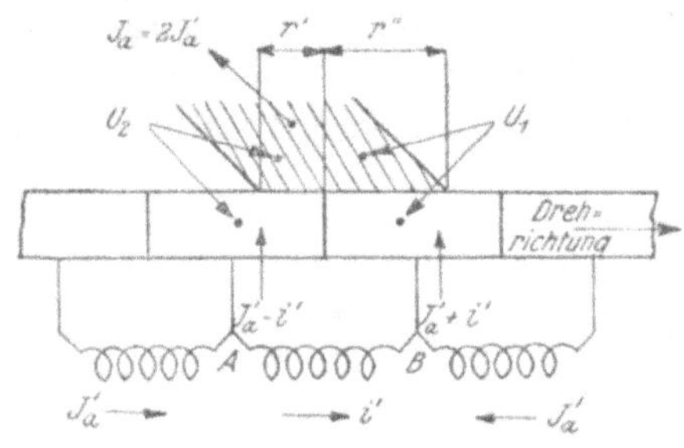

Fig. 242.

α) e' wirkt in Richtung von i', e_k aber e' entgegengesetzt. Die Summe der EMK ist somit $e' - e_k$ (e' sucht die Stromwendung zu verzögern, e_k will sie beschleunigen).

β) Diese Summe muß gleich sein der Summe aller Produkte aus Stromstärke $\times$ Widerstand. Im angegebenen Sinne beträgt diese:

$$i' \cdot r_s + (J_a' + i') \cdot r_v + (J_a' + i') \cdot r_{\ddot{u}}' \cdot \frac{T_k}{T_k - t}$$
$$- (J_a' - i') \cdot r_{\ddot{u}}' \cdot \frac{T_k}{t} - (J_a' - i') \cdot r_v \, .$$

Somit erhält man die Gleichung (entsprechende Glieder sind zusammengefaßt):

$$e' - e_k = i' \cdot (r_s + 2\, r_v) + (J_a' + i') \cdot r_{\ddot{u}}' \cdot \frac{T_k}{T_k - t} - (J_a' - i') \cdot r_{\ddot{u}}' \cdot \frac{T_k}{t} .$$

Setzt man ein $e' = - L' \dfrac{d\,i'}{d\,t}$, so geht diese Gleichung über in:

$$L' \cdot \frac{d\,i'}{d\,t} + e_k + i' \cdot (r_s + 2\, r_v) + (J_a' + i') \cdot r_{\ddot{u}}' \cdot \frac{T_k}{T_k - t}$$
$$- (J_a' - i') \cdot r_{\ddot{u}}' \cdot \frac{T_k}{t} = 0 \quad \ldots \ldots \ldots \quad (87)$$

Für lineare Kommutierung lautet die Bedingung: Die Summe der beiden letzten Glieder muß Null werden.

$$(J_a' + i') \cdot r_{ü}' \cdot \frac{T_k}{T_k - t} - (J_a' - i') \cdot r_{ü}' \cdot \frac{T_k}{t} = 0 \quad . \quad . \quad (88)$$

Man findet für i':

$$i' = J_a' \frac{T_k - 2t}{T_k} \quad . \quad . \quad . \quad . \quad . \quad . \quad (89)$$

Differenziert man diesen Wert, so ergibt sich für $\frac{di'}{dt}$ und e':

$$\frac{di'}{dt} = -\frac{2 J_a'}{T_k} \text{ und } e' = -L' \frac{di'}{dt} = J_a' \cdot \frac{2 L'}{T_k} \quad . \quad . \quad (89\,a)$$

Damit geht Gl. (87) nach einigen Umrechnungen über in:

$$e_k = J_a' \cdot \left[L' \cdot \frac{2}{T_k} - (r_s + 2 r_v) + 2 (r_s + 2 r_v) \cdot \frac{t}{T_k} \right] \quad . \quad (90)$$

Für Anfang und Ende des Kurzschlusses, also für die Zeiten $t = 0$ und $t = T_k$ erhält man:

1. $e_k = J_a' \cdot \left(\frac{2 L'}{T_k} - (r_s + 2 r_v) \right) \cdots$ Strecke AB in Fig. 243.

2. $e_k = J_a' \cdot \left(\frac{2 L'}{T_k} + (r_s + 2 r_v) \right) \cdots$ Strecke CD in Fig. 243.

Es ergibt sich:

α) Gl. (90) ist die Gleichung einer Geraden, deren Ordinaten e_k in Abhängigkeit von der Zeit t aufgetragen, gleichzeitig das kommutierende Feld darstellen, da diesem ja e_k proportional ist (Fig. 243 Kurve I).

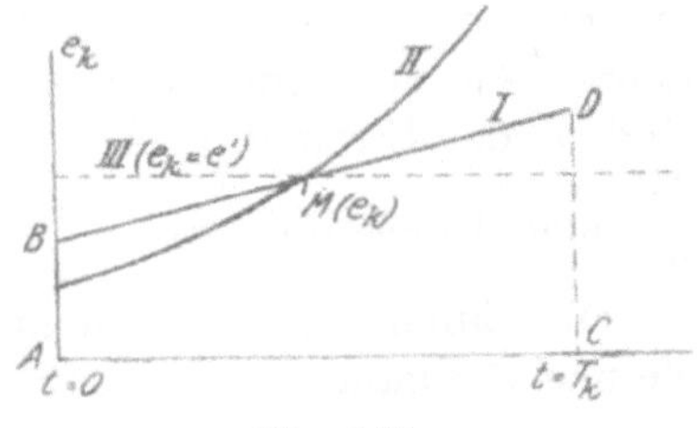

Fig. 243.

β) Die EMK der Selbstinduktion ist für lineare Kommutierung ein konstanter Wert, da in der Gleichung $e' = J_a' \cdot \frac{2 L'}{T_k}$ nur konstante Größen vorkommen.

γ) Im allgemeinen wird man nur angenähert einen solchen linearen Feldverlauf, wie ihn Fig. 243 angibt, erreichen. Es genügt aber, wenn wenigstens der Mittelwert $M(e_k)$ aller Augenblickswerte $e_k = f(t)$ zwischen $t = 0$ und $t = T_k$ mit dem theoretischen übereinstimmt (Kurve II Fig. 243). Am Anfang des Kurzschlusses erhält man dann eine zu kleine, am Ende eine zu große EMK e_k.

δ) Vernachlässigt man r_s und r_v bzw. $(r_s + 2\,r_v)$ als sehr kleine Widerstände im Vergleich mit r' und r'', so ergibt Gl. (90): $e_k = e'$. Das Kommutierungsfeld müßte in der Kommutierungszone einen konstanten Wert haben (Gerade III Fig. 243).

Besonders hervorgehoben sei nochmals, daß für lineare Kommutierung Gl. (88) gleich 0 sein muß. Da die Glieder derselben die Potentialdifferenzen zwischen der ab- bzw. auflaufenden Lamelle und Bürste darstellen, so kann man Gl. (88) auch schreiben:

$$U_1 - U_2 = 0.$$

2. Fall: Mehrere Spulen sind von einer Bürste kurzgeschlossen. Hier wird die Betrachtung schwieriger. Der Koeffizient L' enthält dann die Selbst- und die Wechselinduktion der Spulen. Die Widerstände der Spulen und Zuleitungen können im Vergleich mit den Bürstenübergangswiderständen vernachlässigt werden. Zerlegt wird die Zeitdauer T_k des ganzen Kurzschlusses in so viele Zeitabschnitte T als Spulen kurzgeschlossen sind. Man muß, da der Verlauf des kommutierenden Feldes kein linearer sein wird, mit Mittelwerten der zwischen den Zeiten 0 und T in den einzelnen Spulen induzierten Spannungen e_k rechnen, also mit $M(e_{k1})$, $M(e_{k2})$ ... Dasselbe gilt auch von den Potentialdifferenzen zwischen Bürste und Lamelle. $M(U_1)$ ist der Mittelwert an der Ablaufkante, $M(U_2)$ der Mittelwert an jener Stelle, die von der Ablaufkante um eine Lamellenteilung zurückliegt (vgl. Fig. 244), $M(U_z)$ jener an der Ablaufkante. Als konstant ist dagegen e' zu betrachten, da geradliniger Verlauf des Stromes i' angestrebt wird. In diesem Falle ist ja $\frac{d\,i'}{d\,t}$ eine Konstante.

Mit Einführung der Potentialdifferenzen U_1 und U_2 und mit Vernachlässigung von r_s und r_v, erhält man Gl. (87) in der Form:

$$L' \frac{di'}{dt} + e_k = U_2 - U_1$$

oder:

$$e_k - \frac{2\,J_a'}{T_k} \cdot L' = U_2 - U_1 \quad . \quad . \quad . \quad . \quad . \quad (91)$$

Ähnliche Gleichungen erhält man für mehrere Spulen im Kurzschluß, nur sind die Mittelwerte einzuführen, sowie die Zeitdauer T:

$$\left.\begin{aligned} M(e_{k1}) - \frac{2 J_a'}{T} \cdot L' &= M(U_2) - M(U_1) \\ M(e_{k2}) - \frac{2 J_a'}{T} \cdot L' &= M(U_3) - M(U_2) \\ \cdots\cdots & \cdots\cdots \\ M(e_{k\,z-1}) - \frac{2 J_a'}{T} \cdot L' &= M(U_z) - M(U_{z-1}) \end{aligned}\right\} \quad . \; . \quad (91\,\mathrm{a})$$

Bildet man den Mittelwert $M(e_k)$ aus den $(z-1)$-Werten $M(e_{k1})$, $M(e_{k2}) \ldots M(e_{k\,z-1})$

$$M(e_k) = \frac{M(e_{k1}) + M(e_{k2}) + \ldots M(e_{k\,z-1})}{z-1}$$

und ferner $M(U_z) - M(U_1)$ durch Addition aller $(z-1)$-Gleichungen, so findet man leicht:

$$M(U_z) - M(U_1) = (z-1)\, M(e_k) - (z-1) \cdot \frac{2 J_a'}{T} \cdot L' \quad . \; . \quad (92)$$

$(z-1)$ ist die Zahl der kurzgeschlossenen Spulen. Da $(z-1) = \frac{s_k}{2}$, so erhält man unter Berücksichtigung der Gl. (86) und (89a):

$$M(U_z) - M(U_1) = \frac{s}{2} \cdot \frac{n}{60} \cdot T_k \cdot M(e_k) - \frac{s}{2} \cdot \frac{n}{60} \cdot T_k \cdot e' \quad (93)$$

Aufnahme der Bürstenpotentialkurven. Die Mittelwerte $M(U_1)$, $M(U_2) \ldots$ können experimentell bestimmt werden und liegen auf der sogenannten Bürstenpotentialkurve. Man verwendet zur Messung ein Voltmeter, welches einen Meßbereich von etwa 3 V und am besten doppelseitigen Ausschlag hat. Man verbindet dieses der Reihe nach mit den einzelnen Punkten der kurzgeschlossenen Lamellen (in Abständen von je einer Lamellenteilung) einerseits und mit der Bürste andererseits. Es empfiehlt sich zur guten Messung die benutzten Zuleitungen mit Spitzen zu versehen.

Meist nimmt man nur drei Messungen vor und zwar eine an der Ablaufkante, eine in der Bürstenmitte, eine an der Auflaufkante.

Die abgelesenen Werte werden in Abhängigkeit der Stellung des Voltmeters bei der betreffenden Messung von der Auflaufkante aus aufgetragen und ergeben die Bürstenpotentialkurve (Fig. 244).

Konstruktion des Verlaufs der EMK e_k aus der Bürstenpotentialkurve. Schreibt man die Gl. (91 a) in der Form [e' s. Gl. (89 a)]:

$$M(e_{k1}) = e' + M(U_2) - M(U_1)$$
$$M(e_{k2}) = e' + M(U_3) - M(U_2)$$
usw.,

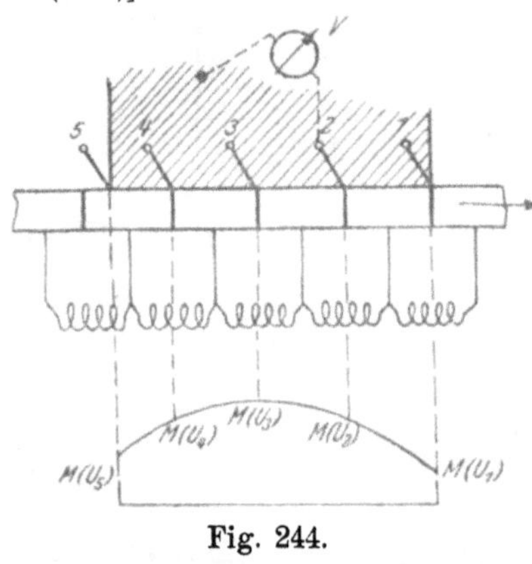

Fig. 244.

so ergibt sich ein einfacher Weg zur Konstruktion der e_k-Kurve, deren Ordinaten in einem anderen Maßstabe das kommutierende Feld darstellen. Ist e' bekannt (berechnet), so erhält man die absoluten Werte von e_k nach diesen Gleichungen, da ja die Mittelwerte $M(U_1)$, $M(U_2)\ldots$ gemessen werden können; es genügt aber auch, wenn man für e' einen beliebigen Wert annimmt, da es nur auf den gesuchten Verlauf der e_k-Kurve ankommt.

Beurteilung der Kommutierung.

Allgemeines. Die günstigste Kommutierung wird erhalten, wenn $M(U_2) - M(U_1) = 0$, $M(U_3) - M(U_2) = 0\ldots$, wenn also alle Mittelwerte einander gleich sind. Dann ist auch gemäß unseren Ableitungen:

$$e' = M(e_{k1}) = M(e_{k2}) = \ldots$$

Dies würde ein konstantes Kommutierungsfeld voraussetzen. Ein solches kann aber in der Kommutierungszone bei freier Kommutierung (ohne Anwendung von Wendepolen oder von Kompensationswicklungen) nicht erreicht werden.

Man spricht dann:

α) Von richtiger Kommutierung, wenn die mittleren Potentiale an der Auf- und Ablaufkante einander gleich sind. In diesem Falle ist nach Gl. (92) $M(U_z) = M(U_1)$ und

$$M(e_k) = e';$$

β) von Überkommutierung, wenn $M(U_2) > M(U_1)$. Dann ist

$$M(e_k) > e';$$

γ) von Unterkommutierung, wenn $M(U_2) < M(U_1)$, also ist

$$M(e_k) < e'.$$

Die Fig. 245$\div$247 (Generator) und 248$\div$250 (Motor) zeigen charakteristische Bürstenpotentialkurven AB mit den dazugehöri-

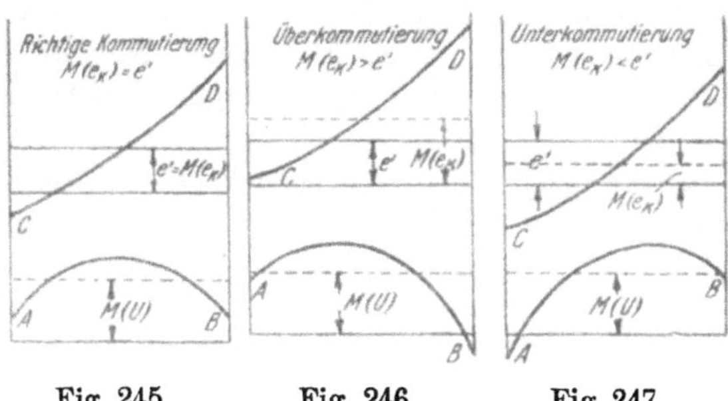

Fig. 245. Fig. 246. Fig. 247

gen Feldkurven CD (identisch mit den Kurven e_k). Zu beachten ist, daß beim Generator infolge der Bürstenverschiebung im Drehsinne das stärkere Feld an den Ablaufkanten vorhanden ist, während sich beim Motor an dieser Stelle das schwächere Feld

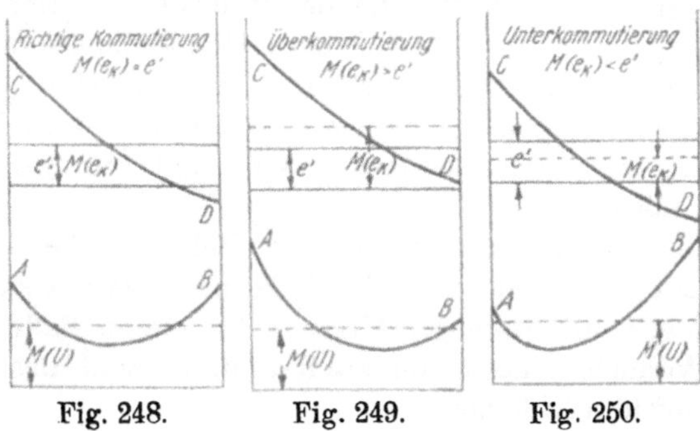

Fig. 248. Fig. 249. Fig. 250.

befindet. Punkt C entspricht in den Fig. 245$\div$250 der Auflaufkante, Punkt D der Ablaufkante.

Wichtig ist ferner: Mit steigendem Strome J_a' (also mit der Belastung der Maschine) wächst die Selbstinduktionsspannung e', denn $e' = \dfrac{2 J_a'}{T_k} L'$. Aus der Gl. (92) geht hervor, daß dann auch

$M(e_k)$, also das Wendefeld zunehmen muß, wenn richtige Kommutierung beibehalten werden soll. Läßt man dagegen das kommutierende Feld konstant, so würde man mit steigender Belastung Unter-, bei fallender dagegen Überkommutierung erhalten. Die Bürsten müssen sich also stets in einem Felde befinden, das der jeweiligen Belastung entspricht.

Kommutierung bei wendepollosen Maschinen. Es ist zu sagen:

1. Bei Leerlauf (J_a bzw. $J_a' = 0$) muß die Bürste in der neutralen Zone stehen, da ja auch e' gleich Null ist. Punkt 1 Fig. 251. (Die Kurven geben in dieser Figur jeweils die kommutierenden Felder an.)

2. Bei Belastung ist das Ankerfeld die Ursache von der Verschiebung der neutralen Zone; es genügt aber nicht, daß die Bürsten in die nunmehrige neutrale Zone (Punkte 2′ und 3′) verschoben werden; infolge des erforderlichen stärkeren kommutierenden Feldes muß die Verschiebung größer sein (s. oben). Punkt 2 in Fig. 251 gilt für ½ Last, Punkt 3 für Vollast.

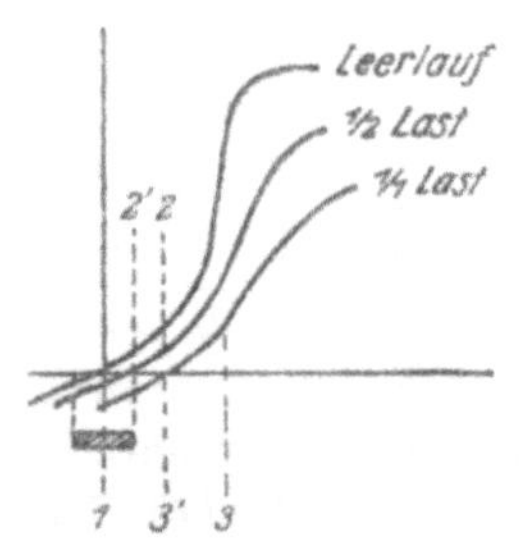

Fig. 251.

3. Hält man eine bestimmte Bürstenstellung (z. B. 2 in Fig. 251) fest und vergrößert die Erregung, so wird die Feldkurve und damit das kommutierende Feld gehoben. Folge: Überkommutierung. Dasselbe tritt ein, wenn bei konstanter Bürstenstellung und Erregung die Belastung verkleinert wird, da die neutrale Zone sich dann wieder jener bei Leerlauf nähert und nur ein kleineres Wendefeld nötig ist.

4. Ähnlich verursacht Erhöhung der Belastung bei konstanter Erregung oder Verkleinerung der Erregung bei konstanter Belastung Unterkommutierung. Gründe: Im ersten Falle wäre ein stärkeres Wendefeld nötig, im zweiten Falle wird das erforderliche Wendefeld verkleinert.

5. In der Praxis wird häufig konstante Bürstenstellung bei allen Belastungen verlangt. Dann werden die Bürsten so eingestellt, daß die Maschine bei etwa ⅔ Last richtig kommutiert. Bei Leerlauf ist dann Über-, bei Vollast Unterkommutierung vorhanden.

Kommutierung bei Wendepolmaschinen. 1. Während bei frei kommutierenden Maschinen, konstante Bürstenstellung vorausgesetzt, das Wendefeld mit dem Belastungsstrome nicht zu-, sondern abnimmt, ist es bei Wendepolmaschinen möglich, ein dem Ankerstrome proportionales Wendefeld zu erzeugen, so daß stets richtige Kommutierung vorhanden ist. Die Wendepole werden bei der Berechnung der Maschine stets reichlich ausgelegt, so daß ein späteres Umwickeln vermieden wird. Zeigt sich bei der Prüfung der Maschine Überkommutierung, so kann auf folgende Arten leicht eine richtige Einstellung erzielt werden:

α) Man vergrößert den Wendepolluftspalt. Zu diesem Zwecke werden auswechselbare Blechunterlagen unter den Wendepolen vorgesehen.

β) Man stellt mittels eines Nebenschlusses zur Wendepolwicklung die richtige Kommutierung ein und liefert zur Maschine einen solchen. Der Strom im Nebenschluß soll aber nicht mehr als 10% des normalen Belastungsstromes betragen, außerdem soll die Maschine im Betrieb keinen plötzlichen Belastungsschwankungen unterworfen sein.

γ) Ist die Überkommutierung so groß, daß der Strom durch den Nebenschluß zum Wendepol mehr als 10% des Ankerstromes beträgt, so empfiehlt sich entsprechendes Abwickeln der Wendepole.

2. Bürstenpotentialkurven. Als äußerste Grenze für noch zulässige Überkommutierung kann eine Bürstenpotentialkurve gelten, die nach der Ablaufkante der Bürsten hin bis in die Nähe von Null abfällt. Nicht zulässig ist es, wenn die Kurve unter Null fällt.

Vierzehnter Abschnitt.

Schlußbemerkungen: Vornahme von Messungen und Protokollführung.

Vornahme von Messungen. Folgende Punkte sind bei der Vornahme von Versuchen zu beachten:

1. Klarheit über die Versuchsanordnung. Eine solche wird erzielt, wenn man sich für jede Messung ein Schema zeichnet. Auf einfachste Leitungsführung ist dabei Bedacht zu nehmen, für leichte Abschaltbarkeit und entsprechende Sicherungen (Neben-

schlußkreise von Gleichstrommotoren dürfen nicht gesichert sein!) ist Sorge zu tragen. Sind mehrere Messungen an einer Maschine vorzunehmen, so ist alles so vorzubereiten (Instrumente usw.), daß die Erledigung der zweiten Messung sofort nach der ersten erfolgen kann. Grund: Der Temperaturzustand der Maschine soll möglichst der gleiche bleiben für alle Messungen.

2. Instrumente. Diese sollen für den betreffenden Versuch einen solchen Bereich haben, daß die Ablesungen möglichst groß werden. Sonstiges über Instrumente s. I. Abschnitt.

3. Ablesungen. Insbesondere bei schwankendem Betrieb ist es wichtig, daß Ablesungen zur gleichen Zeit erfolgen. Mehrere Beobachter müssen zu diesem Zweck auf ein gegebenes Zeichen ablesen. Wenn irgend möglich, nehme man die Ablesung auf Zehntelteilstriche der Gradskala vor. Besonders bei guten Instrumenten mit Spiegel parallel zur Skala ist dies bei einiger Übung leicht möglich. Die Ablesegenauigkeit kann dann, je nach der Übung des Beobachters, auf 2 bis 3 Zehntel genau sein.

4. Fehler. Man unterscheidet:

α) Beobachtungsfehler. Die prozentuale Größe derselben läßt sich dadurch bestimmen, daß von mehreren unter gleichen Bedingungen abgelesenen Werten das Mittel genommen wird. Dann kann man die prozentuale Abweichung des Mittelwertes vom größten oder kleinsten Wert der Ablesungen errechnen. Wiederholung der Ablesung für gleiche Punkte und Bildung der Mittelwerte eliminiert zum Teil Beobachtungsfehler.

β) Fehler, hervorgerufen durch äußere Störungen wie starke magnetische und elektrische Felder, statische Ladungen usw. siehe I. Abschnitt.

γ) Instrument- oder Eichfehler. Bestimmung der letzteren mittels Korrektionskurven (s. I. Abschnitt). Wichtig ist es auch Instrumente zu verwenden, die frei von Spitzenreibung sind. Eine solche kann leicht festgestellt werden, wenn das System durch leichtes Klopfen am Instrument erschüttert wird. Der Zeiger, der scheinbar seine Endlage erreicht hat, bewegt sich noch weiter.

δ) Methodische Fehler. Diese können in der Meßanordnung begründet sein. Anlaß zu solchen kann geben die Verwendung verschiedenartiger Meßinstrumente, Verwendung anderer Zuleitungen zu den Instrumenten usw. Ferner ist auf sorgfältige

Kontakte in den einzelnen Stromkreisen besonderer Wert zu legen. Die Übergangswiderstände sollen ein Minimum betragen.

5. Kurvenaufnahmen. Man nehme nicht zu viele Werte auf, sondern nur so viele, als unbedingt erforderlich sind, um die Kurve mit Sicherheit zu zeichnen.

Anfänger machen gerade hierbei den Fehler, durch möglichst genaues und vieles Beobachten gute Werte erhalten zu wollen und entdecken dann beim Aufzeichnen der Kurven, daß diese sehr schlecht ausgefallen sind trotz der großen Mühe. Das hat gerade seinen Grund in der Langsamkeit bei der Messung. Jede Maschine ändert ihre Temperatur mit der Belastung und gebraucht man für eine Messung zu viel Zeit, dann treten Temperaturänderungen im Eisen und in den Lagern ein, es ändern sich die Widerstände und damit die Verluste usw.

Bei Kurven mit Krümmungen, also bei Magnetisierungskurven im Knie, Feldverteilungskurven an den Polkanten oder bei Kurven, welche ein Maximum haben, sind besonders in der Nähe dieses oder der Krümmungen mehr Punkte zu bestimmen, als bei mehr geradlinig verlaufenden Teilen der Kurven. Man muß daher über den ungefähren Verlauf der Kurven unterrichtet sein, also entweder einen rohen Vorversuch gemacht haben, was überhaupt zwecks schneller und richtiger Bedienung der Schaltapparate sehr zweckmäßig ist, oder man zeichnet einfach ungefähr die Ausschlagswerte der Instrumente während der Messung auf; man merkt dann sofort, wann bei einer Kurve eine Krümmung eintritt, und erkennt auch, ob die Zahl der Beobachtungen für den beabsichtigten Zweck genügt.

Protokollführung. Übersichtlichkeit derselben ist von größter Bedeutung. Streng darauf zu achten ist, daß Instrumentkonstanten nicht zu notieren vergessen werden. Aufgeschrieben werden nur die abgelesenen Werte, die Ausrechnung derselben erfolgt nach beendetem Versuch.

Die Firmen verwenden sämtlich eigene Protokollformulare. Ein solches betreffend einen Asynchronmotor ist beigefügt.

1. Ausführung der Vorderseite.
   a) Kopf: Allgemeine Daten über die betreffende Maschine, Größe, Leistung, Bürsten usw.
   b) Raum für Versuche: Kurzschluß, Leerlauf, Belastung.
   c) Widerstandsmessung, Isolationsprobe usw.
2. Ausführung der Rückseite.
   α) Raum für Temperatur-(Dauer-)lauf.
   β) Angaben über die mechanische Prüfung.
   γ) Temperaturen.
   δ) Angaben über ermittelte Fehler, sowie über den Luftspalt.
   ε) Stempelung der Maschine.

Prüfungs-Nachweis **Asynchron-Motor** (......phasig)

			Masch. Nr.........
			Rotor Nr.........
Type.........	Frequenz.........	Bürsten Pl. Nr.........	Best. Nr.........
Volt.........	Polzahl.........	„ Marke.........	Order Nr.........
Amp. v. L.........	Rotorart.........	„ halter Pl. Nr......	vom.........
Synchr. T. p. M......	Kapselung.........	„ pro Schleifring	Besteller.........
PS......... dauernd	Statorschaltung.........	W. A. S. Nr.........	Order-Not.-Nr.........
PS......... für.........	Rotorschaltung.........	W. A. R. Nr.........	Fabr.-Not.-Nr.........

	Volt*) abgelesen	Volt*) reduziert	Ampere I	Ampere II	Ampere III	Wattmeter α_1	Wattmeter α_2	KW	T.p.M.	Schlupf	cos φ α_1/α_2	cos φ KW/KVA	Bemerkungen
Konst. =													
Kurzschluß △ Y kalt∼warm													
Konst. =													
Leerlauf △ Y kalt∼warm													
Konst. =													
Belastung △ Y kalt∼warm													

*) Meßtransformator Nr............Volt........../.........

Widerstände	Ohm kalt (t₀...°C)	Ohm warm I (t₁...°C)	Ohm warm II (t₂...°C)	Ohm warm III (t₃...°C)	△ r% I	△ r% II	△ r% III	berechnet bei 15°C p. Phase	Isolationsprobe kalt/warm Volt	Min.
Zeit der Messung										
Stator △, Y								Stator		
								Rotor		
Rotor △, Y								Rotorspg....Volt, bei....Statorspg.		
								Rotorstr....Amp., bei....Statorstr.		

angelaufen: I......Uhr......Min.$\frac{V}{N}$am...... ausgeschaltet: I......Uhr......Min.$\frac{V}{N}$am......

II...... „ ...... „ $\frac{V}{N}$ „ ...... II...... „ ...... „ $\frac{V}{N}$ „ ......

III...... „ ...... „ $\frac{V}{N}$ „ ...... III...... „ ...... „ $\frac{V}{N}$ „ ......

Cf. 1226
10000. I. 14

Zeit	Volt	Amp.	KW	T.p.M.	Temperaturen		
					Eisen	Luft	△ t

Drehrichtung von Antriebsseite? ....
wie ventiliert die Maschine? ....
läuft die Maschine geräuschlos? ....
läuft die Maschine unaufgespannt ruhig? ..
hat die Welle Spielraum? ....
sind die Lager öldicht? ....
sind Lagerströme vorhanden? ....
Klemmenzahl des Motors? ....
die Maschine lief gekuppelt mit ....
geprüft mit Anlaß-Transf.-Type ...... Nr ......
geprüft mit Anlasser Pl. Nr ....

Abschrift $\frac{\text{Deutsch}}{\text{Engl.}}$ an Abt. .... am .... in ... Expl.

Temperaturen in °C

I. nach .... Std. .... Volt .... Amp.
II. nach .... Std. .... Volt .... Amp.
III. nach .... Std. .... Volt .... Amp.

Zeit der Messung			
	I	II	III
Statoreisen			
Statorwicklung			
Rotoreisen			
Rotorwicklung			
Rahmen			
Riemenscheibenlager			
Schleifringlager			
Schleifringe			
Raum			

Maschine fehlerhaft

1. am ...., Grund ....
....
beseitigt am ....

2. am ...., Grund ....
....
beseitigt am ....

3. am ...., Grund ....
....
beseitigt am ....

Besondere Bemerkungen

....
....

Stempelung

Frequenz		dauernd	PS
Umdrehungen		für ..... Std.	PS
Volt		intermitt.	PS
Amp.		Volt Rotor	

Luftspalt

Gemessen				
	Max.			
	Min.			
	i. Mittel			
nach Zeichnung				
Datum der Messung				

geprüft von ....
Datum der Prüfung ....
in Ordnung befunden ....
.........., den 191

....
Unterschrift